# JavaScript

技术手册

清华大学出版社
北 京

U0247485

## 内 容 简 介

JavaScript 是一种网络脚本语言，被广泛用于 Web 应用开发，常用来为网页添加各式各样的动态功能，为用户提供更流畅美观的浏览效果。JavaScript 脚本通常是通过嵌入在 HTML 中来实现自身功能的。

本书内容涵盖 ES6 到 ES11，不仅介绍了 JavaScript 的基础语法、对象、构造函数、原型与类等基本内容，还深入介绍了异步设计、错误处理、meta programming 等高级内容。此外，还运用标准模块语法将 DOM 操作、事件处理、样式设定、XMLHttpRequest 操作等细节，逐一封装成为可用的模块。

本书对于初学者来说，只要了解 Windows 基本操作，无须有任何程序语言基础，便可以扎扎实实地学习 JavaScript。对于有一定 JavaScript 开发经验、正在或准备从事 JavaScript 开发的人来说，通过本书的高级内容，能够掌握 JavaScript 的技术精髓，进而应用于实践工作中。

**北京市版权局著作权合同登记号　图字：010-2020-3186**

**图书在版编目(CIP)数据**

JavaScript 技术手册 / 林信良　著. —北京：清华大学出版社，2020.6
ISBN 978-7-302-55440-0

Ⅰ．①J…　Ⅱ．①林…　Ⅲ．①JAVA 语言－程序设计－技术手册　Ⅳ．①TP312.8-62

中国版本图书馆 CIP 数据核字(2020)第 082360 号

责任编辑：王　定
装帧设计：孔祥峰
责任校对：成凤进
责任印制：丛怀宇

出版发行：清华大学出版社
　　　　　网　　　址：http://www.tup.com.cn，http://www.wqbook.com
　　　　　地　　　址：北京清华大学学研大厦 A 座　　　　　邮　　编：100084
　　　　　社 总 机：010-62770175　　　　　　　　　　　　邮　　购：010-62786544
　　　　　投稿与读者服务：010-62776969，c-service@tup.tsinghua.edu.cn
　　　　　质 量 反 馈：010-62772015，zhiliang@tup.tsinghua.edu.cn
印 装 者：三河市铭诚印务有限公司
经　　销：全国新华书店
开　　本：185mm×260mm　　　　印　　张：25.75　　　字　　数：611 千字
版　　次：2020 年 8 月第 1 版　　　印　　次：2020 年 8 月第 1 次印刷
定　　价：88.00 元

产品编号：087730-01

# 序

接触 JavaScript，就是在接触变化，这个生态圈在迅速地演化着，当前某个技术还未红多久，往往就成了昨日黄花，好不容易摸熟了某个方案，另一个方案就出现并有加以取代之势，今天对的概念明天可能就变成错的做法。

其实并非 JavaScript 如此，对于"热狗与狗"笑话的另一主角 Java 来说，当年生态圈中百花齐放的年代，差不多也是这个状况——无数的链接库与框架、一大堆开发工具。在生态圈的发展上过程中，"热狗与狗"这对好兄弟在某些程度上极为相似。

这么多的链接库、如此多的框架、一大堆的工具、各式各样的概念，学得完吗？学不完！会怕跟不上吗？对自我有期望的开发者，应该或多或少都有过这个疑问。对我来说，说不怕是假的，我也会怕！

怕跟不上技术的心理状态是个动力，提醒自己，世界在进步，自己别停下脚步。然而，并非就要紧跟着演化速度前进，毕竟这是由全球的开发者共同推进的，孤身一人怎么跟得上呢？

"别停下脚步就够了"这是我的做法，走得快或慢要看不同时间点的状况，只要不停下脚步，就会有属于自己的能力积累。在未来某天回顾过往，就算未曾追逐过那些曾经的当红技术，也能一笑置之。

林信良

2019.10

# 导　读

这份导读可以让读者更了解如何使用本书。

## 字型

本书内文中与程序代码相关的文字，都用固定宽度字体来加以呈现，以与一般名词作区别。例如 JavaScript 是一般名词，而 `let` 为程序代码相关文字，使用了固定宽度字体。

## 程序范例

本书许多范例都使用完整程序实现来展现，比如以下程序代码：

**flow random-stop.js**

```
while(true) {           ◀━━━ ❶ 直接执行循环
    let number = Math.floor(Math.random() * 10);   ◀━━━ ❷ 随机产生 0~9 的数
    console.log(number);
    if(number === 5) {   ◀━━━ ❸ 如果遇到 5 就离开循环
        console.log("I hit 5....Orz");
        break;
    }
}
```

范例名称的左边为 flow，表示可以在范例文件的 samples 文件夹中对应章节文件夹中，找到对应的 flow 文件夹，而右边为 random-stop.js，表示可以在 flow 文件夹中找到 random-stop.js 文件。如果程序代码中出现标号与提示文字，表示后续的内文中会有对应标号及提示的更详细说明。

原则上，建议每个范例都亲手撰写，但由于教学时间或实操时间上的考虑，本书有建议进行的练习，如果在范例开始前发现有个  图标，例如：

**func gcd.js**

```
function gcd(m, n) {
    if(n === 0) {
        return m;
    }
    return gcd(n, m % n);
}

let m = 100;
let n = 25;
let r = gcd(m, n);
if(r === 1) {
    console.log('互质');
```

```
}
else {
    console.log('最大公因子: ', r);
}
```

表示建议读者动手操作该范例，而且在范例文件的 labs 文件夹中有练习文件的基础，可以在打开文件后，完成文件中遗漏或必须补齐的程序代码或设定。

如果使用以下程序代码呈现，表示它是一个完整的程序内容，主要用来展现一个完整的文件如何撰写：

```
let arr = ['Justin', 'caterpillar', 'openhome'];
let result = [];
for(let elem of arr) {
    if(elem.length > 6) {
        result.push(elem);
    }
}
console.log(result);
```

如果使用以下程序代码呈现，表示它是个代码段，主要展现程序撰写时需要特别注意的片段：

```
var prefix = 'doSome';
var n = 1;
var o = {};
o[prefix + n] = function() {
    // ...
};
```

## 范例环境

本书的范例是基于 Windows 10 操作系统、Node.js 12.4.0，撰写时使用 Visual Studio Code，第 1～3 章包含 Node.js 12.4.0、Visual Studio Code 的基本操作介绍。

从第 10 章进入浏览器后，各章的范例测试使用的是 Chrome 浏览器，范例程序需要 HTTP 服务器支持，在各章范例文件夹中都配有 http-server.js，请务必使用 `node http-server.js 8080` 指令启动 HTTP 服务器；第 10 章在介绍 CORS 时，还需要额外使用 `node cors-server.js 8081` 启动另一个 HTTP 服务器。

## 提示框

在本书中会出现以下提示框：

**提示 >>>** 针对课程中提到的观点，提供一些额外的资源或思考方向，暂时忽略这些提示对课程的影响，但有时间的话，针对这些提示多作阅读、思考或讨论是有帮助的。

**注意 ▶▶▶** 针对课程中提到的观点，以提示框方式特别呈现出必须注意的一些使用方式、陷阱或避开问题的方法，看到这个提示框时请集中精力阅读。

## 联系作者

若有勘误等相关书籍问题，可通过网站与作者联系：

- openhome.cc

## 资源下载

本书配套资源下载：

课件　　　　　　　　　　实例源文件

# 目　录

# JavaScript 技术概述 | 第 1 章

## 学习目标

- 认识 JavaScript 发展过程
- 了解 ECMAScript 规范
- 认识 TC39 提案
- 准备 JavaScript 环境

## 1.1 认识 JavaScript

为了能控制 Netscape Navigator 浏览器中的网页，JavaScript 诞生于 1995 年 5 月，只因商业考虑，名称硬是被冠上当时具话题性的 Java，产生了后来"热狗与狗"的万年笑话。随着互联网兴起，JavaScript 从"咸鱼语言"翻身为"语言巨星"，整个发展过程堪称传奇。若想掌握 JavaScript，认识其历史脉络是必要的第一步。

### 1.1.1 JavaScript 的发展

想要令网页设计者能动态地操作浏览器中的网页、图片等组件，而且程序代码可以直接撰写在 HTML 标记之中，Netscape Communications 公司最初是希望 JavaScript 的创建者 Brendan Eich 能将 Scheme 语言嵌入 Navigator 中，然而在这之前，Netscape 与 Sun Microsystems 已经在合作，希望能在 Navigator 中支持 Java，以在 Web 技术及平台上与微软竞争。

Netscape 最后决定采用一种可以与 Java 互补且语法也类似的脚本语言(scripting language)，为了有个原型来捍卫这个提案，Brendan Eich 在书籍 *Effective JavaScript* 前言中这么描述：

1995 年 5 月在管理阶层胁迫性且互相冲突的命令："让它看起来像 **Java**""让初学者容易上手""让它能控制 **Netscape** 浏览器中几乎所有的东西"之下，我在 **10** 天内建立了 **JavaScript**。

## 1. 不是 Java

实际上，JavaScript 一开始被命名为 Mocha。1995 年 9 月，Navigator 2.0 的 Beta 版改名为 LiveScript。然而为了推广这门语言，1995 年 12 月，Netscape Navigator 2.0 Beta 3 被改名为 JavaScript，以搭上 Java 这个热门话题[①]，并且号称它是为非程序设计师打造、简单易用的脚本语言。

实际上，JavaScript 与 Java 之间除了基础流程语法和一些关键词相似之外，**在风格或是典范根本上是两种完全不同的语言**；此外，由于设计上较仓促急迫，JavaScript 中有不少矛盾与古怪的特性，有些矛盾特性今日依旧存在，应该避免使用，然而有些古怪特性在开发者 20 多年的经验与创意持续累积下，却成了 JavaScript 中的亮点，成了 JavaScript 开发者都应当掌握及善用的特色。

> **提示 >>>** 有些古怪特性并不是亮点，但又无法避免使用，只能去了解如何与这类特性共处，这也是学习 JavaScript 必要的一环。

不过当时的推广策略是成功的，Netscape 当时最大的竞争者 Microsoft，1996 年 8 月在其 Internet Explorer 3.0 浏览器中推出了与 JavaScript 语法上极为类似的脚本语言。因为 Microsoft 不想与 Sun 公司处理商标问题，这门语言被命名为 JScript，早期若谈到为 Internet Explorer 撰写 JavaScript 程序代码，其实是在用 JScript 撰写程序。

因为 JavaScript 与 JScript 极为类似，当时许多开发者混淆了两者，误以为 JavaScript 在浏览器间的兼容性很差，执行效能也不佳，因此觉得 JavaScript 不利于开发，这些都是 JavaScript 不被看好的一些缘由。

> **提示 >>>** JavaScript 是个商标，原本属于 Sun 公司，2010 年 Oracle 公司并购了 Sun 公司，JavaScript 商标也就属于 Oracle 公司了。

## 2. ECMA-262 第三版

同时间有两门极为相近的语言，Netscape Navigator 与 Internet Explorer 又正值浏览器大战方酣之时，许多人也常混淆 JavaScript 和 JScript。为了让 JavaScript 成为国际标准，Netscape 于 1996 年 11 月正式向 ECMA(European Computer Manufacturers Association International)提

---

① 1995 年 5 月 23 日，Java Development Kits 1.0a2 版本正式发布，在这之前，Java Applet 在浏览器中展现的多媒体效果早已吸引许多人的注意。

交语言规范以进行标准化，**语言规范 ECMA-262 于 1997 年 6 月正式发布首个版本，也被称为 ECMAScript。**

在 ECMA-262 出炉以后，JavaScript 在定位上成为实现 ECMAScript 的语言，只不过开发者多半还是使用 JavaScript 这个名称。实际上，JScript 或后来的 TypeScript 等语言也实现了 ECMAScript 规范，当然也包含规范外的其他语法特性。

> **提示 >>>** 在本书中，JavaScript 与 ECMAScript 会混着用，比较符合口语习惯的描述部分会使用 JavaScript 这个名称，想要强调标准时会使用 ECMAScript 这个名称。

真正最早普及且 JavaScript 开发者最为熟悉的 ECMAScript 版本是 **1999 年 12 月发布的 ECMA-262 第三版**，简称 ES3，当中包含了正则表达式(Regular expression)、异常处理等重大特性。JavaScript 开发者最熟悉这个版本的原因在于，直到下一个规范版本发布，其间耗费了十年之久的时间。

耗费如此之久的原因之一是由于 Microsoft 在浏览器大战中获胜，因为其缺少竞争对手，也就没有更新 ECMAScript 规范，这种情况直到 2005 年左右，浏览器有了广大的普及率、Web 应用程序类型多元化、Ajax 技术开始盛行，开发者认识到浏览器中 JavaScript 的重要性，加上新一波浏览器大战正在酝酿当中，ECMAScript 规范制定才重新有了进度。

然而，规范制定虽然重新有了进度，却也陷入了多方政治角力的问题。例如ActionScript 是 Macromedia(后来被 Adobe 并购)为 Flash 打造的语言(也实现了 ECMAScript规范)，Macromedia积极地想在标准中包含更多对ActionScript的支持，然而遭到Yahoo、Microsoft等多方人马的大力反对。另外，下个规范原本预计新增的特性中包含了ECMAScript原本没有的区块、类、模块、生成器等诸多语法，Brendan Eich与一些规范制定成员认为这些特性不应该仓促地加入规范，必须慎重评估以免破坏语言原本的特性。

在多方角逐之后，原本应该是下个版本的 **ES4 被否决了**，部分针对 ES3 缺陷进行改进的特性，原预计被发布为 ES3.1，后来在 **2009 年 12 月重新命名为 ES5**。

## 3. ES5 到 ES6

ES5 厘清了 ES3 中许多模糊不清的规范，其重大特性之一是增加严格模式(Strict mode)。启用严格模式以后，若误用了过去经验中被认为不好的 ECMAScript 特性，将会以直译或执行错误终止程序。其他特性如设值(Setter)、取值(Getter)函数的支持，更多的对象属性设置，JSON 的支持也是 ES5 的重要规范之一。

ES5 的许多特性对撰写链接库的开发者极为重要，从某些程度上来说，这些特性也是后续 ES6 的基础(毕竟它们都是源于被否决的 ES4)。ES5 是一个重大规范版本，也被现代浏览器广为应用。认识与善用 ES5 是 ECMAScript 开发者应具备的能力，也是本书的重要课题之一。

ES5 最初被定位为 ES3.1，因而其语法基本上兼容 ES3，而被否决的 ES4 中有关区块、类、模块、生成器等诸多语法被放入 ES6 的讨论，并持续调整细节。在这个过程中，Google

Chrome 浏览器兴起，新一波浏览器大战正式展开，不过这次主流浏览器积极拥抱标准，对讨论中的 ES6 特性也开始或多或少地以实验性质特性支持。

与 Google Chrome 同样采用 V8 JavaScript 引擎的 Node.js 发布，将 JavaScript 应用带出了浏览器的世界，成为使用 JavaScript 开发后端(Backend)的宠儿。由于定位在后端开发，相对来说没有浏览器版本的部署问题，Node.js 对 ES6 讨论中的特性积极地支持，对于 ES6 的讨论度以及后来的接受度上有非常大的帮助。

**ES6 规范于 2015 年 6 月正式发布**，并希望之后以年份来区分版本，因此又被称为 **ECMAScript 2015**，但许多开发者仍习惯使用 ES6 或 ECMAScript 6 称呼这个版本。由于 Node.js 与主流浏览器的积极支持，ES6 的普及率迅速上升，成为 ECMAScript 历史上的重大版本，甚至被称为新一代的 JavaScript 语言。

## 1.1.2  认识 TC39 提案

继 ES6 之后，ECMAScript 采取每年 6 月发布新版本的方式，令新版本的发布常态化，新版本内容仅包含当年已完成的新特性。

主流浏览器与 Node.js 都紧跟着新发布的规范，针对新特性完成操作。如果想要认识这些特性以善加利用，用户可查询最新版本的 ECMA-262[①]，但由于规范内容实在过于冗长，最快的方式是查阅 TC39 的 ECMAScript proposals[②]。

ECMA 下有许多技术委员会(Technical Committees)与任务群组(Task Groups)，其中 TC39 是负责 ECMAScript 规范的技术委员会。在 The TC39 Process[③]中可以看到语言的提案处理程序有以下 5 个阶段。

(1) 0：稻草人(Strawperson)。

(2) 1：提案(Proposal)。

(3) 2：草案(Draft)。

(4) 3：候选(Candidate)。

(5) 4：完成(Finished)。

只有 TC39 成员可以建立阶段 0 稻草人，此阶段纯粹就是构想，未正式在 TC39 中进行讨论。实际上开发者比较感兴趣的是能进入阶段 3 的提案，这时提案几乎确定会是未来正式规范的一部分，只待规范上的一些文件完成、审校与核对，各大主流浏览器与 Node.js 在这个阶段通常也会提供操作。

提案可能会在阶段3停留许久，只有在提案来到阶段4时，才会成为下个版本ES正式规

---

① ECMA-262：www.ecma-international.org/publications/standards/Ecma-262.htm.

② ECMAScript proposals：github.com/tc39/proposals.

③ The TC39 Process：tc39.github.io/process-document.

范的一部分，如果想确认特性真正是出现在哪个版本，可以查阅Finished Proposals[①]中的预计发布年份(Expected Publication Year)。例如，该字段若标示为2016，表示发布于ECMAScript 2016，也就是ES7，在本书撰写的时间点，最新规范版本为ECMAScript 2019，也就是ES10。

## 1.1.3　使用哪个版本

本书基本上会涵盖至 ES11 的重要特性,然而实践中该采用至哪个版本呢？若是开发基于 Node.js 的后端应用程序，问题比较容易解决，因为后端环境较容易控制，基本上安装哪个版本 Node.js，就使用到该版本支持的 ES 特性。Node.js 官方提供了 node.green 网址，该网址提供了各版本 Node.js 对 ECMAScript 支持的兼容性表格(见图 1.1)，也有列出阶段 3 提案的支持程度。

node.green 基本上是针对 Node.js 环境，基于 Kangax 兼容性表格[②](见图 1.2)的。Kangax 表格全面性地针对整个 JavaScript 生态系做了兼容性测试，其中包含浏览器、转译器、Polyfill、后端等各个方面。

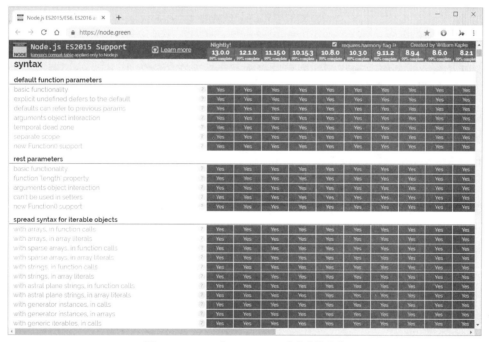

图 1.1　Node.js 对 ECMAScript 的兼容性表格

---

[①] Finished Proposals：github.com/tc39/proposals/blob/master/finished-proposals.md.

[②] Kangax 兼容性表格：github.com/williamkapke/node-compat-table.

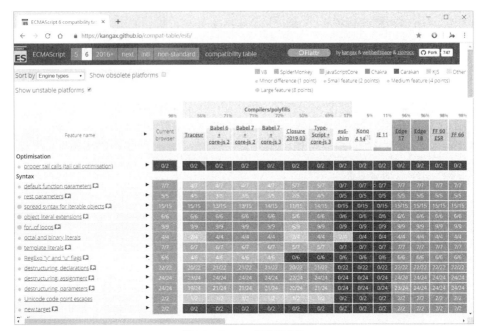

图 1.2　Kangax 兼容性表格

本书主要以 ECMAScript 语法及前端环境为主，就这点来看，主要是关注浏览器的支持度，仅看兼容性表格中浏览器部分可以发现，**几乎现有的常青(Even green)浏览器都支持 ES6**，常青浏览器指的是频繁发布新版本且会自动更新的浏览器。现在开发浏览器上的前端应用程序，建议以常青浏览器作为目标环境。

读者可能会注意到 IE11 有许多红色区块，**建议不要考虑支持 Internet Explorer**。2019年 2 月在 Microsoft 官方 Windows IT Pro Blog 的文章 *The perils of using Internet Explorer as your default browser*[①]甚至不称呼 Internet Explorer 为浏览器，只说它是个"兼容性方案(Compatibility solution)"。实际上，许多 JavaScript 链接库或者是应用程序也不再支持 Internet Explorer。

就目前来说，Internet Explorer 确实存在于 Windows 操作系统之中，如果完全不支持 Internet Explorer，这是个过于理想的目标，至少可以以 IE11 与 ES5 作为最低版本考虑，因为 IE11 对 ES5 是全面支持的。

结论就是，**至少以常青浏览器为目标环境并使用 ES6，或者在必须考虑 IE11 的情况下使用 ES5**。但在这个前提下，能否有机会采用 ES6 到 ES10 甚至之后新标准的特性呢？有。

就语法而言，其存在转译(Transpiling)的技巧，也就是通过一些转译工具，如 Kangax 兼容性表格中列出的 Traceur、Babel，可以将新版本 ECMAScript 语法转译为兼容于旧版本执行环境的语法。

就 API 而言，其存在 Polyfill 的技术。之后章节会介绍利用 ECMAScript 本身的特性在

---

① *The perils of using Internet Explorer as your default browser*：bit.ly/2DZbcIq。

旧环境中模拟或实现出新标准中纳入的 API，但有些新 API 必须浏览器原生支持，无法以
Polyfill 的方式实现，这也是 Kangax 兼容性表格中 es6-shim 部分有的 API 是绿色，而有的
API 被标为红色的原因。

提示 》》　Shim 是指在旧环境中，凭借目前环境既有特性，模拟或实现出新 API(或者是反过来)，以在旧环
　　　　境中支持新 API(或在新环境中支持旧 API)；Polyfill 是检测环境中是否支持某 API，若不支持就
　　　　加载自行模拟或实现的版本，若支持就使用原生实现；在 JavaScript 的世界中，Shim 与 Polyfill
　　　　并没有划分得非常清楚，基本上是相同的概念。

## 1.2　准备 JavaScript 环境

本书将会讨论 JavaScript 语言以及它在浏览器中的应用，因为主流浏览器彼此之间基本
上是竞争状态，JavaScript 执行速度会是竞争时的亮点之一。所以，主流浏览器采用的
JavaScript 引擎各不相同，本节将会对其加以介绍，并介绍使用 JavaScript 语言前的环境
准备。

### 1.2.1　JavaScript 引擎

第一个 JavaScript 引擎是由 Brendan Eich 在 Netscape 时建立，当时它只是一个用来解
释、执行 JavaScript 程序代码的程序，用来操控 Netscape 中的相关功能。2005 年前后，浏
览器有了广大的普及率、Web 应用程序类型多元化、Ajax 技术开始盛行，使得 JavaScript
执行效能也受到重视。在后续的第二次浏览器大战中，各家 JavaScript 引擎的执行速度就成
了比拼的重点，因此它们各自有着不同的功能特性(如 WebAssembly[①]的支持等)。

下面介绍几个主要的 JavaScript 引擎，读者可了解哪些主流浏览器各采用了哪个
JavaScript 引擎。

(1) V8。V8 是 Google 开发的开放原始码 JavaScript 引擎，用于 **Google Chrome** 及
**Chromium**(Google 开放原始码的浏览器项目)，也是 **Node.js** 使用的 JavaScript 引擎。

(2) SpiderMonkey。SpiderMonkey 是早期在 Netscape 中使用的 JavaScript 引擎，后来几
经演化，以开放原始码发布，并由 Mozilla Foundation 维护，目前用于 **Firefox** 浏览器。

(3) JavaScriptCore。JavaScriptCore 是从 KJS 与 PCRE regular expression 链接库发展而来，
使用于 Apple 的 **Safari** 等以 **WebKit** 作为呈现引擎的浏览器中。

(4) Chakra。Chakra 是 Internet Explorer 使用的 JavaScript 引擎，本来也使用于 Edge 浏
览器。但在 2018 年底，Microsoft 开始打造基于 Chromium 的 Edge，也就是 **Edge 开始使用
V8 作为 JavaScript 引擎，IE11** 则继续使用 **Chakra**。

虽然 JavaScript 是为了浏览器而生，然而现今并不只为了浏览器而存在，开发者大多知

---

① WebAssembly：openhome.cc/Gossip/WebAssembly/.

道 Node.js 将 JavaScript 带出了浏览器。也有其他的 JavaScript 引擎可以在浏览器之外运行 JavaScript。

Rhino[1]就是其中一个例子，其来自 1997 年的 Rhino 计划，当时 Netscape 打算开发 Java 版本的 Navigator，后来计划告终，不过 JavaScript 引擎被留了下来，后来由 Mozilla 管理，1998 年 Mozilla 声明开放其原始码，并以 O'Reilly 出版的 *JavaScript: The Definitive Guide* 封面动物命名其为 Rhino。

Rhino 引擎一直都有在维护，在撰写本书的时候，Rhino 最新版本是 2019 发布的 1.7.11，支持部分 ES6 的特性，Mozilla 也为其制作了 Rhino ES2015 Support[2]兼容性表格。

> **提示 >>>** Rhino 曾被用于 Java SE 6 中支持 JavaScript 指令稿，后来在 Java SE 8 时被 Oracle 实现的 Nashorn 取代，而后在 Java SE 11 中，Nashorn 被标示为废弃(Deprecated)状态。

虽然 JavaScript 为浏览器而生，不过想要善用 JavaScript 来控制浏览器，建议先独立地认识 JavaScript 语言，之后再来掌握浏览器中相关的对象或 API，如此才会明白哪些是 JavaScript 原生特性，而哪些又是浏览器提供的功能。在 Node.js 出现之前，为了能独立地认识 JavaScript，笔者采用 Rhino 来执行 JavaScript 程序范例。

然而，现在 Node.js 已经是后端执行 JavaScript 的业界标准，而且积极地支持 ECMAScript 新规范，本书采用 Node.js 作为 JavaScript 引擎，但不会讨论 Node.js 本身，仅用来介绍 ECMAScript 规范的特性。

> **提示 >>>** 2019 年 7 月有两个新的 JavaScript 引擎发表，其一是 Fabrice Bellard 发表的 QuickJS[3]，之后不久 Facebook 发表了 Hermes[4]。

## 1.2.2 下载、安装 Node.js

接下来开始准备 Node.js，作为之后讨论 JavaScript 的环境。撰写本书时，开启浏览器联机 nodejs.org 后可以看到有两个版本(见图 1.3)。

**LTS 代表长期支持(Long Term Support)版本**，也就是官方承诺会长期提供重大 Bug 的修补。就 Node.js 惯例上来说，主版本号为偶数的版本，会在发布半年后成为 LTS 版本，之后维护 30 个月，就实际上线服务的应用程序来说，建议采用 LTS 版本；主版本号若为奇数，会在发布后 6 个月停止维护，各版本的维护状态可参考 Node.js Release Working Group[5](见图 1.4)。

---

① Rhino：github.com/mozilla/rhino.

② Rhino ES2015 Support：mozilla.github.io/rhino/compat/engines.html.

③ QuickJS：bellard.org/quickjs/.

④ Hermes：github.com/facebook/hermes.

⑤ Node.js Release Working Group：github.com/nodejs/Release.

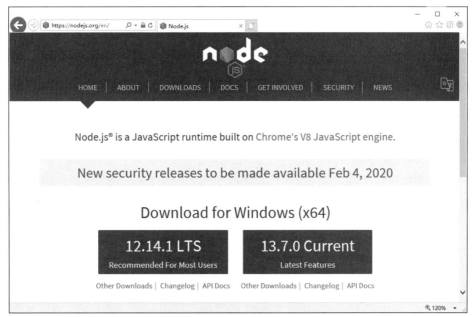

图 1.3 nodejs.org 页面的两个版本

| Release | Status | Codename | Initial Release | Active LTS Start | Maintenance Start | End-of-life |
|---|---|---|---|---|---|---|
| 8.x | Maintenance LTS | Carbon | 2017-05-30 | 2017-10-31 | 2019-01-01 | December 2019[1] |
| 10.x | Active LTS | Dubnium | 2018-04-24 | 2018-10-30 | April 2020 | April 2021 |
| 12.x | Current Release | | 2019-04-23 | 2019-10-22 | April 2021 | April 2022 |
| 13.x | Pending | | 2019-10-22 | | | June 2020 |
| 14.x | Pending | | April 2020 | October 2020 | April 2022 | April 2023 |

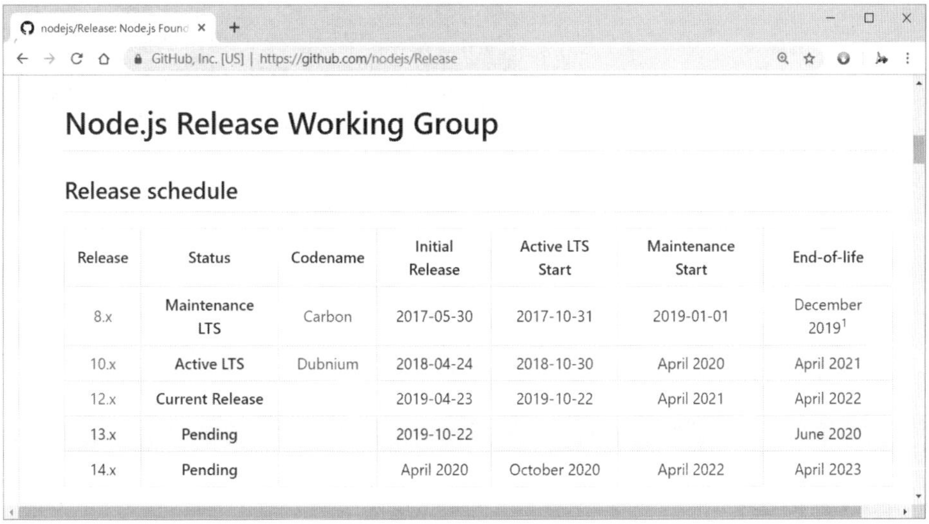

图 1.4 版本维护时间

就撰写本书的时间点，最新版本为 13.7.0，为了能使用 Node.js 对 ECMAScript 最新的支持，本书将使用 13.7.0 这个版本。

本书会基于 Windows 操作系统的环境建置进行介绍，因为 Windows 的使用者有可能在建置程序设计相关环境上缺少经验，因而会需要较多这方面的帮助。

单击图 1.3 中的“13.7.0 Current”链接后，该网站会自动检测操作系统，直接下载一个 node-v13.7.0-x64.msi 文件。因为此文件是从网络下载的可执行文件，根据 Windows 中的安全设定等级的不同，可能需要在该文件上右击执行菜单中的“属性”命令，进行“解除封锁”操作才能够进一步执行。

如图 1.5 所示，勾选"解除封锁"并单击"确定"按钮后，再次在 node-v13.7.0- x64.msi 文件上双击鼠标执行安装。Node.js 在 Windows 上的安装很简单，基本上只要同意授权条款，然后一直单击 Next 等按钮，直到安装完成即可，默认的安装路径为 C:\Program Files\nodejs\。

想确定是否可执行基本的 node 指令，可以在 Windows 中执行"命令提示符"，然后输入 node -v，显示执行的 node 指令版本，如图 1.6 所示。

图 1.5 解除封锁

图 1.6 查看 Node.js 版本

**提示 >>>** 当用户在"命令提示符"窗口中输入某个指令时，操作系统会查看 PATH 环境变量设定的文件夹位置中是否能找到指定的脚本文件案。在 Node.js 安装过程中，系统会自动设定 PATH 环境变量，因此可以直接执行 node 指令。

# 1.3　重点复习

类型、变量与运算符 | 第 **2** 章

- 使用 REPL
- 认识内建类型
- 使用 let、const、var 声明变量
- 掌握类型转换

## 2.1　从 Hello World 开始

第一个 Hello World 的出现，是在 Brian Kernighan 写的书籍 *A Tutorial Introduction to the Language B* 中(B 语言是 C 语言的前身)，该书介绍了使用 B 语言将 Hello World 文字显示在计算机屏幕上。自此之后，许多程序语言教学文件或书籍将它当作第一个范例程序。为什么要用 Hello World 当作第一个程序范例？因为它很简单,初学者只要输入简单几行程序(甚至一行)，就能要求计算机执行指令并得到回馈，显示 Hello World。

在正式介绍 JavaScript 类型与运算符之前，本节先从显示 Hello World 开始，但在完成这个简单的程序之后，千万要记得，探索这一简单程序之后的种种细节，不要过于乐观地以为，你想从事的程序设计工作就是如此容易驾驭。

### 2.1.1　使用 REPL

本小节介绍的第一个显示 Hello World 的程序代码，在 **REPL(Read-Eval-Print Loop)** 环境中进行，这是一个简单、交互式的程序设计环境。虽然它很简单，但在日后开发 JavaScript 应用程序的日子里，我们会经常地使用它，因为 REPL 在测试一些程序片段的行为时非常方便。

现在打开"命令提示符",直接输入 node 指令(不用加上任何自变量),如图 2.1 所示,就会进入 REPL 环境。

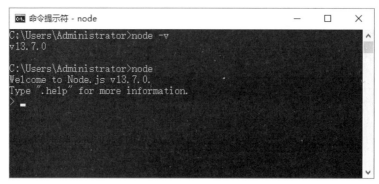

图 2.1　Node.js 的 REPL 环境

我们撰写一些小指令进行测试,首先做些简单的加法运算。从输入 1 + 2 之后按下 Enter键开始:

```
> 1 + 2
3
> _
3
> 1 + _
4
> _
4
>
```

在上例中,一开始执行了 1 + 2,显示结果为 3,_ 代表了互动环境中上一次的运算结果,方便在下次的运算中直接取用上一次的运算结果。

> **提示 》》》** 在 REPL 环境中,可以按 Home 键将光标移至行首,按 End 键将光标移至行尾,按向上键或向下键查找前面使用过的指令。

那如何显示 Hello World 呢?接着就来命令 REPL 环境执行 console.log()函数,显示指定的文字 Hello World 吧!

```
> 'Hello World'
'Hello World'
> console.log(_)
Hello World
undefined
> console.log('Hello World')
Hello World
undefined
>
```

在 JavaScript 中,使用单引号''包含的文字是程序中的一个字符串值。有关字符串的特性,后续还会详加介绍。在 REPL 输入一个字符串值后,会被当作上一次的执行结果,在执行 console.log(_)时，_代表'Hello World'，因此同 console.log('Hello World')
的执行结果是相同的。

在上例中看到的 undefined 是 console.log()函数执行后的传回值，undefined 是
JavaScript 中特别的值，而且我们经常会接触到这个值。

console.log()并不是 ECMAScript 标准函数，然而 Node.js、浏览器等都可实现，本
书在需要显示一段小信息时会使用这个函数。在 Node.js 环境中，console.log()会在标准
输出(就目前来说就是"命令提示符")显示指定的信息。

若要取得协助信息，可以输入.help，例如：

```
> .help
.break     Sometimes you get stuck, this gets you out
.clear     Alias for .break
.editor    Enter editor mode
.exit      Exit the repl
.help      Print this help message
.load      Load JS from a file into the REPL session
.save      Save all evaluated commands in this REPL session to a file

Press ^C to abort current expression, ^D to exit the repl
>
```

其中.editor 是一个很方便的指令。在 REPL 中，虽然可以撰写跨越多行的程序代码：

```
> class Foo {
... }
undefined
> let foo = new Foo()
undefined
> console.log(foo)
Foo {}
undefined
>
```

但是，如果想要测试的程序片段比较多，或是想复制前面输入过的代码段，则并不方便，
这时可以使用.editor 进入编辑器模式，在程序片段输入完成后，按下 Ctrl+D 快捷组合键，
就可以执行程序片段(中途想离开编辑器模式，则按 Ctrl+C 快捷组合键)：

```
> .editor
// Entering editor mode (^D to finish, ^C to cancel)
class Foo {
}
let foo = new Foo();
console.log(foo);

Foo {}
undefined
>
```

如果要离开 REPL 环境，可以按下 Ctrl+D 快捷组合键。如果只是要执行一个小程序片
段，而又不想进入 REPL，可以在使用 node 指令时加上-e 自变量，之后接上使用""包含

的程序片段。例如：

```
C:\Users\Justin>node -e "console.log('Hello World')"
Hello World
```

上面使用了 `console.log()`，因此会在标准输出显示指定的信息。但是如果只是一个表达式执行结果，执行完程序片段后并不会有任何显示，这时可以使用 node 指令加上-p 自变量，会将执行结果显示出来。例如：

```
C:\Users\Justin>node -e "1 + 1"

C:\Users\Justin>node -p "1 + 1"
2
```

## 2.1.2　撰写 JavaScript 原始码

下面我们来正式一点地撰写程序。在正式撰写程序之前，请先确定可以看到文件的扩展名，在 Windows 下默认不显示扩展名，这会造成重新命名文件时的困扰。如果目前在"文件管理器"下无法看到扩展名，在 Windows 10 中可以执行"查看/选项"命令，然后在"文件夹选项"对话框中切换至"查看"选项卡，取消选择"隐藏已知文件类型的扩展名"复选项，如图 2.2 所示。

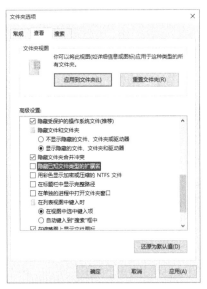

图 2.2　取消选择"隐藏已知文件类型的扩展名"

然后选择一个文件夹来撰写 JavaScript 原始码文件。本书都是在 C:\workspace 文件夹中撰写程序，先新建"文本文件"(也就是.txt 文件)，并重新命名文件为 hello.js。由于将文本文件的扩展名从.txt 改为.js，系统会询问是否更改扩展名，确定更改。

接着使用文本编辑器来开启 hello.js，若要使用 Windows 内建的记事本，可以在 hello.js 上右击，在弹出的菜单中选择"编辑"命令，并撰写如图 2.3 所示的程序代码。

图 2.3　第一个 JavaScript 程序

这是很简单的一个小程序，只是使用了 `console.log()` 函数，在控制台(Console)显示指定的文字。在范例程序代码中出现了分号，这表示一行语句(Statement)的结束。语句是程序语言中的一行指令，简单地说，就是程序语言中的"一句话"。

语句可以不写分号结束，JavaScript 会自动用换行来作为语句结束的依据。这是 JavaScript 中不好的特性，在某些场合不小心会写出有漏洞的程序代码(3.3.1 节中介绍函数时会看到相关例子)，**建议撰写分号，明确标示出语句结束。**

---

**提示 》》》** 在 REPL 中，基本上都是写一些短的程序片段，笔者的习惯是不特别加上分号。

---

最后保存文件，在"命令提示符"中切换工作文件夹至 C:\workspace(执行指令 `cd c:\workspace`)，再如图 2.4 所示使用 `node` 指令执行程序。

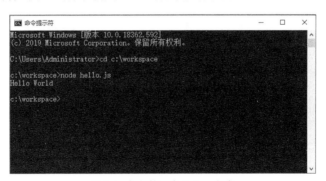

图 2.4　执行第一个 Python 程序

## 2.1.3　哈啰！世界！

作为中文世界的开发者，除了显示 Hello World 之外，不如再来试试显示"哈啰！世界！"建立一个 hello2.js 文件，撰写如图 2.5 所示的程序代码。

图 2.5　第二个 JavaScript 程序

然后在"命令提示符"中执行node hello2.js。很不幸，这次出现了乱码，如图2.6所示。

图 2.6　执行出现乱码

### 1．**UTF-8**

出现乱码的原因在于，Windows 的记事本保存文件时，编码是 MS950(兼容于 Big5)，但 Node.js 读取原始码文件是使用 UTF-8 编码，MS950 与 UTF-8 对于汉字字符的字节编码方式并不相同，于是发生了乱码。

> **提示 ≫** 如果你不知道 **UTF-8** 是什么，建议先看看《哪来的纯文本文件？》《Unicode 与 UTF》《UTF-8》这 3 篇文章：
>
> openhome.cc/Gossip/Encoding/TextFile.html
>
> openhome.cc/Gossip/Encoding/UnicodeUTF.html
>
> openhome.cc/Gossip/Encoding/UTF8.html

Windows 的记事本可以在"另存为"对话框中选择文字编码为 UTF-8，如图 2.7 所示。

图 2.7　记事本可在"另存为"时选择文字编码为 UTF-8

然后使用 node 指令执行原始码文件，就会正确地显示中文了，如图 2.8 所示。

图 2.8 执行没有乱码

提示 》》 Windows 中内建的记事本并不是很好用，用 NotePad++(notepad-plus-plus.org)编辑文件时，就可以直接在"编码"菜单中选择文字编码。

实际上，**ECMAScript** 并没有规定原始码文件必须采用何种编码保存，在之后介绍浏览器环境时会看到，浏览器中使用<script>标签来加载.js 文件，默认会采用与 HTML 网页相同的编码来读取.js 文件。

UTF-8 是目前很流行的文字编码方式，除了 Node.js 采用它作为原始码的编码，**现今 Web 应用程序开发也建议在保存 HTML、JavaScript 等文件时采用 UTF-8 编码**。

### 2. UCS-2/UTF-16

JavaScript 支持 Unicode，不过严格来说，它一开始支持的是 UCS。在执行时期，JavaScript 字符串最初采用的内部编码是 **UCS-2**。就现在来看，UCS-2 大致等同于 UTF-16 的子集，这是因为在过去 ISO/IEC 与 Unicode Consortium 两个团队都打算统一字符集，而 ISO/IEC 在 1990 年先公布了第一套字符集的编码方式 UCS-2，使用两个字节来编码字符。

字符集中每个字符会有个编号作为码点(Code point)，而 UCS-2 编码中两个字节为一个码元(Code unit)。最初的开发想法很单纯，令码点与码元一对一对应，在编码实操时就可以简化许多。在 1991 年，ISO/IEC 与 Unicode 团队都意识到不需要两个不兼容的字符集，因而决定将其合并，之后发布了 Unicode 1.0。

由于越来越多的字符被纳入 Unicode 字符集，超出码点 U+0000 至 U+FFFF 可容纳的范围，因而原本 UCS-2 采用的两个字节无法对应 Unicode 全部的字符码点，于是在 1996 年公布了 UTF-16。除了沿用 UCS-2 两个字节的编码部分之外，也采用 4 个字节来编码更多的字符，也就是说视字符是在哪个码点范围，对应的 UTF-16 编码可能是 2 个或 4 个字节。

从时间点来看，**JavaScript 在 1995 年创建之时**，**UTF-16 尚未公布，只有 UCS-2 可以采用**，后来才支持 UTF-16。然而，有些曾经存在的 API 或语法，基于兼容性而在行为上没有改变，这意味着，过去 JavaScript 若想处理码点 U+0000 至 U+FFFF 以外的 Unicode 字符会是个麻烦；幸而在 ES6 以后，增强了对 Unicode 的支持，部分解决了这类问题。这在之后介绍字符串、正则表达式(Regular expression)时都会分别加以介绍。

## 2.2　内建类型

JavaScript 是支持面向对象(Object-Oriented)且具备函数式(Functional)风格的语言，我们在正式探讨这类风格的实现之前，对于语言的基础元素必须要有一定的认识。那么要从哪个开始呢？Pascal 之父 Niklaus E. Writh 曾说过：

Algorithms + Data Structures = Programs

算法与数据结构就等于程序，而一门语言提供的数据类型(Data type)、运算符(Operator)、程序代码封装方式等会影响算法与数据结构的实现方式，因此下面会先说明内建类型、变量、运算符等元素在 JavaScript 语言中如何表现。

**在 JavaScript 中，有基本(Primitive)类型、复合(Composite)类型，以及两个特殊的值 `null` 与 `undefined`。**本节先说明基本类型与复合类型，2.3 节再来说明 `null` 与 `undefined`。

### 2.2.1　基本类型

从 JavaScript 至 ES5 时，基本类型包含数字(number)、字符串(string)与布尔(boolean)，ES6 增加了符号(symbol)。因符号的运用与对象有关，这部分内容会在第 4 章以及之后相关章节中遇到适合主题时再进行介绍。

#### 1. 数字

**在 JavaScript 中，数字都是 IEEE 754[①]标准 64 位浮点数，**以数字字面值(Number literal)写下数字 10，虽然字面意义是十进制整数，但在执行时也是使用浮点数来表示。

如果要撰写十六进制整数，以 `0x` 开头，之后接上 `1` 到 `9` 以及 `A` 到 `F`；在 ES6 规范中，可以使用 `0o` 来撰写八进制整数，也可以使用 `0b` 来表示二进制整数。例如以下写法都相当于十进制整数 10：

```
> 10
10
> 0xA
10
> 0o12
10
> 0b1010
10
>
```

也可以使用科学记号表示数字，例如：

---

① IEEE 754：zh.wikipedia.org/zh/IEEE_754.

```
> 5.231e13
52310000000000
> 1.31e-32
1.31e-32
>
```

若想把一个代表数字的字符串剖析为数字，可以使用 **Number()** 函数，例如：

```
> Number('10')
10
> Number('0o12')
10
> Number('0xA')
10
> Number('0b1010')
10
> Number('10.9')
10.9
> Number('5.231e13')
52310000000000
> Number('1.31e-32')
1.31e-32
>
```

**提示 >>>** JavaScript 还有 parseInt()、parseFloat() 函数可以做字符串剖析，不过它们无法处理 0o、0b 之类的剖析，这里不再介绍。有兴趣的读者，可以参考 Number[①] 中的说明。

JavaScript 中可表示的数字最小值为 Number.MIN_VALUE，最大值为 Number.MAX_VALUE。

```
> Number.MIN_VALUE
5e-324
> Number.MAX_VALUE
976931348623157e+308
>
```

在执行时期数字都是浮点数，如果只用来表示整数，可表达的整数为 $-2^{53} \sim 2^{53}$，不包含 $-2^{53}$ 和 $2^{53}$。例如，$2^{53}$ 为 9007199254740992，这并非安全整数，程序代码中若写下 9007199254740992 + 1 或直接写 9007199254740993，会发现结果仍是 9007199254740992：

```
> 9007199254740992 + 1
9007199254740992
> 9007199254740993
9007199254740992
>
```

在 ES6 可以使用 Number.MAX_SAFE_INTEGER 与 Number.MIN_SAFE_INTEGER 来取得安全的最大整数与最小整数，而 Number.isSafeInteger() 可用来检查整数是否在安全范围内：

---

① Number：mzl.la/2ItPm2d.

```
> Number.MAX_SAFE_INTEGER
9007199254740991
> Number.MIN_SAFE_INTEGER
-9007199254740991
> Number.isSafeInteger(9007199254740992)
false
> Number.isSafeInteger(9007199254740991)
true
> Number.isInteger(9007199254740992)
true
>
```

Number.isInteger()只检查数字是不是整数，不会考虑它是不是安全范围内的整数。

**提示** ▶▶▶ 撰写本节的这个时间点，TC39 有一个处于阶段 3 的 BigInt[①]提案，预计增加新的基本类型 bigint，用来处理大整数运算；还有一个阶段 3 的 Numeric separators[②]提案，可以使用 1_000_000_000_000、0b1010_0001_1000_0101 等方式来撰写数字。

在 JavaScript 中想知道数据类型，方法之一是使用 **typeof**，它会传回一个字符串表示类型的名称，**若是基本类型数值，typeof** 传回值是**'number'**：

```
> typeof 10
'number'
>
```

## 2. 字符串

如果要在 JavaScript 中表示字符串，可以使用''或""包括文字，两者在 JavaScript 中具相同作用，都是产生基本类型字符串，可视情况互换。例如：

```
> "Just'in"
"Just'in"
> 'Just"in'
'Just"in'
>
```

多数 JavaScript 开发者的习惯是使用单引号来建立字符串。若要在字符串中包括单引号，可以使用双引号来撰写字符串，反之亦然，否则就必须使用\'或\"来进行转译(Escape)：

```
> 'Just\'in'
"Just'in"
> "Just\"in"
'Just"in'
>
```

在 JavaScript 中常见的字符串转译表示方式如表 2.1 所示。

---

① BigInt：github.com/tc39/proposal-bigint.
② Numeric separators：github.com/tc39/proposal-numeric-separator.

表 2.1　常用的字符串转译表示方式

| 符号 | 说明 |
| --- | --- |
| \\ | 反斜杠 |
| \' | 单引号，在使用''来表示字符串，又要表示单引号'时使用，例如'Justin\'s Website' |
| \" | 双引号，在使用""来表示字符串，又要表示双引号"时使用，例如"\"text\" is a string" |
| \` | 重音符，在使用``建立 ES6 模板字符串时，又想表示重音符`时使用，例如`重音符 \`在键盘左上角` |
| \xhh | 以两个位数 16 进位数字指定字符码点，例如'\x41'表示字符串'A' |
| \uhhhh | 以 4 个位数 16 进位数字指定字符码点，例如'\u54C8\u56C9'表示'哈啰'，或者也用来表示码元 |
| \u{···} | ES6 新增，超过 U+FFFF 的码点，可用此方式指定，例如'\u{1D11E}'表示高音谱记号 𝄞 |
| \0 | 空字符，请勿与空字符串弄混，'\0'相当于'\x00' |
| \n | 换行 |
| \r | 归位 |
| \t | Tab |

对字符串使用 **typeof** 的话，会传回'**string**'。本书提及"字符"两字时，是表示 Unicode 字符，因为 **JavaScript** 中没有字符类型。撰写程序代码时，以单引号或双引号来包括单一 Unicode 字符，也是字符串类型。例如：

```
> typeof 'A'
'string'
> typeof "B"
'string'
>
```

在 2.1.3 节中提过，JavaScript 在 1995 创建之时，UTF-16 尚未公布，只能采用 UCS-2，使用两个字节为当时字符集的字符编码，后来 JavaScript 才支持 UTF-16，能处理 U+0000 至 U+FFFF 以外的字符。

为了解决输入法无法直接输入这类字符的问题，JavaScript 以字符在 UTF-16 编码时的高低字节来表示，也就是使用两个码元，例如高音谱记号 𝄞 的 Unicode 码点为 U+1D11E，无法直接使用既有的 \uhhhh 来表示。在 ES5 或早期版本，字符串必须撰写为 '\uD834\uDD1E'来表示 𝄞，这称为代理对(Surrogate pair)。

**ES6** 增加了\u{···}表示法。可以直接撰写'\u{1D11E}'，以码点来表示高音谱记号，现今两种表示法可以并存，例如：

```
> '\uD834\uDD1E' === '\u{1D11E}'
true
>
```

必须留意的是，因为 JavaScript 最初采用 UCS-2，对于原本就存在的 **API 或索引**，在处理字符串时是以码元为处理单位；支持 UTF-16 后为了兼顾兼容性，**ECMAScript** 规定使用 **UTF-16 码元作为字符串的元素(Element)单位**[①]，而不是把 Unicode 字符作为字符串的一个元素。

> **注意》》** 在进行相等性比较时，范例中使用了===，这与其他程序语言中常用的==不同。JavaScript 中请尽量使用===，虽然也可以使用==，不过强烈不建议，这在介绍运算符时会说明原因。

例如字符串的 `length` 可以用来得知字符串的 "元素" 数量，如果字符串的每个字符都位于 U+0000 至 U+FFFF 范围内，那么用来表示字符数量会是正确的，因为此时字符数量等于码元数量；但如果超出此范围的话，就无法正确表示字符数量：

```
> '\uD834\uDD1E'.length
2
> '\u{1D11E}'.length
2
> '\u{1D11E}'.charAt(0) === '\u{1D11E}'
false
> '\u{1D11E}'.charAt(0) === '\uD834'
true
>
```

虽然 ES6 后可以使用\u{...}表示法指定码点，但是，使用'\u{1D11E}'表示的记号是一个字符，在上面的示范中 `length` 却是 2，这是因为 **length 其实是指码元数量**，而不是字符数量。

有些 ES5 或更早版本就存在的 API，例如字符串的 `charAt()` 方法(Method)，可以取得指定索引处的元素，索引由 0 开始，但要注意，元素是以码元为单位，因此'\u{1D11E}'.charAt(0) 方法取得的元素是码元 '\uD834'，而不是 Unicode 字符'\u{1D11E}'。

现今从码元的角度来看，JavaScript 中的\uhhhh 其实是码元表示方式，只不过在 U+0000 至 U+FFFF 范围时，码元表示方式等于码点表示方式；ES6 的\u{...}表示法也可以用来指定 U+0000 至 U+FFFF 范围内的字符。**如果环境允许，在指定码点时，建议使用\u{...}来取代\uhhhh。**

ES6 增强了对 Unicode 的支持，新增了一些 API 与语法来正确地处理 U+0000 至 U+FFFF 以外的字符。例如，ES6 为字符串新增的 `codePointAt()` 方法，可以取得指定索引处的 "字符" 码点，而 `String.fromCodePoint()` 函数可以指定码点取得字符，如果字符是在 U+0000 至 U+FFFF 以外，两者组合可以用来取代 charAt(0)：

```
> '\u{1D11E}'.codePointAt(0)
119070
```

---

[①] The String Type：bit.ly/2Xm8AyI.

```
> String.fromCodePoint(119070) === '\u{1D11E}'
true
>
```

ES6 有个 `Array.from()` 函数，可以接收字符串并传回数组，数组元素是字符串中的各个"字符"。如果字符串包含 U+0000 至 U+FFFF 以外的字符，则可以如下正确地计算字符数量：

```
> Array.from('\u{1D11E}').length
1
>
```

### 3. 布尔

布尔值只有两个值：`true` 与 `false`，分别表示真与假。对布尔值使用 **typeof**，结果会是 **'boolean'**。

## 2.2.2　复合类型

**复合数据类型就是指对象(Object)**。其基本类型除了值本身的信息外，不带任何额外特性(Property)或方法，然而对象会带有额外的特性或方法。**只要是对象，typeof 都会传回 'object'**。

### 1. 对象字面量

想要建立对象，可以使用对象字面量(Object literal)，例如，{}就可以建立一个对象，读者在第 5 章会看到，它是 Object 构造函数的实例，使用 typeof 测试的结果就是 'object'：

```
> typeof {}
'object'
>
```

就对象字面量本身来看，{}建立的对象并没有额外特性或方法，读者可以在撰写对象字面量的同时，指定对象的特性。例如：

```
> let man = {name: 'Justin Lin', age: 44}
undefined
> man.name
'Justin Lin'
> man.age
44
> man.age = 45
45
> man
{ name: 'Justin Lin', age: 45 }
>
```

在这里建立了一个对象，拥有 name 与 age 特性，值分别是 'Justin Lin' 与 44，这个对象被指定给 man 变量。let 是 ES6 新增的语法，可用来声明变量，本章稍后会介绍变量；由于 man 变量现在参考至对象字面量建立的对象，可以通过 man.name 与 man.age 来分别取得对象的特性值，类型分别是字符串与数字，这就是对象被称为复合类型的原因。

对象的特性名称其实是个字符串，除了使用点(dot)运算符来操作对象的特性之外，还可以配合 [] 运算符来存取对象特性，例如承接上例继续操作：

```
> man['name']
'Justin Lin'
> man['age'] = 44
44
>
```

这种存取方式感觉是**把对象当成键值对应的字典数据结构，只不过键的部分必须是字符串**。在 JavaScript 中，这是存取对象时很重要的一个方式，之后还会看到相关的应用。

我们也可以随时为对象新增特性，或者使用 delete 运算符来删除特性，删除成功的话会传回 true：

```
> man.nickname = 'caterpillar'
'caterpillar'
> man
{ name: 'Justin Lin', age: 44, nickname: 'caterpillar' }
> delete man.nickname
true
> man
{ name: 'Justin Lin', age: 44 }
>
```

可以随时增删对象特性的能力，称为对象个性化**(Object individuation)**，这是个很强大的功能，可以令程序在撰写上得到极大的弹性(如果使用不当也会令程序漏洞不断)，JavaScript 后来得以咸鱼翻身而成为当红语言，这个功能占了重要的角色。

## 2. 包裹对象

有人可能会提出疑问："字符串呢？前面不是说它是基本类型，可是却有 length 特性，也有 charAt() 等方法可以使用。这不是对象才会有的吗？"这是因为基本类型数字、字符串与布尔会在必要的时候自动建立对应的包裹对象，也就是分别为 Number、String 与 Boolean 的实例。例如：

```
> let number = 65535
undefined
> number.toExponential()
'6.5535e+4'
> (4096).toExponential(2)
'4.10e+3'
>
```

number 变量被指定为 65535，这是基本类型数字，然而 Number 实例才会有 toExponential() 方法(将数字转为科学记号表示法，以字符串类型传回)，此时执行环境自动建立 Number 实例包裹 65535 这个基本类型数字，因此才能操作方法。如果只使用数字表示，要加上()再来操作方法(否则会被当成数字上的小数点)，才会包裹为 Number 实例。

类似地，在对基本类型字符串进行特性或方法操作时，必要时也会自动包裹为 String 实例。例如：

```
> 'caterpillar'.toUpperCase()
'CATERPILLAR'
>
```

toUpperCase() 是 String 上定义的方法，执行环境建立了 String 实例来包裹 'caterpillar'，才能操作方法。

读者可以直接建立包裹对象，这时必须使用 new 关键词。例如：

```
> typeof 10
'number'
> typeof 'caterpillar'
'string'
> typeof new Number(10)
'object'
> typeof new String('caterpillar')
'object'
>
```

在上面的范例中，10 与 'caterpillar' 是基本类型，typeof 的结果分别显示 'number' 与 'string'，然而 new Number(10) 与 new String('caterpillar') 建立了对象，因此 typeof 的结果是 'object'。

提示 ➤➤➤ MDN(Mozilla Developer Network)提供了有关标准内部对象的 API 文件[1]，读者可查阅以了解对象可使用的属性与方法。

## 2.2.3 数组与类数组

在撰写程序的过程中，经常需要收集数据以备后续处理。在 JavaScript 中，有序列表、队列或堆栈等可以使用数组来实现，ES6 新增了 Set 与 Map 等 API，可用于需要集合或字典的场合。接下来对 JavaScript 的数组先作些简单介绍，第 8 章还会详细介绍数组及 Set 与 Map 等 API。

### 1. 使用数组

如果要建立数组，可以使用数组字面量(Array literal)。每个数组都是 Array 的实例，

---

[1] 有关标准内部对象的 API 文件：mzl.la/2wPhPJ7.

数组也是对象，因此 typeof 的结果是'object'。数组字面量中每个元素之间使用逗号 "，"分隔，若要存取数组中特定位置的元素，可以使用[]指定索引，索引从 0 开始。例如：

```
> typeof []
'object'
> [].length
0
> let arr = [10, 20, 30]
undefined
> arr.length
3
> arr[0]
10
> arr[0] = 1
1
> arr
[ 1, 20, 30 ]
>
```

若想知道数组的长度，可以通过 length 获取。但在 JavaScript 中，指定的索引若超出数组范围，并不会发生错误，甚至可以改变 length 的值。例如若承上例继续操作：

```
> arr[3] = 40
40
> arr
[ 1, 20, 30, 40 ]
> arr.length
4
> arr.length = 10
10
> arr.length
10
> arr
[ 1, 20, 30, 40, <6 empty items> ]
> arr[5]
undefined
> arr.length = 3
3
> arr
[ 1, 20, 30 ]
>
```

如果将值指定给数组作为元素，指定的索引超出数组范围在 JavaScript 是可行的操作，length 的值会自动依据最后一个索引而调整。不过要注意，若 length 设定的值比原数组长度大，并不是扩充了数组的容量，只是 length 值被改变，这是范例中会产生空项目(Empty item)的原因，若 length 被设定的值比原数组长度小，多出来的元素会被抛弃。

虽然可以直接改变 **length** 的值，但极度不建议这么做。数组的空项目并不是没有元素值，而是连索引都没有，而且 JavaScript 中的 API 对数组空项目的处理方式并不一致，数组中含有空项目容易引发漏洞，因此**在操作数组时应避免数组产生空项目**。

虽然名为数组，然而 Array 本身定义了许多方法，使得 JavaScript 数组本身可以不单只是数组，也可以作为列表(List)、队列(Queue)、堆栈(Stack)之类的数据结构来使用，更多数组的方法将在第 8 章时进行介绍。

## 2. 类数组

虽然这里对数组还只是入门简介，但如果读者学过其他程序语言，应该会感觉到 JavaScript 的数组似乎有点与众不同。JavaScript 中的数组并不是在内存中开设连续的线性空间，而**更像是个使用数字作为特性名称的对象**，例如承接上例继续操作的话：

```
> a1['0']
20
> a1['1']
10
> a1['1'] = 100
100
> a1['1']
100
>
```

在这次的操作中，[]中指定的字符串代表了某个数字，然而也可以用来存取数组；在 2.2.2 节中介绍过，对象其实也可以使用[]配合特性名称来存取对象，那么可以使用对象来仿真数组吗？可以。

```
type arraylike.js
```

```javascript
// 这是个数组
let arr = [10, 20, 30];
for(let i = 0; i < arr.length; i++) {
    console.log(arr[i]);
}

// 这是长得像数组的对象
let arrayLike = {
    '0' : 10,
    '1' : 20,
    '2' : 30,
    length : 3
};
for(let i = 0; i < arrayLike.length; i++) {
    console.log(arrayLike[i]);
}
```

在上面的范例中使用了 for 循环流程语法，这其实是下一章的主题，目前只要知道第一个 for 循环的 i 会从 0 开始不断递增 1，在 i 小于 arr.length 的情况下，使用 arr[i] 取得元素值给 console.log() 显示，这是存取数组元素的基本流程。

这个流程只看对象是否有 length 以及数字特性名称，因此，arrayLike 参考了对象字面量建立的对象，行为上也能满足存取数组的流程，arrayLike 看来就像是个数组，执行结果显示如下：

```
10
20
30
10
20
30
```

当然，arrayLike 参考的对象并不是 Array 的实例，而是 Object 的实例，也就是说它仍旧不是数组。在 JavaScript 中，称这种具备 length 以及数字特性名称的对象为**类数组(Array-like)**对象，其在 **JavaScript** 中占有很重要的地位。许多场合都会遇上这种对象，必要时也可以从类数组得到真正的 Array 的实例，如在 ES6 中新增的 **Array.from()**函数，就可以指定类数组传回一个 Array 实例：

```
> let arrayLike = {'0' : 10, '1' : 20, length : 2}
undefined
> arrayLike
{ '0': 10, '1': 20, length: 2 }
> Array.from(arrayLike)
[ 10, 20 ]
> Array.from('Justin')
[ 'J', 'u', 's', 't', 'i', 'n' ]
>
```

从 **ES5** 开始，字符串也是类数组，如果将字符串传给 Array.from()，传回的数组中元素会是字符串中各个字符，Array.from()可以正确地处理 U+0000 至 U+FFFF 以外的字符，在 2.2.1 节中曾经利用它来正确地计算字符串长度。

虽然字符串是类数组，不过**字符串内容无法变动(Immutable)**。另外，在 2.2.1 节中介绍过，JavaScript 的字符串元素是以码元为单位，**指定索引取得的元素是一个码元，而不是字符**。

```
> '\u{1D11E}'[0] === '\u{1D11E}'
false
> '\u{1D11E}'[0] === '\uD834'
true
>
```

在上面的 arraylike.js 中可以看到//符号，这是 JavaScript 程序中的单行批注。批注是用来说明或记录程序中一些注意事项，JavaScript 引擎会忽略该行//符号之后的文字，批注对执行程序不会有任何影响。另一个批注符号是**/\***与**\*/**包括的多行批注。例如：

```
/* 作者: 良葛格
   功能: Hello World
   日期: 2019/6/14
 */
Console.log('Hello World');
...
```

编译程序会忽略**/\***与**\*/**间的文字，但以下使用多行批注的方式是不对的：

```
/*  批注文字 1……bla…bla
    /*
        批注文字 2……bla…bla
    */
*/
```

编译程序会以为倒数第二个**\*/**就是批注结束的时候，因而会认为最后一个**\*/**是错误的语法，这时会出现执行错误的信息。

## 2.3　变量与运算符

在上一节中使用过变量,也在介绍 JavaScript 的内建类型时通过变量对基本类型或对象作了基本操作，本节进一步介绍变量，并探讨 JavaScript 的运算符在内建类型上的作用。

### 2.3.1　变量

在上一节介绍各个内建类型时，大多直接使用数字写下一个值，实际在撰写程序时不能如下这么写：

```
console.log('圆半径: ', 10);
console.log('圆周长: ', 2 * 3.14 * 10);
console.log('圆面积: ', 3.14 * 10 * 10);
```

半径 10 和圆周率 3.14 同时出现在多个位置，如果将来要修改半径或者是要使用更精确的圆周率，如 3.14159，那就要修改许多地方。

#### 1. let 与 const

若能够要求 JavaScript 保留某些名称可以对照 10 与 3.14 这些值，每次运算时都通过这些名称取得对应的值，如果与名称对应的值有变化了，既有的程序代码就会取得新的对应值来运算，这样不是很方便吗？修改程序如下所示：

```
let radius = 10;
const PI = 3.14;
console.log('圆半径: ', radius);
console.log('圆周长: ', 2 * PI * radius);
console.log('圆面积: ', PI * radius * radius);
```

被 **let** 声明的 radius 名称称为**变量(Variable)**，因为它的对应值是可以变动的，被 **const** 声明的 PI 名称是**常数(Constant)**，声明常数时一定要指定值，而且之后不能改变常数的值。**let** 与 **const** 是 ES6 新增的语法，**在环境允许的情况下，建立变量或常数应该优先使用。**

可以看出，上述程序代码更清楚，代码中指定 10 是半径(radius)，3.14 是圆周率(PI)，而不是魔术数字(Magic number[1])，而公式的部分如 2 * PI * radius 比 2 * 3.14 * 10 有意义得多。

依照类型信息是记录在变量之上或者执行时期的对象之上，程序语言可以区分为静态类型(Statically-typed)和动态类型(Dynamically-typed)语言。**JavaScript** 属于动态类型语言，变量本身没有类型信息，建立变量不用声明类型，因为变量本身没有类型，同一个变量可以指定不同的数据类型。例如，指定 x 为数字，再指定其为字符串并不会出错：

```
> let x = 10
undefined
> x = 'Justin'
'Justin'
>
```

若想通过变量操作对象的某特性或方法，只要确认该对象上确实有该特性或方法即可。在 2.2.3 节介绍过类数组可以用 for 循环来访问，就是利用了这个性质：

```
// 这是长得像数组的对象
let arrayLike = {
    '0' : 10,
    '1' : 20,
    '2' : 30,
    length : 3
};
for(let i = 0; i < arrayLike.length; i++) {
    console.log(arrayLike[i]);
}
```

这是动态类型语言界流行的鸭子类型(**Duck typing**[2])："如果它走路像个鸭子，游泳像个鸭子，叫声像个鸭子，那它就是鸭子。"

对基本类型来说，变量保存了被指定的值；对复合类型来说，变量始终是个参考(对应)至对象的名称，指定运算只是改变了变量的参考对象，因此对于可变动对象会有以下操作结果：

```
> let arr1 = [1, 2, 3]
undefined
> let arr2 = arr1
undefined
> arr1[0] = 10
10
> arr2
[ 10, 2, 3 ]
>
```

在 let arr2 = arr1 时，arr1 与 arr2 就参考了同一个数组对象，将 arr1[0]修改为

---

[1] Magic number：en.wikipedia.org/wiki/Magic_number_(programming).

[2] Duck typing：en.wikipedia.org/wiki/Duck_typing.

10，通过 arr2 就会看到修改的元素。const 声明的常数只是指不能重新设定该名称参考的
对象，如果对象本身可变动，对象的状态还是可以改变的：

```
> const arr = [1, 2, 3]
undefined
> arr[0] = 10
10
> arr
[ 10, 2, 3 ]
>
```

如果没有使用 let 或 const 来声明变量或常数，会发生 ReferenceError，表示变量
未定义。

```
console.log(x);  // ReferenceError: x is not defined
```

在使用 let 声明变量时，若该变量已经存在，会引发 SyntaxError 错误。即使在 REPL
中，也不可以用 let 声明同名变量。**如果 let 声明了变量，但没有指定值，执行完声明后
会给予 undefined**：

```
> let x
undefined
> x
undefined
>
```

### 2. var

在 ES5 或更早版本中，并没有 let、const 可以使用，声明变量是使用 var。var 有一
个古怪特性，例如，在原始码文件中保存以下程序代码，执行时并不会出错：

```
variable hoisting.js
```

```
console.log(m);
var m = 10;
console.log(m);
```

执行结果会显示 undefined 与 10：

```
undefined
10
```

这是因为 var 声明的变量在其声明所在地前后范围内都是有效的，这个行为称为**提升
(Hoisting)**。虽然范例中第一行看到了变量，但在被指定值前，变量会被给予特殊值
undefined，代表值没有定义。

在绝大多数情况下，并不希望变量有提升行为，那么使用 let 可以解决问题吗？来看
看下面的范例：

```
console.log(m); // ReferenceError: Cannot access 'm' before initialization
let m;
```

严格来说，使用 `let` 也会有提升行为，只不过存在**暂时死区(Temporal dead zone)**作为防线，在正式执行 `let` 该行前，变量不会被给予值(连 `undefined` 都不给)，变量在完全没有值的情况下被存取会发生 `ReferenceError`，从而避免了 `var` 中提升行为可能造成的漏洞。

另外，在使用 **var** 声明变量时，若该变量已经存在，并不会有任何错误，这不是好的**特性**，因此在能够使用 `let`、`const` 的环境中，若非必要则不使用 `var`。

### 3. `undefined` 与 `null`

无论是使用 `let` 或 `var`，若声明变量时未指定值，变量会被给予特殊值 `undefined`。若试图取得对象上不存在的特性时，也会传回 `undefined`，它是 JavaScript 中的特殊值，表示值没有定义。这很奇怪，明明值没有定义，却又有 `undefined` 作为值来表示，但你只能接受这个事实。

知道何时变量或特性值会是 `undefined` 很重要，这在之后各章节相关内容时会加以介绍。目前来说，可以先知道的是，**对 `undefined` 使用 `typeof` 的结果是 `'undefined'`，`undefined` 本身等于 `undefined`**：

```
> let x;
undefined
> x
undefined
> typeof undefined
'undefined'
> x === undefined
true
>
```

严格来说，`undefined` 只是个名称，参考至一个代表"值没有定义"的值，这是什么意思？因为 **undefined 在 JavaScript 中不是保留字**，在函数中可以被拿来作为变量名称：

```
> .editor
// Entering editor mode (^D to finish, ^C to cancel)
function foo() {
    let undefined = 10;
    return undefined;
}
console.log(foo());

10
undefined
>
```

只要对 JavaScript 稍有认识，应该都接触过 `undefined`，也就知道不应该把 `undefined` 作变量名称。只是凡事无绝对，若真的有人把 `undefined` 拿来当作变量并设了值，而后维护者想使用真正的 `undefined` 值，就会出现漏洞了。

要预防这类低级的写法，可以使用 **void** 运算符，它放在任何值或表达式前都会产生

undefined。例如：

```
> void 0
undefined
> typeof (void 0)
'undefined'
>
```

JavaScript 中还有个特殊值 **null，用来表示没有对象**。举个例子来说明，若有个变量本来是参考至某对象，若后来不想这么做了，就可以令变量参考至 null。

```
> let obj = {x: 10};
undefined
> obj = null;
null
>
```

而实际这么做的机会并不多。比较常见的是想通过 API 查找符合某条件的对象，而实际上没有符合的对象时传回 null。这类 API 在浏览器的环境中有很多，之后在介绍 JavaScript 如何操作浏览器对象时就会看到这类 API。

对 **null 使用 typeof 会得到'object'**，这很奇怪，因为 null 并非 Object 的实例，没办法对 null 做任何操作，**试图存取 null 的特性或呼叫方法会引发 TypeError**。

## 2.3.2 严格模式

在 1.1.1 节中介绍过，JavaScript 有些古怪特性无法避免，只能去了解如何与这类特性共处，undefined、null 就是这类特性，之后还会看到其他的古怪特性。

在 JavaScript 漫长历史累积下来的经验中，有些古怪特性被认为是不该使用的，有些则是旧规范中定义模糊不清。为了协助开发者厘清、避开这类特性，**ES5 增加了严格模式(Strict mode)**。在启用严格模式以后，若误用了不好或早期规范模糊不清的特性，会发生直译或执行等相关错误。

这一节介绍了变量，其实 JavaScript 可以不使用 var、let 等声明变量，例如：

```
x = 10;
console.log(x); // 显示 10
```

这是 **JavaScript 中不好的特性**。因为使用此方式建立的变量一定是全局变量(即使是在函数之中)，绝大多数情况下，开发者不应该使用全局变量。

提示 ≫ 如果想知道这类全局变量的特性，可参考《JavaScript 本质部分》[①]，这是笔者在 ES3 时代撰写的文章。

如果启用了 ES5 的严格模式，则不会允许使用以上方式建立变量，启用方式是在.js 文

---

[①] 《JavaScript 本质部分》：openhome.cc/Gossip/JavaScript/.

件开头撰写'**use strict**'字符串：

```
'use strict'
x = 10;   // ReferenceError: x is not define
console.log(x);
```

如果执行这个.js 文件，就会发生 **ReferenceError** 错误，表示没有定义 x 变量。

在.js 文件开头撰写'**use strict**'，那么整个.js 文件的程序代码撰写都必须遵守严格模式；也可以选择只在某些函数中使用严格模式，方式是在函数本体开始处加上'**use strict**'：

```
function foo() {
    'use strict'
    … 其他程序代码
}
```

在严格模式下有许多被禁止的行为，例如，在 2.2.1 节中曾经介绍过，在 ES6 规范中可以使用 0o7 来撰写八进制整数，实际上早期 JavaScript 引擎多半也支持 07 这种八进制表示法，但这种写法容易造成误会，而且规范中并没有载明这个特性，若启用严格模式，则不允许 07 这种八进制写法，因为会引发 **SyntaxError** 错误。

另外，在 2.2.2 节中介绍过，对象可以使用 delete 来删除特性，成功的话会传回 true，那么失败呢？例如，有些内建特性是不能删除的，如数组的 length 特性，或者不可组态的特性(configurable 属性被设为 false，第 5 章会介绍到)也不能删除；在非严格模式下，delete 删除失败就会传回 false。但开发者经常忘了检查是否删除成功，若是在严格模式下，删除失败会引发 **TypeError**。

在严格模式下，不能使用保留字(Reserved word)作为变量名称，如 implements、interface、let、package、private、protected、public、static 等，误用的话会引发 SyntaxError。

除了避免错误之外，采用严格模式对效能有帮助，相同程序代码在严格模式下运行可能会比非严格模式更快。总而言之，在撰写 JavaScript 时，建议采用严格模式，若是维护旧项目，也可以在个别函数中采用严格模式，逐步令程序代码更严谨，对于未来迁移至 ES6 或之后版本的环境会有很大的帮助。**本书的程序代码，除非特别声明，否则都是在严格模式下运行。**

**提示 》》** 若想了解严格模式下还有哪些受限的行为，可以参考 Strict mode[①]。

在使用 Node.js 的 node 指令时，**--use_strict** 选项可以启用严格模式，适用于 REPL。例如：

---

[①] Strict mode：developer.mozilla.org/zh-TW/docs/Web/JavaScript/Reference/Strict_mode.

```
C:\workspace>node --use_strict
Welcome to Node.js v12.4.0.
Type ".help" for more information.
> let arr = [1, 2, 3];
undefined
> delete arr.length
Thrown:
TypeError: Cannot delete property 'length' of [object Array]
>
```

## 2.3.3　加减乘除运算

　　在学习程序语言过程中加减乘除是基本运算需求。许多程序设计书籍对此内容介绍较简单，不过实际上并不是那么简单，毕竟我们是在跟计算机打交道，目前还没有一个程序语言可以高阶到完全忽略计算机的物理性质，因此，有些细节还是要注意一下。

### 1. 应用于数值类型

　　首先来看看+、-、*、/应用在数值类型时，有哪些要注意的地方。1 + 1、1 - 0.1这类运算对我们来说都不成问题，结果分别是 2、0.9，那么 0.1 + 0.1 + 0.1、1.0 - 0.8会是多少？前者不是 0.3，后者也不是 0.2。

```
> 0.1 + 0.1 + 0.1
0.30000000000000004
> 1.0 - 0.8
0.19999999999999996
> 0.1 * 3
0.30000000000000004
> 0.1 + 0.1 + 0.1 === 0.3
false
>
```

　　对上面程序运行的结果诧异吗？在 2.2.1 节介绍过，在 JavaScript 中，数字都是 IEEE 754标准 64 位浮点数，这个标准不使用小数点，而是使用分数及指数来表示小数，例如 0.5 会以 1/2 来表示，0.75 会以 1/2+1/4 来表示，0.875 会以 1/2+1/4+1/8 来表示，但有些小数无法使用有限的分数来表示，如 0.1 会是 1/16+1/32+1/256+1/512 +1/4096+1/8192+...，没有止境，因此会造成浮点数误差。

　　出现误差会有何影响呢？如果对小数的精度要求很高的话，就要小心这个问题，如最基本的 0.1 + 0.1 + 0.1 === 0.3，结果会是 false。如果程序代码中有这类的判断，则会因为误差而使得程序行为不会以预想的方式进行。如果需要处理小数，而且需要精确的结果，JavaScript 目前必须运用第三方程式库来解决，例如 bignumber.js[①]。

---

**提示 >>>** 在 Google 搜索中输入"算钱用浮点"，会看到什么搜索结果呢？试试看吧！

---

① bignumber.js：mikemcl.github.io/bignumber.js/.

在乘法运算上，除了可以使用*进行两个数字的相乘之外，ES7 新增了**指数运算符 (Exponentiation Operator)，例如：

```
> 2 ** 3
8
> 2 ** 5
32
> 2 ** 10
1024
> 9 ** 0.5
3
>
```

而使用 a % b 时会进行除法运算，并取余数作为结果。例如有一个立方体要进行 360° 旋转，每次要在角度上加 1，而 360° 后必须复归为 0 重新计数，这时可以这么撰写：

```
let count = 0;
...
count = (count + 1) % 360;
```

在进行/运算时，若被除数不为 0，而除数为 0 的话，会产生无限值，例如：

```
> 1 / 0
Infinity
> 1 / 0 === Infinity
true
> Infinity === Number.POSITIVE_INFINITY
true
> -Infinity === Number.NEGATIVE_INFINITY
true
>
```

全局名称 Infinity 代表无限值，在 JavaScript 中有许多内建的全局名称，这属于不好的特性。ES6 为了避免全局名称被占用的问题，将一些全局名称放到适合的 API 上，如这里的 Number.POSITIVE_INFINITY、Number.NEGATIVE_INFINITY。若环境允许的话，应该善用这类 API，正无限值等于正无限值，负无限值等于负无限值。

## 2. 应用于字符串类型

使用+运算符可以串接字符串，虽然字符串不可变动，但+串接字符串时会产生新字符串。因为字符串是基本类型，所以可以直接比较相等性：

```
> let text1 = 'Just'
undefined
> let text2 = 'in'
undefined
> text1 + text2
'Justin'
> 'Justin' === 'Justin'
true
```

程序语言有所谓的强型(Strong type)与弱型(Weak type)语言，强弱之分是相对而言的。**JavaScript 极度偏向弱型**，即类型间在运算时非常容易发生转换，例如数字+字符串，数字会被转换为字符串，然后进行字符串串接：

```
> 'Justin Number' + 1
'Justin Number1'
>
```

在运算时程序语言若可以合理、适度地类型转换，则有助于更便利地撰写程序，使程序代码简洁易读。例如，在 2.2.2 节介绍过，在必要的时候，基本类型数字、字符串与布尔自动建立对应的包裹对象，也就是分别为 Number、String 与 Boolean 的实例，这是属于好的特性。

+可以用于字符串串接，在遇到操作数有数字时，数字会自动转为字符串。在其他语言中也常见这类行为，这种自动转换行为也是可以接受的。

不过在 JavaScript 太容易发生类型转换，甚至有些转换在其他程序语言是少见的行为，这时就不建议依赖在这一类型转换上。例如，**不要在字符串上使用-、\*、/运算**：

```
> '10' - '5'
5
> '10' * '5'
50
> '10' / '5'
2
>
```

若字符串代表数字，使用-、\*、/进行数字运算，虽然看起来很方便，但容易写出有漏洞的程序代码。如果数据源是字符串，在进行数字运算时应明确使用 Number 函数转换为数字：

```
> Number('10') - Number('5')
5
> Number('10') * Number('5')
50
> Number('10') / Number('5')
2
>
```

**不要将+、-、\*、/、\*\*运用在数字与字符串外的其他类型**，因为我们很难掌握或记忆类型转换的时机与规则。例如，实际开发时千万别做如下类似的运算：

```
> [] + [];
''
> [] + {};
'[object Object]'
> {} + [];
0
> {} + {};
NaN
>
```

提示 ▶▶▶　这个例子来自 Gary Bernhardt 在 CodeMash 2012 的 WAT 闪电秀[①]，WAT 其实是 What 的谐音，象征遇到程序执行结果令人意想不到时，开发者会脱口而出的声音。WAT 闪电秀很有趣，有时间大家可以看看。

## 2.3.4　比较运算

对于大小的比较、JavaScript 提供了>、<、>=、<=运算符。对于数字进行>、<、>=、<=比较就是比较数字大小；对于字符串，会逐字符以 Unicode 码点顺序来比较，因此'AAC' < 'ABC'是 true, 'ACC' < 'ABC'是 false。

### 1. ===与!==

关于相等比较的部分，JavaScript 提供了==、!=。**但不要使用==、!=**，因为它们在执行比较时对类型采取松散的规则，会先尝试将两边的操作数转换为同一类型，再比较是否相等，而我们很难掌握或记忆类型转换的时机与规则。下面只是对运算符==进行示范，不必去细究结果是 true 或 false 的原因。

```
> '' == 0;
True
> null == undefined;
true
> 1 == true;
true
>
```

JavaScript 提供了**===、!==**。注意各多了一个等号。**推荐大家使用===、!==进行相等比较！**因为它们执行比较时对类型采取严格的规则，如果两边操作数类型不同，===必然是 false, !==必然是 true。

JavaScript 中有基本类型与复合类型，当=用于基本类型时，是将值复制给变量，===用于基本类型时，是比较两个变量保存的值是否相同，这对初学者来说没有问题。以下程序片段会显示两个 true，因为 a 与 b 保存的值都是 10，而 a 与 c 保存的值也都是 10。

```
> let a = 10
undefined
> let b = 10
undefined
> let c = 10
undefined
> a === b
true
> a === c
true
>
```

① WAT：www.destroyallsoftware.com/talks/wat.

如果是在操作对象，=是将名称参考某个对象，而===是用来比较两个名称是否参考同一对象。下面来看个范例：

```
> let x = new Number(10)
undefined
> let y = new Number(10)
undefined
> let z = x
undefined
> x === y
false
> x === z
true
>
```

在上面的程序片段中，我们看到了 new 关键词。之后会介绍到使用指定的构造函数建立对象。上面的程序片段各建立了两个 Number 实例，各自被 x 与 y 参考了，在指定 z = x 时，x 与 z 就参考了同一个对象。在使用 x === y 时，由于 x 与 y 参考的对象不同，结果是 false；在使用 x === z 时，由于 x 与 z 参考的对象相同，结果就是 true。

### 2. **NaN**

在 JavaScript 中，NaN 是开发者在其他语言中可能不常处理的值。当运算结果无法产生数值时，就会产生 NaN。例如 0 / 0：

```
> 0 / 0
NaN
> typeof NaN
'number'
> NaN === NaN
false
> NaN === Number.NaN
false
>
```

同样地，ES6 为了避免全局名称被占用的问题，建议使用 **Number.NaN**。NaN 表示 **Not a Number**，但 **typeof** 的结果是 **'number'**，这是不是很奇怪呢？其实这是由于 IEEE 754 规范，其中规定 NaN 仍是浮点数，只不过是个特殊值，**NaN 不等于任何值，也是唯一不等于自身的值**。**===与!==用于 NaN 比较时，遵照 IEEE 754 的规范**。

为什么在 JavaScript 中要特别留意 NaN？因为运算过程太容易发生类型转换，特别是运用了不建议的运算特性时，若无法成功运算，结果往往就是 NaN。而且由于历史性的原因，JavaScript 的一些语法或 API 对于 NaN 的处理方式并不一致，若程序中有 NaN 会造成麻烦，之后适当章节还会看到相关介绍。

**实际开发上应该避免产生 NaN**，方式之一是避免非掌握中的自动类型转换，避开不好的运算特性。

**提示 >>>** 虽然===与!==遵照 IEEE 754 规范，令 NaN === NaN 会是 false，NaN !== NaN 会是 true，但在 JavaScript 中存在着将 NaN 视为相同的 API 的情况。之后适当章节会加以讨论，为了方便，笔者将相等性的问题全部整理在《ECMAScript 6 相等性》[①]，有兴趣的读者可以查阅。

## 2.3.5　逻辑运算

在逻辑上有所谓的"且""或"与"反相"，其在 JavaScript 中提供对应的逻辑运算符分别为&&、||与!。下面看看以下程序片段会输出什么结果。

```
> let number = 75
undefined
> number > 70 && number < 80
true
> number > 80 || number < 75
false
> !(number > 80 || number < 75)
true
>
```

在判断条件成立与否时，例如?:条件运算符、if...else、逻辑判断等语句并非只有 true、false 代表成立与否。在 **JavaScript** 中，**"除了 0、NaN、''、null、undefined 是假的之外，其他都是真的"**，这 **5** 个值就是所谓的 **Falsy Family**！

因此，在判断成立与否的场合时，10、'Justin'、{}、[]等都会当作成立，因为它们不是 Falsy Family 的成员。例如，以 if...else 语法作示范，在 if 条件判断时，{}就被视为成立：

```
> .editor
// Entering editor mode (^D to finish, ^C to cancel)
if({}) {
    console.log('成立');
}
else {
    console.log('不成立');
}

成立
undefined
>
```

逻辑运算&&、||有**快捷方式运算**的特性。&&左操作数若判定为假，就可以确认逻辑不成立，不用继续运算右操作数；||是左操作数判断为真，就可以确认逻辑成立，不用再处理右操作数。当判断确认时停留在哪个操作数，就会传回该操作数，结合 Falsy Family 的特性，就会有以下的效果：

```
> 'left' && 'right'
'right'
```

---

[①] 《ECMAScript 6 相等性》：openhome.cc/Gossip/ECMAScript/Sameness.html.

```
> 0 && 'right'
0
> 'left' && 0
0
>
```

在上面第一个例子中，左操作数为非空字符串，会当作成立，因此要再判断右操作数，也非空字符串，整个&&判断成立时是停在右操作数，所以传回'right'。在第二个例子中，0 会被当作不成立，此时不用判断右操作数，就可判断整个&&运算不成立，直接传回 0。在第三个例子中，左操作数为非空字符串，会当作成立，需要再判断右操作数为 0，整个&&运算此时确认不成立，传回右操作数。

实际上，||更常运用快捷方式运算特性，因为其可构成 JavaScript 中默认值惯用语法。例如：

**operator default-value.js**

```
let name = '';
console.log(name || 'Guest');

name = 'Justin';
console.log(name || 'Guest');
```

在这里的范例中，假设 name 是使用者的输入内容，如果使用者没有提供名称，name 会是空字符串，在||判断时会被当作不成立，因此要看右操作数，这时可以判定结果，传回右操作数；如果用户有提供名称，name 不会是空字符串，在||判断时就会成立，此时直接传回左操作数，因此执行结果会是：

```
Guest
Justin
```

也就是说，||右操作数会是默认值的概念，从程序代码阅读的角度来看，name || 'Guest'表示"使用(非空字符串的)name 或默认值'Guest'"，这在 JavaScript 中是极为常见的应用，之后章节还会看到更多实际案例。

### 2.3.6 位运算

在数字设计上有 AND、OR、NOT、XOR 与补码运算，JavaScript 提供对应的位运算符分别是&(AND)、|(OR)、^(XOR)与~(补码)。读者可以从以下范例了解各个位运算结果：

**operator bitwise-demo.js**

```
console.log('AND 运算: ');
console.log('0 AND 0 ->', 0 & 0);
console.log('0 AND 1 ->', 0 & 1);
console.log('1 AND 0 ->', 1 & 0);
console.log('1 AND 1 ->', 1 & 1);

console.log('\nOR 运算: ');
console.log('0 OR 0 ->', 0 | 0);
```

```
console.log('0 OR 1 ->', 0 | 1);
console.log('1 OR 0 ->', 1 | 0);
console.log('1 OR 1 ->', 1 | 1);

console.log('\nXOR 运算: ');
console.log('0 XOR 0 ->', 0 ^ 0);
console.log('0 XOR 1 ->', 0 ^ 1);
console.log('1 XOR 0 ->', 1 ^ 0);
console.log('1 XOR 1 ->', 1 ^ 1);
```

执行结果就是各个位运算的结果：

```
AND 运算:
0 AND 0 -> 0
0 AND 1 -> 0
1 AND 0 -> 0
1 AND 1 -> 1

OR 运算:
0 OR 0 -> 0
0 OR 1 -> 1
1 OR 0 -> 1
1 OR 1 -> 1

XOR 运算:
0 XOR 0 -> 0
0 XOR 1 -> 1
1 XOR 0 -> 1
1 XOR 1 -> 0
```

位运算是逐位运算，例如 10010001 与 01000001 作 AND 运算，是一个一个位对应运算，答案就是 00000001。补码运算是将所有位 0 变 1，1 变 0，例如 00000001 经补码运算就会变为 11111110：

```
> 0b10010001 & 0b01000001
1
> let number1 = 0b0011
undefined
> number1
3
> ~number1
-4
> let number2 = 0b1111
undefined
> number2
15
> ~number2
-16
>
```

number1 的 0011 经补码运算变成 1100，这个数在计算机中以二补码[1]来表示就是-4。

---

[1] 二补码：en.wikipedia.org/wiki/Two%27s_complement.

0b1111 表示 15，实际上 1111 更左边的位会是 0，经过补码运算后，1111 的部分会变成 0000，而更左边的位变成 1，整个值用二补码来表示就是-16。

在位运算上，JavaScript 还有左移(<<)与右移(>>)两个运算符，左移运算符会将所有位往左移指定位数，左边被挤出去的位会被丢弃，而右边补上 0；右移运算则是相反，会将所有位往右移指定位数，右边被挤出去的位会被丢弃，至于最左边补上原来的位，如果左边原来是 0 就补 0，1 就补 1。还有个>>>运算符，这个运算符在右移后，最左边一定是补 0。

使用左移运算来作简单的 2 次方运算示范：

operator shift-demo.js

```
let number = 1;
console.log('2 的 0 次方: ', number);
console.log('2 的 1 次方: ', number << 1);
console.log('2 的 2 次方: ', number << 2);
console.log('2 的 3 次方: ', number << 3);
```

执行结果：

```
2 的 0 次方:  1
2 的 1 次方:  2
2 的 2 次方:  4
2 的 3 次方:  8
```

实际来左移看看，就知道为何可以如此作次方运算了：

```
00000001 → 1
00000010 → 2
00000100 → 4
00001000 → 8
```

## 2.3.7  条件、指定、递增/递减

JavaScript 有个条件运算符，使用方式如下：

条件表达式 ？ 成立传回值 ： 失败传回值

条件运算符传回值以条件表达式结果而定，如果条件表达式结果为 true，传回:前的值，若为 false，传回: 后的值。例如，score 保存了使用者输入的学生成绩，以下程序片段可用来判断学生是否及格：

```
console.log('该生是否及格?', score >= 60 ? '是' : '否');
```

条件运算符使用适当的话，可以少写几句程序代码。例如，若 number 保存用户输入的数字，以下程序片段可判断奇数或偶数：

```
console.log('是否为偶数?', (number % 2 === 0) ? '是' : '否');
```

同样的程序片段，若改用下一章要介绍的 `if...else` 语法，要如下撰写：

```
if(number % 2 === 0) {
    console.log('是否为偶数?是');
}
else {
    console.log('是否为偶数?否');
}
```

目前为止只介绍了指定运算符=，事实上指定运算符还有以下几个，如表 2.2 所示。

表 2.2　指定运算符

| 指定运算符 | 范例 | 结果 |
| --- | --- | --- |
| += | a += b | a = a + b |
| -= | a -= b | a = a - b |
| *= | a *= b | a = a * b |
| /= | a /= b | a = a / b |
| %= | a %= b | a = a % b |
| **= | a **= b | a = a ** b |
| &= | a &= b | a = a & b |
| \|= | a \|= b | a = a \| b |
| ^= | a ^= b | a = a ^ b |
| <<= | a <<= b | a = a << b |
| >>= | a >>= b | a = a >> b |
| >>>= | a >>>= b | a = a >>> b |

在程序中对变量递增 1 或递减 1 是很常见的运算，例如：

```
let i = 0;
i = i + 1;
console.log(i);
i = i - 1;
console.log(i);
```

这个程序片段会分别显示出 1 与 0 两个数，递增 1、递减 1 也可以使用 `i += 1`、`i -= 1`，或者是使用递增、递减运算符：

```
let i = 0;
i++;
console.log(i);
i--;
console.log(i);
```

　　建议只在单行语句中使用递增、递减运算符，虽然上面的程序片段还可以再简短一些，不过可读性会变差：

```
let i = 0;
console.log(++i);
console.log(--i);
```

　　虽然可以将++或--运算符撰写在变量的前或后，不过两种写法有很大差别：将++或--运算符写在变量前，表示先将变量值加或减 1，然后再传回变量值；将++或--运算符写在变量后，表示先传回变量值，然后再对变量加或减 1。例如：

```
let i = 0;
let number = 0;
number = ++i;      // 结果相当于 i = i + 1; number = i;
console.log(number);
number = --i;      // 结果相当于 i = i - 1; number = i;
console.log(number);
```

　　在这个程序片段中，number 的值会前后分别显示为 1 与 0。再来看个例子：

```
let i = 0;
let number = 0;
number = i++;      // 相当于 number = i; i = i + 1;
console.log(number);
number = i--;      // 相当于 number = i; i = i - 1;
console.log(number);
```

　　在这个程序片段中，number 的值会前后分别显示为 0 与 1。

　　除了本章介绍过的运算符之外，还有 in、instanceof 等运算符未介绍，这些运算符与对象比较相关，将在之后适当章节再来介绍。

# 2.4　重点复习

流程语法与函数 | 第**3**章

- 使用除错器
- 认识基本流程语法
- 运用一级函数特性
- 使用 yield 建立产生器
- 认识模板字符串与标记模板

# 3.1 使用除错器

在正式介绍流程语法等内容之前，先来准备一下工具，除了令程序代码撰写与执行等更为方便之外，还有助于查找相关错误。

JavaScript 是动态定型语言，又是个弱型语言，撰写程序时经常会疏忽类型问题，令程序出现漏洞，使用具备除错器(Debugger)的开发工具有助于减少、查找这类错误。如果使用 Node.js 的话，可以搭配 Visual Studio Code，而现代浏览器中都会附带各自的开发工具。

## 3.1.1 使用 Visual Studio Code

Visual Studio Code[①]是由 Microsoft 发布的开放原始码工具。Visual Studio Code 支持 Microsoft 的 TypeScript，TypeScript 是一门基于 JavaScript 并增加了静态定型等特性的语言，因此，Visual Studio Code 在编辑、执行 JavaScript 程序代码时，具备了良好的支持性。

下面介绍 Visual Studio Code 的安装与基本使用方式，以 Windows 版本为例，可在官方

---

① Visual Studio Code：https://code.visualstudio.com.

网站上单击 Download for Windows 链接，如图 3.1 所示。

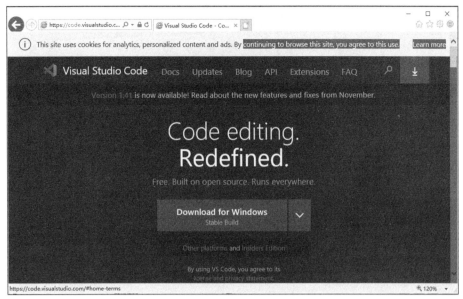

图 3.1　下载 Visual Studio Code

在下载完成之后，直接单击文件即可进行安装，默认安装到使用者文件夹中的 C:\Programs\Microsoft VS Code，安装过程中也可以自行设定文件夹，如图 3.2 所示。

图 3.2　设定安装位置

之后只需要一直单击"下一步"按钮直到安装完成即可。Visual Studio Code 中最基本的管理单位是文件夹，启动之后可以执行菜单"文件／打开文件夹"命令，选择想要存放.js 原始码的文件夹，打开文件夹之后会出现内建的"文件管理器"，在其中选择"新建文件"，默认文件编码是 UTF-8。命名文件之后，即可在编辑区撰写程序代码，如图 3.3 所示。

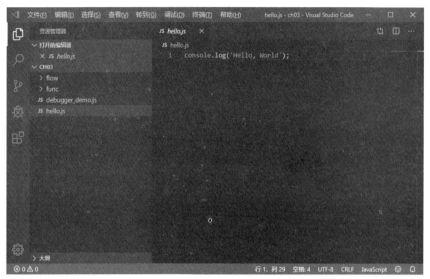

图 3.3 基本编辑环境

　　在撰写程序代码的过程中，会看到基本的提示选项，这可以辅助程序的撰写，避免打错字。如果要在文本模式中执行 JavaScript 程序，可以执行菜单"终端／新建终端"命令，在其中执行 node 指令，如图 3.4 所示。

图 3.4 在终端中执行程序

## 3.1.2 使用调试程序

　　在 Visual Studio Code 中，撰写程序代码时有自动提示等辅助功能，不过这里使用它最主要的目的是运用其"调试"工具，也就是除错器。例如，随意地撰写些程序，然后在编辑区左侧单击，即可设置断点(再次单击就可取消设置)，执行菜单"调试／启动调试"命令，如图 3.5 所示。

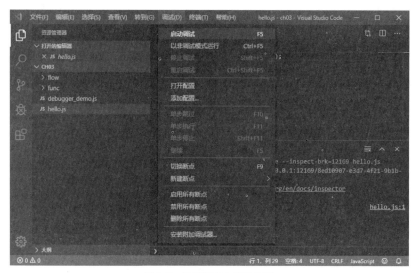

图 3.5　设置断点并启动调试

接着就会开始执行程序，并进入调试模式，在遇到断点时程序执行会暂停，这时可以查看相关的环境、变量等信息，如图 3.6 所示。

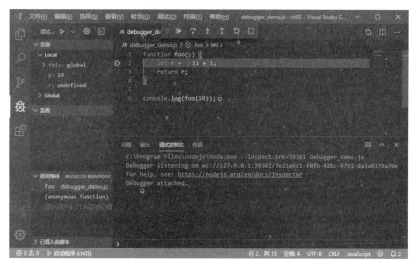

图 3.6　调试中查看相关信息

这就是为何会需要除错器的原因，开发者可以控制程序暂停的位置，查看相关变量，而不是使用 `console.log()` 来显示这类信息。开发者也可以逐步控制程序的执行步骤，可借由图 3.6 中的 来控制，按钮功能从左至右分别是"继续""单步跳过""逐步执行""单步跳出""重新启动""停止"。

"继续"是执行程序直到遇到下个断点再暂停；"单步跳过"会逐步执行语句，在遇到函数时不会进入函数本体执行流程；"逐步执行"正如其意，然而遇到函数时会进入函数本体的流程；如果在某个函数中，想要直接执行完整个函数，回到函数调用处的下一步，则执行"单步跳出"。

## 3.2  流程语法

现实生活中有待解决的事情千奇百怪，在计算机发明以后，想要使用计算机解决的需求也是各式各样："如果"发生了……，就要……；"对于"……，就一直执行……；"如果"……，就"中断"……。为了告诉计算机特定条件下该执行的动作，要使用各种条件表达式来定义程序执行的流程。

### 3.2.1  `if` 分支判断

为了应付"如果 OOO 成立"就要……，"否则"就要要……的需求，JavaScript 提供了 if...else 语句，语法如下：

```
if(条件表达式) {
    语句块一;
}
else {
    语句块二;
}
```

条件表达式运算结果为 true 时会执行 if 的{与}中的语句，否则执行 else 的{与}中的语句，如果条件表达式不成立时不想做任何事，else 可以省略。

下面是运用 if...else 判断数字为奇数或偶数的范例。

```
flow  odd.js
let input = 10;
let remain = input % 2;
if(remain) {
    console.log(input, '为奇数');
}
else {
    console.log(input, '为偶数');
}
```

在上面的范例中，if(remain)也可以写为 if(remain === 1)，若数字是偶数，那么 input % 2 就会是 0，在 if 判断式中会被认定为不成立，因此会执行 else 区块内容，结果会显示"10  为偶数"。只要程序代码阅读上清晰，if(remain)这类程序代码是在 JavaScript 中建议的写法。

如果 if 或 else 中只有一行语句，则{与}可以省略，不过为了可读性与可维护性，建议即使只有一行语句，也要撰写{与}明确定义范围。

提示 >>> Apple 曾经提交一个 iOS 上的安全更新：support.apple.com/kb/HT6147，原因是在某个函数中有两个连续的缩排：

.....

if ((err = SSLHashSHA1.update(&hashCtx, &signedParams)) != 0)

```
                goto fail;
                goto fail;
        if ((err = SSLHashSHA1.final(&hashCtx, &hashOut)) != 0)
                goto fail;
        ...
```

> 因为缩排在同一层，阅读程序代码时开发者也就没注意到，且又没有{与}定义区块，结果就是出现 goto fail 无论如何都会被执行到的错误。

有些开发者会撰写以下 if...else if 语法：

```
if(条件表达式一) {
    ...
}
else if(条件表达式二) {
    ...
}
else {
    ...
}
```

其实 JavaScript 并没有 if...else if 的语法，这是省略{与}加上程序代码排版后的结果，如果不省略{与}，原本的程序应该是：

```
if(条件表达式一) {
    ...
}
else {
    if(条件表达式二) {
        ...
    }
    else {
        ...
    }
}
```

如果条件表达式一不满足，那么执行 else 中的语句，在 else 语句中进行条件表达式二测试，如果满足就执行条件表达式二{与}中的语句。如果省略了第一个 else 的{与}，程序如下：

```
if(条件表达式一) {
    ...
}
else
    if(条件表达式二) {
        ...
    }
    else {
        ...
    }
```

如果适当地排列这个片段，就会变为开始看到的 `if...else if` 写法，阅读起来似乎更容易。例如应用在处理学生的成绩等级问题，以下范例的执行结果会是"得分等级：B"：

flow level.js

```
let score = 88;
let level;
if(score >= 90) {
    level = 'A';
}
else if(score >= 80 && score < 90) {
    level = 'B';
}
else if(score >= 70 && score < 80) {
    level = 'C';
}
else if(score >= 60 && score < 70) {
    level = 'D';
}
else {
    level = 'E';
}
console.log('得分等级: ', level);
```

### 3.2.2 变量与区块

在运用流程语法时，必须留意变量使用 `let`、`const` 与 `var` 声明的差别，`{`与`}`其实是用来构成区块的语法，若在某个区块中使用 **let** 或 **const** 声明变量，则可视范围限于区块之中。下面范例最后一行，因为看不到 x 变量而发生错误：

```
if(true) {
    let x = 10;
    console.log(x);   // 显示 10
}
console.log(x);        // ReferenceError: x is not defined
```

其他程序语言的变量可视范围大部分也是如此，这是在ES6以后建议使用`let`的原因之一。在JavaScript中，还可以直接定义区块，不必依赖其他流程语法上：

```
{
    let x = 10;
    console.log(x);   // 显示 10
}
console.log(x);        // ReferenceError: x is not defined
```

然而，使用 **var** 声明的变量，没有区块范围的限制。下面范例不会出错：

```
if(true) {
    var x = 10;
    console.log(x);    // 显示 10
```

```
}
console.log(x);          // 显示 10
```

这个特性在其他程序语言中并不常见，这也是 ES6 以后不推荐使用 var 声明变量的原因之一。又由于 let 声明的范围限于区块中，因此下面的程序是可执行的，因为 console.log()存取的是不同可视范围的 y 变量：

```
let y = 10;
{
    let y = 20;
    console.log(y);      // 显示 20
}
console.log(y);          // 显示 10
```

但在 2.3.1 节中提过，let 声明的变量存在**暂时死区**，因此类似下面的程序片段会发生错误：

```
let y = 10;
{
    console.log(y);  // ReferenceError: Cannot access 'y' before initialization
    let y = 20;
}
```

因为 console.log()该行看到的 y 是区块中的 let 声明的(而不是外部 let 声明的 y)，但这时 y 还没有值(连 undefined 也没有)，所以导致 ReferenceError。

## 3.2.3 switch 比对

if...else if 写法适用于复合式的条件判断，而如果比对数值，可以使用 switch。无论是基本类型还是复合类型，都可以使用 **switch** 来比对，**switch** 的 **case** 采用的是**===** **严格比对**，其语法如下：

```
switch(变量或表达式) {
    case 基本类型或复合类型值:
        语句块一;
        break;
    case 基本类型或复合类型值:
        语句块二;
        break;
    ...
    default:
        语句块 N;
}
```

首先查看 switch 括号中的内容，其中放置可取得值的变量或表达式，取得值后会与 case 中设定的值进行===比对，如果符合就执行之后的语句，直到遇到 break 离开 switch 区块；如果没有符合的值，会执行 default 后的语句。default 不一定需要，如果没有默认要处理的动作，可以省略 default。

下面来看看前面范例 flow level.js 改用 switch 实现的程序写法：

```
flow level2.js
```
```
let score = 88;
let quotient = score / 10;
let level;
switch(quotient) {
    case 10:
    case 9:
        level = 'A';
        break;
    case 8:
        level = 'B';
        break;
    case 7:
        level = 'C';
        break;
    case 6:
        level = 'D';
        break;
    default:
        level = 'E';
}
console.log('得分等级: ', level);
```

上述程序使用除法并取得运算后的商数，如果 score 大于 90，除以 10 的商数一定是 9 或 10(100 分时)，在 case 10 中没有任何语句，也没有使用 break，所以流程继续往下执行，直到遇到 break 离开 switch 为止，所以如果学生成绩为 100 分的话，也会显示得分等级为 A；如果比对条件不在 6～10 范围内，那么会执行 default 下的语句，这表示商数小于 6，所以学生得分等级显示为 E。

千万不要在 **case** 比对中使用 **NaN**，我们在 2.3.4 中介绍过的：**NaN 不等于任何值，也是唯一不等于自身的值。===与!==用于 NaN 比较时，遵照 IEEE 754 的规范。**

```
> .editor
// Entering editor mode (^D to finish, ^C to cancel)
let x = Number.NaN;
switch(x) {
    case Number.NaN:
        console.log('x is NaN');
        break;
    default:
        console.log('x is not NaN');
}

x is not NaN
undefined
>
```

switch 的 case 采用的是===严格比对，而 NaN === NaN 会是 false，因此是比对不到的。

## 3.2.4 **for** 循环

在 JavaScript 中若要进行重复性指令执行，可以使用 **for** 循环，它可以搭配 3 种语法来使用。

### 1. Java 风格 **for** 语法

ES5 或早期支持的，具有初始式、重复式的 for 语法如下：

```
for(初始式；执行结果必须是boolean 的重复式；重复式) {
    语句块；
}
```

在 for 循环语法的圆括号中，初始式只执行一次，通常用来声明或初始变量。如果有多个初始式，可以使用逗号 "," 分隔；如果使用 let、const 声明变量，变量只在 for 区块中可见，结束 for 循环后变量就会消失；不建议使用 var 声明变量，因为 var 没有区块范围。

第一个分号后的内容在每次执行循环体前会执行一次，必须是 true 或 false 的结果，true 就会执行循环体，false 就会结束循环。在第二个分号后的内容每次执行完循环体后会执行一次，如果有多个重复式，可以使用逗号 "," 分隔。

下面来看一个 for 循环范例，在 REPL 显示 1 到 10：

```
> .editor
// Entering editor mode (^D to finish, ^C to cancel)
for(let i = 1; i <= 10; i++) {
    console.log(i);
}

1
2
3
4
5
6
7
8
9
10
undefined
>
```

这个程序的意思是 i 初值为 1，只要 i 小于等于 10 就执行循环体(显示 i)，然后递增 i，这是 for 循环常见的应用方式。如果 for 本体只有一行语句，{与}可以省略。为了较高的可读性与可维护性，建议即使只有一行语句，也要撰写{与}明确定义范围。

### 2. **for...of** 迭代

在 2.2.3 节中也有使用 for 循环走访数组的例子。若是从头至尾循序走访数组或字符串，

ES6 新增了 `for...of` 语法来使用。

```
> for(let v of [10, 20, 30]) {
...     console.log(v);
... }
10
20
30
undefined
> for(let c of '良葛格') {
...     console.log(c);
... }
良
葛
格
undefined
>
```

对于 **U+0000** 至 **U+FFFF** 范围外的字符，`for...of` 语法可以正确地取得"字符"而不是码元，这也是 ES6 对 Unicode 的增强支持之一。例如可以用 `for...of` 来处理 Emoji[①]，如图 3.7 所示。

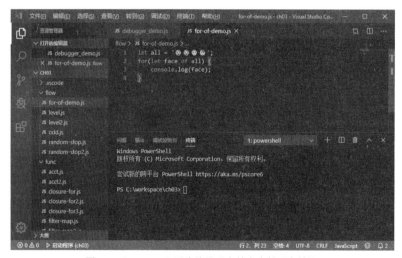

图 3.7　`for...of` 正确地处理字符串中的"字符"

之后章节也会介绍到，只要对象实现了 `Symbol.iterator` 方法，令方法传回迭代器 **(Iterator)**，就可以使用 `for...of` 来迭代。

### 3. 列举特性的 `for...in`

想要列举对象的特性名称，可以使用 `for...in` 语法，搭配 `[]` 运算符，可以用来迭代特性值。例如：

---

① Emoji：en.wikipedia.org/wiki/Emoji.

```
> .editor
// Entering editor mode (^D to finish, ^C to cancel)
let obj = {x: 10, y: 20};
for(let name in obj) {
    console.log(name, obj[name]);
}


x 10
y 20
undefined
>
```

由于数组也是一种对象，而索引不过是基于数字的特性名称，因此也可以使用在 `for...in`：

```
> .editor
// Entering editor mode (^D to finish, ^C to cancel)
let arr = [10, 20, 30];
for(let name in arr) {
    console.log(name, arr[name]);
}

0 10
1 20
2 30
undefined
>
```

若要迭代数组，应该使用 `for` 与索引，或者是 `for...of`，而不是使用 `for...in`。在这里使用 `for...in` 示范的理由在于，`length` 为不可列举(non-enumerable)特性，**`for...in`** 针对的是实例本身以及继承而来的可列举特性，然而规范中并不包含列举时特性的顺序排列。

**注意** ▶▶▶ 虽然大部分 JavaScript 引擎会以特性建立顺序来列举，不过建议不使用这种顺序。

想确认对象是否拥有某特性，可以使用 **`in`** 运算符检验，只要实例本身拥有或是继承而来的特性(不考虑可否列举)，**`in`** 运算符就会传回 **`true`**，例如：

```
> 'length' in []
true
> 'toString' in {}
true
>
```

在上例中，`toString` 其实是由 `Object` 继承而来，无论是 `length` 或是 `toString`，都是不可列举特性，但 `in` 运算符测试会是 `true`，也就是说，`for...in` 里的 in 并不是 in 运算符，只是一个语法关键词。

如果想知道对象"本身"是否拥有某特性(而不是继承而来的特性)，可以使用 **`hasOwnProperty()`** 方法。例如：

```
> [].hasOwnProperty('length')
true
> [].hasOwnProperty('toString')
false
>
```

简单来说，检验对象其实是个复杂的问题，必须考虑到特性可否列举、是否继承而来、是否为 Symbol 以及顺序等各个方面，这在第 9 章会进行介绍。

## 3.2.5　while 循环

JavaScript 提供 while 循环，可根据条件表达式来判断是否执行循环体，语法如下所示：

```
while(条件表达式) {
    语句块;
}
```

若循环体只有一个语句，while 的{与}可以省略不写，但为了较高的可读性，建议撰写。while 主要用于停止条件必须在执行时期判断的重复性动作，例如在一个用户输入接口，用户可能输入的学生名称个数未知，只知道要结束时会输入 quit，这时就可以使用 while 循环。

下面是一个游戏，看谁可以最久不撞到数字 5。

**flow  random-stop.js**

```
while(true) {  ◀━━━ ❶直接执行循环
    let number = Math.floor(Math.random() * 10);  ◀━━━ ❷随机产生 0~9 的数
    console.log(number);
    if(number === 5) {  ◀━━━ ❸如果遇到 5 就离开循环
        console.log("I hit 5...Orz");
        break;
    }
}
```

这个范例的 while 判断式直接设为 true❶，每次 while 测试必然成立，也就执行循环体，Math.random()会随机产生 0.0 到小于 1.0 的值，乘上 10 再使用 Math.floor()无条件舍去小数部分，表示产生 0~9 的数❷，在 while 循环中如果执行到 break，会离开循环体❸。

一个参考的执行结果如下：

```
6
0
5
I hit 5...Orz
```

while 循环有时被称为前测式循环，因为它在循环执行前进行条件判断。如果想先执行一些动作，再判断是否要重复，可以使用 do...while，此循环又被称为后测式循环。

do...while 的语法如下：

```
do {
    语句块;
} while(条件表达式);
```

do...while 后面可用分号(;)作为结束，下面将上一个范例改为 do...while，因为是后测式循环，所以能少写一个 boolean 判断。

```
let number;
do {
    number = Math.floor(Math.random() * 10);  ⟵  ❶ 先随机产生 0~9 的数
    console.log(number);
} while(number !== 5);  ⟵  ❷ 再判断是否要重复执行
console.log("I hit 5...Orz");
```

random-stop.js 有 while 与 if 两个需要 boolean 判断的地方，这主要是因为一开始 number 的值并没有产生，只好先进入 while 循环。使用 do...while 语法，先产生 number❶，再判断是否要执行循环❷，来解决这个问题。

## 3.2.6　**break、continue**

break 可以离开目前 switch、for、while、do...while 的区块，并执行区块后下一个语句，在 switch 中用来中断下一个 case 比对，在 for、while 与 do...while 中用于中断目前循环。

**continue** 作用与 break 类似，不过只使用于循环，break 会结束区块执行，而 continue 只会略过之后的语句，并回到循环区块开头进行下一次循环，而不是离开循环。例如：

```
> .editor
// Entering editor mode (^D to finish, ^C to cancel)
for(let i = 0; i < 10; i++) {
    if(i === 5) {
        break;
    }
    console.log('i = ', i);
}

i =  0
i =  1
i =  2
i =  3
i =  4
undefined
>
```

这段程序会显示 i = 1 到 i = 4，这是因为在 i 等于 5 时，就会执行 break 而离开循环。再看下面这段程序：

```
> .editor
// Entering editor mode (^D to finish, ^C to cancel)
for(let i = 0; i < 10; i++) {
    if(i === 5) {
        continue;
    }
    console.log('i = ', i);
}

i =  0
i =  1
i =  2
i =  3
i =  4
i =  6
i =  7
i =  8
i =  9
undefined
>
```

当 i 等于 5 时，会执行 continue 直接略过之后的语句，也就是 console.log() 该行并没有被执行，直接从区块开头执行下一次循环，所以 i = 5 没有被显示。

break 与 continue 还可以配合标签使用，例如本来 break 只会离开 for 循环，若设定标签与区块的话，则可以离开整个区块。例如：

```
> .editor
// Entering editor mode (^D to finish, ^C to cancel)
back : {
    for(let i = 0; i < 10; i++) {
        if(i === 9) {
            console.log('break');
            break back;
        }
    }
    console.log('test');
}

break
undefined
>
```

back 是个标签，当 break back;时，返回至 back 标签处，之后整个 back 区块不执行而跳过，所以 console.log('test') 该行不会被执行。

continue 也有类似的用法，不过标签只能设定在 for 之前。例如：

```
// Entering editor mode (^D to finish, ^C to cancel)
back1 :
for(let i = 0; i < 10; i++) {
    back2 :
    for(let j = 0; j < 10; j++) {
        if(j === 9) {
```

```
        continue back1;
        }
    }
    console.log('test');
}

undefined
>
```

continue配合标签可以自由地跳至任何一层for循环，可以试试continue back1与
continue back2的不同。在设定back1时，console.log('test')不会被执行。

# 3.3　函数入门

在学会了流程语法以后，你也能撰写一些小程序，以不同的条件计算出不同的结果，
但你可能会发现，有些流程一用再用，总是复制、粘贴、修改变量名称，这样会让程序代
码显得笨拙而且不易维护，此时将可重用的流程封装为函数，之后可调用函数来重用这些
流程。

函数的应用非常广泛，若想掌握JavaScript，一定要掌握函数。本节主要介绍函数的入
门知识，之后会随着各章主题陆续介绍更多函数的进阶内容。

## 3.3.1　声明函数

当开始为了重用某个流程而复制、粘贴、修改变量名称时，或者发现两个或多个程序
片段极为类似，只有其中几个计算用到的数值或变量不同时，就可以考虑将那些片段封装
为函数。例如：

```
# 其他程序片段...
let max1 = a > b ? a : b;
# 其他程序片段...
let max2 = x > y ? x : y;
# 其他程序片段...
```

这时可以声明函数来封装程序片段，将流程中引用不同数值或变量的部分设计为参数
(Parameter)。例如：

```
function max(num1, num2) {
    return num1 > num2 ? num1 : num2;
}
```

在 JavaScript 中使用函数的方式之一是使用 function 关键词来声明函数，指定函数名
称、参数名称，若要传回值可以使用 return，如果函数执行完毕但没有使用 return 传回
值，或者使用了 return 结束函数但没有指定传回值，默认传回 undefined。

这样原先的程序片段可以修改为：

```
let max1 = max(a, b);
# 其他程序片段...
let max2 = max(x, y);
# 其他程序片段...
```

函数是一种抽象，是对流程的抽象。在声明了 max 函数之后，客户端对求最大值的流程被抽象为 max(x, y) 这样的函数调用，求值流程实现被隐藏了起来。

在 2.1.2 节中提到，语句可以不写分号结束，JavaScript 会自动用换行来作为语句结束的依据，不过这是 JavaScript 中不好的特性。下面来看一个例子：

```
> .editor
// Entering editor mode (^D to finish, ^C to cancel)
function foo() {
    return
    {
        x: 10
    }
}

console.log(foo());

undefined
undefined
>
```

以上函数看似没有声明错误，但因为 return 之后换行会被视为语句结束，而我们知道，使用 return 结束函数但没有指定传回值，默认会传回 undefined，因此才会显示 undefined。

另外一个要留意的是 {} 的风格问题，本书在定义对象、流程语法区块、函数区块等时，都是采用右上 { 左下 } 的风格。如果读者学过 C/C++、Java 等语言，可能看过有人惯于采用 { 与 } 在同一缩排的对齐风格。**在 JavaScript 中请不要这么做，因为这不是纯粹风格问题，这是为了避免换行被误当成语句结束。**

前面的范例写成以下就不会有问题：

```
> .editor
// Entering editor mode (^D to finish, ^C to cancel)
function foo() {
    return {
        x : 10,
        y : 20
    };
}

console.log(foo());

{ x: 10, y: 20 }
undefined
>
```

函数也可以调用自身，这被称为递归(Recursion)。下面范例为求最大公因子的程序片段，若声明为函数且用递归求解，可以写成：

**func gcd.js**

```
function gcd(m, n) {
    if(n === 0) {
        return m;
    }
    return gcd(n, m % n);
}

let m = 100;
let n = 25;
let r = gcd(m, n);
if(r === 1) {
    console.log('互质');
}
else {
    console.log('最大公因子: ', r);
}
```

> **提示 >>>**　许多人觉得递归很复杂，其实只要明白一次只处理一个任务，而且每次递归只专注当次的子任务，递归其实反而清楚易懂，像上面的 gcd() 函数可清楚地理解辗转相除法的定义。有兴趣的读者可以查阅笔者的《递归的美丽与哀愁》[①]。

在 JavaScript 中，函数中还可以定义函数，称为区域函数(Local function)。开发者可以使用区域函数将某函数中的演算组织为更小单元。例如，在选择排序的实现时，每次会从未排序部分选择一个最小值放到已排序部分之后。下面的范例在寻找最小值的索引时，就是以区域函数的方式实现的。

**func sort.js**

```
function sort(nums) {
    // 找出未排序中的最小值
    function minIndex(left, right) {
        if(right === nums.length) {
            return left;
        } else if(nums[right] < nums[left]) {
            return minIndex(right, right + 1);
        }
        else {
            return minIndex(left, right + 1);
        }
    }

    for(let i = 0; i < nums.length; i++) {
        let selected = minIndex(i, i + 1);
```

---

① 《递归的美丽与哀愁》：openhome.cc/Gossip/Programmer/Recursive.html.

```
        if(i !== selected) {
            // 交换 i 与 selected 处的元素
            let tmp = nums[i];
            nums[i] = nums[selected];
            nums[selected] = tmp;
        }
    }
}

let nums = [10, 3, 5, 2, 4];
sort(nums);
console.log(nums); // 显示 [ 2, 3, 4, 5, 10 ]
```

可以看到，区域函数的好处之一就是能直接存取外部函数的参数，或者前面声明的局部变量，这样可减少调用函数时自变量的传递。

## 3.3.2　参数与自变量

在 JavaScript 中，语法上不直接支持函数重载(Overload)，也就是在同一个名称空间中不能有相同的函数名称。如果声明的两个函数具有相同名称，虽然拥有不同参数个数，之后声明的函数仍会覆盖前面声明的函数。例如：

```
> .editor
// Entering editor mode (^D to finish, ^C to cancel)
function sum(a, b) {
    return a + b;
}

function sum(a, b, c) {
    return a + b + c;
}

console.log(sum(1, 2));

NaN
undefined
>
```

在上面的例子中，因为后来声明的 sum() 有 3 个参数，这覆盖了前面声明的 sum()。在调用函数时，指定的自变量(Argument)个数少于参数个数，未被指定自变量的参数会被设为 **undefined**，因此在第二个 sum() 中执行加法后，结果就是 NaN。

### 1. 参数默认值

虽然 JavaScript 不支持函数重载的实现，但是在 **ES6 以后可以使用默认自变量**，有限度地模仿函数重载。例如：

```
func  acct.js
function account(name, number, balance = 100) {
    return {name, number, balance};
}

// 显示 { name: 'Justin', number: '123-4567', balance: 100 }
console.log(account('Justin', '123-4567'));
// 显示 { name: 'Monica', number: '765-4321', balance: 1000 }
console.log(account('Monica', '765-4321', 1000));
```

在上例中，若调用函数时没有指定第三个自变量，会使用默认值 10；另外{name, number, balance}是 **ES6 新支持的对象字面量写法**，在特性名称与变量相同的时候可以使用，即相当于{name: name, number: number, balance: balance}。在支持的环境中，新支持的对象字面量写法比较简洁。执行结果如下：

```
{ name: 'Justin', number: '123-4567', balance: 100 }
{ name: 'Monica', number: '765-4321', balance: 1000 }
```

参数的默认值每次都会重新运算，这样可以避免其他语言中有默认值，但默认值持续被持有的问题(如 Python)：

```
> function f(a, b = []) {
...      b.push(a);
...      console.log(a, b);
... }
undefined
> f(1)
1 [ 1 ]
undefined
> f(1)
1 [ 1 ]
undefined
> f(1, [1, 2, 3])
1 [ 1, 2, 3, 1 ]
undefined
>
```

**提示 >>>** ES6 参数默认值也可指定表达式，有默认值的参数可以写在无默认值的参数之前，但这两种写法都是不建议的，有兴趣的读者可以参考《函数的增强》[①]。

那么 ES6 之前的版本是怎么解决默认值的问题呢？这会用上在 2.3.5 介绍过的 **Falsy family** 结合||快捷方式运算。

```
func  acct2.js
function account(name, number, balance) {
    return {name: name, number: number, balance: balance || 100};
}
```

---

① 《函数的增强》：openhome.cc/Gossip/ECMAScript/EnhancedFunction.html.

```
console.log(account('Justin', '123-4567'));
console.log(account('Monica', '765-4321', 1000));
```

范例中粗体字部分的原理在 2.3.5 节中介绍过，读者可以回顾一下该节内容，执行结果与 acct.js 是相同的。

### 2. 不定长度自变量

如 sum() 这种求和函数，事先无法预期要传入的自变量个数，**ES6 可以在函数的参数名称前加上 "…"，表示该参数接收不定长度自变量**。例如：

**func sum.js**

```
function sum(...numbers) {
    let total = 0;
    for(let number of numbers) {
        total += number;
    }
    return total;
}

console.log(sum(1, 2))        // 显示 3
console.log(sum(1, 2, 3))     // 显示 6
console.log(sum(1, 2, 3, 4))  // 显示 10
```

**传入函数的自变量会被收集在一个数组中**，再设定给 numbers 参数，这适用于参数个数不固定且会循序迭代处理参数的场合。数组若想从头迭代至尾，最简便的方式是使用 for...of 语法。

在 ES6 之前，若想实现出不定长度自变量的效果，必须借助函数内部自动生成的 **arguments** 名称，它参考至**类数组实例，存放调用函数时的 "全部" 自变量，索引顺序就是自变量的指定顺序**，例如。对于求和计算的需求，可以通过 arguments 进行如下设计：

**func sum2.js**

```
function sum() {
    var sum = 0;
    for(var i = 0; i < arguments.length; i++) {
        sum += arguments[i];
    }
    return sum;
}

console.log(sum(1, 2));;      // 显示 3
console.log(sum(1, 2, 3));    // 显示 6
console.log(sum(1, 2, 3, 4)); // 显示 10
```

为什么 sum() 没有声明参数，在 JavaScript 调用函数时，**自变量个数比参数个数多是可行的**？arguments 会存放全部的自变量，就 sum() 函数的需求来说，并不需要其他具名参数，在范例中也就不需要声明参数。

### 3. 选项对象

如果参数个数越来越多，而且每个参数名称皆有意义，如 `function ajax(url, method, contents, dataType, accept, headers, username, password)`，这样的函数不但不好看，而且调用也很麻烦。将来若因需求必须增减参数，也会影响函数的调用者，因为改变参数个数就是在改变函数签署(Signature)，即函数的外观，这必须要逐一修改受影响的程序，造成未来程序扩充时的麻烦。

这时可以尝试使用**选项对象(Option object)**的技巧，使用对象来收集自变量：

**func option-object.js**

```
function ajax(url, option) {
    let realOption = {
        method : option.method || 'GET',
        contents : option.contents || '',
        dataType : option.dataType || 'text/plain',
        // 其他设定 ...
    };

    console.log('请求', url);
    console.log('设定', realOption);
}

ajax('http://openhome.cc', {
    method: 'POST',
    contents: 'book=python'
});
```

在 JavaScript 中，**试图存取对象上不存在的特性时，会传回 undefined**。例如在范例中调用 `ajax()` 函数时，作为自变量传入的对象，并没有定义 `dataType` 特性，因此在函数中，`option.dataType` 会是 `undefined`，作为 || 的左操作数被判定为不成立，此时就会继续判定右操作数，结果就是使用了 `'text/plain'` 作为 `realOption.dataType` 的值。

选项对象的技巧在 JavaScript 生态圈中经常会见到，其实它还是 Falsy family 结合 || 快捷方式运算的运用。

## 3.3.3  一级函数的运用

在 JavaScript 中，每个函数都是个对象，是 **Function** 的实例。既然函数是对象，也就可以指定给其他的变量。例如：

```
> function max(n1, n2) {
...     return n1 > n2 ? n1 : n2;
... }
undefined
> let maximum = max;
undefined
> maximum(10, 5)
10
> typeof max
```

```
'function'
>
```

上面在声明了 max() 函数之后，通过 max 名称将函数对象指定给 maximum 名称，无论通过 max(10, 5) 或者 maximum(10, 5)，结果都是调用了它们参考的函数对象，**对函数对象使用 typeof 会传回'function'**。

函数同基本类型、对象、数组等一样，可以自由地在变量、函数调用时指定，因此具有这样特性的函数被称为**一级函数(First-class function)**。函数代表某个可重用流程的封装，当它可以作为值传递时，就表示可以将某个可重用流程进行传递，这是个极具威力的功能。

### 1. filter() 函数

如果有 let arr = ['Justin', 'caterpillar', 'openhome']，现在打算过滤出字符串长度大于 6 的元素，一开始可以写出如下程序代码：

```
let arr = ['Justin', 'caterpillar', 'openhome'];
let result = [];
for(let elem of arr) {
    if(elem.length > 6) {
        result.push(elem);
    }
}
console.log(result);
```

读者可能会多次进行这类比较，因此封装为函数以便重用这个流程：

```
function lengGreaterThan6(arr) {
    let result = [];
    for(let elem of arr) {
        if(elem.length > 6) {
            result.push(elem);
        }
    }
    return result;
}

let arr = ['Justin', 'caterpillar', 'openhome'];
console.log(lengGreaterThan6(arr));
```

那么，如果想要过滤长度小于 5 呢？在着急写 lengLessThan5() 函数之前，先仔细想想，这类过滤某列表而后取得另一列表的流程，我们是否也写过呢？其实只有过滤的条件不同，其他流程都是相同的，如果将重复流程提取出来封装为函数会如何呢？

 func filter.js

```
function filter(arr, predicate) {
    let result = [];
    for(let elem of arr) {
        if(predicate(elem)) {
            result.push(elem);
        }
```

```
    }
    return result;
}

function lengGreaterThan6(elem) {
    return elem.length > 6;
}

function lengLessThan5(elem) {
    return elem.length < 5;
}

function hasi(elem) {
    return elem.includes('i');
}

let arr = ['Justin', 'caterpillar', 'openhome'];
console.log('大于 6: ', filter(arr, lengGreaterThan6));
console.log('小于 5: ', filter(arr, lengLessThan5));
console.log('有个 i: ', filter(arr, hasi));
```

从以上范例可以看到，将重复的流程提取出来后就可以调用函数，然后每次给予不同的函数来设定过滤条件。就目前来说，特别为 elem.length > 6、elem.length < 5、elem.includes('i') (ES6 新增的函数) 声明了 lengGreaterThan6()、lengLessThan5()、hasi()，虽然看起来有点小题大作，但好处是通过 filter(arr, lengGreaterThan6)、filter(arr, lengLessThan5)、filter(arr, hasi) 能清楚地知道程序代码的目的。这个范例的执行结果如下：

```
大于 6: [ 'caterpillar', 'openhome' ]
小于 5: []
有个 i: [ 'Justin', 'caterpillar' ]
```

被传入函数的函数通常称为回调函数 (Callback function)。你可能觉得 lengGreaterThan6() 不够通用，那么修改一下范例，让它更通用些：

**func filter2.js**

```
function filter(arr, predicate) {
    let result = [];
    for(let elem of arr) {
        if(predicate(elem)) {
            result.push(elem);
        }
    }
    return result;
}

function lengGreaterThan(num) {
    function lengGreaterThanNum(elem) {
        return elem.length > num;
    }
    return lengGreaterThanNum;
}
```

```
let arr = ['Justin', 'caterpillar', 'openhome'];
console.log('大于 5: ', filter(arr, lengGreaterThan(5)));
console.log('大于 7: ', filter(arr, lengGreaterThan(7)));
```

这次在 `lengGreaterThan()` 中又声明了区域函数 `lengGreaterThanNum()`，之后将区域函数传回，传回的函数接收一个参数 `elem`，而本身带有调用 `lengGreaterThan()` 时传入的 `num` 参数值，因此，`lengGreaterThan(5)` 传回的函数相当于进行 `elem.length > 5`，而 `lengGreaterThan(7)` 传回的函数相当于进行 `elem.length > 7`。这样调用函数传回(内部)另一个函数，也是函数语言中常见的应用。

### 2. map()函数

类似地，如果想将 `arr` 的元素全部转为大写后传回新的清单，一开始可能会直接撰写如下程序：

```
let arr = ['Justin', 'caterpillar', 'openhome'];
let result = [];
for(let elem of arr) {
    result.push(elem.toUpperCase());
}
console.log(result);
```

同样地，将列表元素转换为另一组清单也是常见的操作，何不将其中重复的流程抽取出来呢？

**func map.js**
```
function map(arr, mapper) {
    let result = [];
    for(let elem of arr) {
        result.push(mapper(elem));
    }
    return result;
}

function toUpperCase(elem) {
    return elem.toUpperCase();
}

function length(elem) {
    return elem.length;
}

let arr = ['Justin', 'caterpillar', 'openhome'];
console.log(map(arr, toUpperCase));
console.log(map(arr, length));
```

从以上范例可以看到，将重复流程提取出来后就可以调用函数，然后每次给予不同的函数，设定对应转换的方式。执行结果如下：

```
[ 'JUSTIN', 'CATERPILLAR', 'OPENHOME' ]
[ 6, 11, 8 ]
```

## 3. 数组 `filter()`、`map()`、`sort()`方法

JavaScript 的数组内建了 `filter()`、`map()`方法，可以接收函数指定过滤、映像的方式，下面来个简单的示范。

**func  filter-map.js**

```javascript
function lengGreaterThan(num) {
    function lengGreaterThanNum(elem) {
        return elem.length > num;
    }
    return lengGreaterThanNum;
}

function length(elem) {
    return elem.length;
}

function toUpperCase(elem) {
    return elem.toUpperCase();
}

let arr = ['Justin', 'caterpillar', 'openhome'];
console.log(arr.filter(lengGreaterThan(6)));
console.log(arr.map(length));

console.log(
    arr.filter(lengGreaterThan(6))
        .map(toUpperCase)
);
```

数组的 `filter()`、`map()`方法不会直接改变数组本身，而是传回新的数组，其中包含了操作后的结果，因此，经常会看到如范例中的方法链(Method chain)调用风格。

可以使用数组的 `sort()`方法对数组元素进行排序，`sort()`方法可以接收函数，若不指定的话会有默认排序方式，只是默认方式有点令人惊奇：

```
> [100, 10, 20, 30, 200, 300].sort()
[ 10, 100, 20, 200, 30, 300 ]
>
```

怎么会是这种顺序呢？这是因为 **sort()**方法默认排序方式是根据 **Unicode 码点，若元素不是字符串类型**，会先转换为字符串再进行排序。

如果要指定排序方式，指定的函数必须有两个参数，传回值决定了排序方式。例如：

**func  sort2.js**

```javascript
function ascend(n1, n2) {
    return n1 - n2;
}
```

```
function descend(n1, n2) {
    return n2 - n1;
}

let arr = [100, 10, 20, 30, 200, 300];
console.log(arr.sort(ascend));
console.log(arr.sort(descend));
```

sort()方法在排序过程中每次会取数组中两个元素，并调用指定的函数，该函数传回值大于 0，n1 会排在 n2 之后，也就是升序排序；传回值小于 0，n1 会排在 n2 之前，也就是降序排序；传回值等于 0，n1 与 n2 位置不变。执行结果如下：

```
[ 10, 20, 30, 100, 200, 300 ]
[ 300, 200, 100, 30, 20, 10 ]
```

sort()方法会对数组本身排序，并传回数组本身。假设有个数组[[4, 1], **[3, 1]**, **[3, 7]**, [5,6]]，要针对每个元素的第一个数进行升序排序，若结果是[**[3, 1]**, **[3, 7]**, [4, 1], [5, 6]]，其中[3, 1]与[3, 7]的顺序并没有因排序而改变，这称为稳定(Stable)排序；若结果是[**[3, 7]**, **[3, 1]**, [4, 1], [5, 6]]，则称为不稳定排序。**在 ECMAScript 规范中，并没有定义 sort()方法的排序结果必须是稳定的。**

在 JavaScript 中，函数是 Function 的实例，因此具有一些特性与方法，在这里先介绍 length 与 name。length 代表函数的"参数"个数(不是自变量个数)，但默认值参数、接收不定长度自变量的参数不会计入其中。例如：

```
> function f(a, b) {}
undefined
> f.length;
2
> function f2(a, b = 10) {}
undefined
> f2.length;
1
> function f3(a, ...b) {}
undefined
> f3.length;
1
>
```

每个函数实例都会有 name 特性已函数的名称，这个特性在 ES6 以前已经被广泛实现，只不过在 ES6 中才标准化。

## 3.3.4 函数字面量与箭号函数

在之前的 filter-map.js 中已声明了 length()、toUpperCase()等函数，实际上函数本体都很简单，只有一句简单的运算，对于这类情况，可以考虑使用函数字面量(Function literal)。例如：

```
func filter-map2.js
let arr = ['Justin', 'caterpillar', 'openhome'];

let lengs = arr.map(function(name) {
    return name.length;
});
console.log(lengs);    // 显示 [ 6, 11, 8 ]

let uppers = arr.map(function(name) {
    return name.toUpperCase();
});
console.log(uppers);   // [ 'JUSTIN', 'CATERPILLAR', 'OPENHOME' ]
```

粗体字部分使用函数字面量建立了匿名函数，因为它没有名称，就如同数字字面量、数组字面量、对象字面量等，各自会产生对应的值，函数字面量会产生函数对象。

```
let number = 10;         // 数字字面量
let arr = [1, 2, 3];     // 数组字面量
let obj = {x: 10, y: 10}; // 对象字面量
let func = function(p) {  // 函数字面量
    return p + 1;
};
```

简单来说，这些字面量都是表达式(Expression)，这也是函数声明与函数字面量不同的地方。JavaScript 引擎会先处理函数声明，然后才逐步执行，因此在执行时，只要可见范围内有对应的函数声明，就可以调用，不必在乎声明的位置。例如下面可以正确地调用 foo() 函数：

```
foo();

function foo() {
    console.log('foo');
}
```

因为函数字面量是表达式，在执行表达式后才会生成函数对象，因此下面程序代码会出错：

```
foo();  // ReferenceError: Cannot access 'foo' before initialization

let foo = function() {
    console.log('foo');
};
```

大部分情况下，在使用函数字面量时不会在 function 右边附加名称，也就是多数情况下会用来建立匿名函数；但函数字面量是可以附加名称的，适用于函数字面量建立函数对象又需要递归的场合。例如：

```
let gcd = function g(num1, num2) {
    return num2 != 0 ? g(num2, num1 % num2) : num1;
};

console.log(gcd(10, 5));  // 显示 5
```

上面的范例虽然看来很像是函数声明，但是它是函数字面量附加名称，其实 gcd 名称是多余的。上例还可以写成：

```
console.log(
    (function g(num1, num2) {
        return num2 != 0 ? g(num2, num1 % num2) : num1;
    })(10, 5)
);  // 显示 5
```

可以看到，在函数字面量的前后各加上了(与)括号，明确地标示出函数字面量的起点与终点，这只是剖析程序代码时的语法要求，就像(3).toExponential()的(与)括号，只是为了避免点运算符被误为小数点。

简单来说，上例中建立了一个函数对象，紧接的(10, 5)表示使用 10 与 5 作为自变量来调用，这样的语法称为**立即调用表达式(Immediately Invoked Functions Expression, IIFE)**，在 ES5 或更早版本中，常用来作名称空间管理之用，目前先不深入介绍，在第 10 章介绍名称空间与模块时还会再看到它。

函数字面量经常用来建立匿名函数，主要是用来封装一段小程序流程。例如：

```
> .editor
// Entering editor mode (^D to finish, ^C to cancel)
let arr = [1, 2, 5, 2, 5, 6, 9];
arr.filter(function(n) {
        return n % 2 === 0;
    })
    .map(function(n) {
        return n * 10;
    });

[ 20, 20, 60 ]
>
```

不过 function 这个名称实在太长了，可读性很差。为了改善这问题，可以写成：

```
> .editor
// Entering editor mode (^D to finish, ^C to cancel)
let arr = [1, 2, 5, 2, 5, 6, 9];
arr.filter(n => n % 2 === 0)
    .map(n => n * 10);

[ 20, 20, 60 ]
>
```

这样看来程序代码简洁许多，elem => elem % 2 === 0 这类表达式称为**箭号函数 (Arrow Function)**，在许多场合上，可以看成是函数字面量的语法蜜糖，不过两者还是有点差别，这会在下一章谈到 this 时再来说明。

如果有两个以上的参数，箭号函数的参数列必须使用()包含起来，没有参数的话，就只要写()就可以了。在只有一行表达式的情况下，=>右边的表达式结果，会自动 return 作为箭号函数的传回值。如果要换行，可以使用{}，最后要传回值时可以使用 return：

```
> let plus = (a, b) => a + b
undefined
> plus(1, 2)
3
> let minus = (a, b) => {
...     return a - b;
... }
undefined
> minus(10, 5)
5
>
```

当然，箭号函数目的之一，是让运算本体很简单的函数，可以用更简洁的方式撰写，因此，**若函数本体很长的话，并不建议使用箭号函数**。

## 3.3.5  Closure

在具备一级函数特性的语言中，往往会介绍 Closure 这一名词，**Closure 是函数与作用域环境(Lexical environment)的组合**。简单来说，作用域环境就是**存取变量**时，决定如何使用哪个变量的环境。

提示 >>> 若有兴趣进一步认识 JavaScript 查找变量的细节，可以参考《在 Scope chain 查找变量》[①]。

例如，在 3.3.1 节的 sort.js 范例中，若只看 minIndex() 函数本身，并没有声明 nums 变量，为了讨论方便，称这类变量为**自由变量(Free variable)**。minIndex() 函数在作用域环境中查找 nums，找到的 nums 是 sort() 函数的参数。从这点来看，在 JavaScript 中只要运用了函数，就会建立 Closure。

由于 minIndex() 函数是在 sort() 函数中建立，当 sort() 函数执行完毕，sort() 函数中的参数、变量以及 minIndex() 函数等，生命周期就都结束了。但因为函数在 JavaScript 中是一级值，可以传入函数也可以从函数中传回，这就出现一个有趣的问题，若函数内含自由变量并被传递时，结果会如何？举个例子：

```
function doSome() {
    let x = 10;
    function f(y) {
        return x + y;
    }
    return f;
```

---

① 《在 Scope chain 查找变量》：openhome.cc/Gossip/ECMAScript/ScopeChain.html.

```
}

let foo = doSome();
console.log(foo(20));  // 显示 30
console.log(foo(30));  // 显示 40
```

　　在这里的范例中，由于 doSome() 传回内部函数并指定给 foo，doSome() 已经执行完毕。单看 x 变量，它应该是已经结束生命周期，但是传回的函数组合了 doSome() 执行时的作用域环境，因此在执行 foo() 函数时，还是可以存取 x 变量。

　　从另一个角度来看，x 像是被内部函数给捕捉了，只要函数对象未被回收，x 变量就一直有效。如上例所示，调用 foo(20) 结果就是 10+20(因为被闭关的 x 变量的值为 10)，调用 foo(30) 结果就是 10+30。

　　如果你够细心，可能会想到，3.3.3 节中的 filter-map.js 不就利用过 Closure 了吗？JavaScript 中很自然地就会建立 Closure(箭号函数也会)，也因此要留意，**函数会捕捉的是变量，不是变量值**。下面这个范例可以证明。

**func  closure-for.js**

```
var fs = [];
for(var i = 0; i < 10; i++) {
    fs[i] = function() {
        return i;
    };
}

console.log(fs[0]());
console.log(fs[1]());
```

　　你觉得结果会显示什么呢？0 与 1？其实是显示两个 10，在这个范例中，for 循环里建立的函数对象，捕捉了"i 变量"，而不是 i 的值，整个 for 循环执行完毕后，i 变量存放的值是 10，因此执行个别函数对象时，传回的就是 i 变量存放的值。

　　这其实才是支持 Closure 的语言中应该要有的行为，如果就这个范例来说，想要捕捉每次的 i 变量值，而不是变量本身，方法之一是传递变量值。例如：

**func  closure-for2.js**

```
function foo(i) {
    return function() {
        return i;
    };
}

var fs = [];
for(var i = 0; i < 10; i++) {
    fs[i] = foo(i);
}

console.log(fs[0]());  // 显示 0
console.log(fs[1]());  // 显示 1
```

在for循环中，i值会传递给foo()作为自变量，foo()执行完后传回的函数并没有捕捉i变量，因此执行结果就会分别显示0与1；另一个方式是使用ES6的let。

```
func closure-for3.js
```

```javascript
let fs = [];
for(let i = 0; i < 10; i++) {
    fs[i] = function() {
        return i;
    };
}

console.log(fs[0]()); // 显示 0
console.log(fs[1]()); // 显示 1
```

当 let 在 for 的括号中出现时，会建立一个隐含的区块，这区块包含住 for 的{}区块，而每次迭代会在隐含区块中创造新变量 i，最后 i++之后 i 值被用来指定给下一次建立的新变量 i。就上例而言，每次建立的函数捕捉的，就是每次迭代建立的新变量，而不是同一个变数。

> **提示 >>>** 对于来自其他程序语言且熟知 Closure 的开发者而言，若不知道 let 与 for 的结合会有这个行为，看到结果显示 0 与 1 反而会不知所措。现今各种语言虽然有重迭的类似语法，然而有些细节不同，"魔鬼藏在细节"就是这么一回事吧！

Closure 的应用很多，在 JavaScript 中常见用于对象私用性的仿真，以及名称空间的管理等，这之后还会在各个适当章节中讨论。

## 3.3.6　产生器函数

在函数中可以使用 yield 来产生值，表面上看来，yield 有点像 return，不过**函数并不会因为 yield 而结束，只是将流程控制权让给函数的调用者**。例如，range()函数可以指定数字范围建立产生器。

```
func generator.js
```

```javascript
function* range(start, end) {
    for(let i = start; i < end; i++) {
        yield i;
    }
}

let g = range(3, 8);
for(let n of g) {
    console.log(n);
}
```

注意到 function 之后加了个*符号，这表示这是个产生器函数，只有在产生器函数中，才可以使用 yield。

就流程来看，range()函数首次执行时，使用 yield 指定值，然后回到主流程使用

console.log() 显示该值，接着流程重回 range() 函数 yield 之后继续执行，循环中再度使用 yield 指定值，然后又回到主流程使用 console.log() 显示该值，这样的反复流程，会直到 range() 中的 for 循环结束为止。

显然地，这样的流程有别于函数中使用了 return，函数就结束了的情况。实际上，产生器函数会传回产生器对象，此对象具有 next() 方法。

```
> function* range(start, end) {
...     for(let i = start; i < end; i++) {
...         yield i;
...     }
... }
undefined
> let g = range(2, 5)
undefined
> g.next()
{ value: 2, done: false }
> g.next()
{ value: 3, done: false }
> g.next()
{ value: 4, done: false }
> g.next()
{ value: undefined, done: true }
>
```

在 3.2.4 节中介绍过，只要对象实现了 Symbol.iterator 方法，令方法传回迭代器，就可以使用 for...of 来迭代，产生器对象就符合此条件；for...of 取得的迭代器，其实就是产生器对象本身，也就是说，产生器也有迭代器的行为，for...of 每次迭代会调用 next() 方法，取得 yield 的指定值，直到迭代出来的对象 done 特性为 true 为止。

因为每次调用 next() 时，才会运算并传回下个产生值，因此就实现惰性求值效果而言，产生器函数的语法非常方便。

除了以不带自变量的方式调用产生器的 next() 方法，取得 yield 的右侧指定值之外，还可以在调用 next() 方法指定自变量，令其成为 yield 的结果，也就是产生器可以给调用者值，调用者也可以指定值给产生器，这成了一种沟通机制。例如，设计一个简单的生产者与消费者程序：

**func producer-consumer.js**

```
function* producer(n) {
    for(let data = 0; data < n; data++) {
        console.log('生产了: ', data);
        yield data;    ←── ❶ 产生下个值，流程回到调用者
    }
}

function* consumer(n) {
    for(let i = 0; i < n; i++) {
        let data = yield;    ←──── ❷ 调用产生器 next() 方法时的指定
        console.log('消费了: ', data);        值，会成为 yield 的运算结果
    }
```

```
}

function clerk(n, producer, consumer) {
    console.log('执行', n, '次生产与消费');
    let p = producer(n);
    let c = consumer(n);
    c.next();            ←————————❸ 令消费者执行至 yield 处
    for(let data of p) {  ←————————❹ 迭代生产者的产生值
        c.next(data);     ←————————❺ 将值传给消费者
    }
}

clerk(5, producer, consumer);
```

这个范例程序示范了如何应用产生器与 yield，以便在多个流程之间沟通合作。由于 next() 方法若指定自变量，会是 yield 的运算结果，因此 clerk() 流程中必须先使用 c.next() ❸，使得流程首次执行至 consumer() 函数中 let data = yield 处 ❷，执行 yield 后流程回到 clerk() 函数，之后 for...of 会逐一调用 p.next() ❹，这时流程进行至 producer() 函数的 yield data ❶，在 clerk() 取得 data 之后，接着执行 c.next(data) ❺，这时流程回到 consumer() 的 let data=yield 处，next() 方法的指定值此时成为 yield 的结果。执行结果如下：

```
执行 5 次生产与消费
生产了：  0
消费了：  0
生产了：  1
消费了：  1
生产了：  2
消费了：  2
生产了：  3
消费了：  3
生产了：  4
消费了：  4
```

这种情况尽管少见，但具有 yield 的函数，还可以使用 return。例如：

```
function* range(start, end) {
    for(let i = start; i < end; i++) {
        yield i;
    }
    return 'return';
}
```

在 for 循环之后，程序最后使用 return 试图传回 'return' 字符串，来看看执行的结果：

```
> let g = range(1, 3)
undefined
> g.next()
{ value: 1, done: false }
> g.next()
{ value: 2, done: false }
> g.next()
{ value: 'return', done: true }
>
```

可以看到，产生器最后迭代出来的对象中，value 特性是'return'，而 done 特性被设为 true。回想一下，对于 for...of，在看到 done 特性后就停止，因此若是在 for...of 中，并不会迭代出 return 指定的值。

```
> let g2 = range(1, 3);
undefined
> for(let i of g2) {
...     console.log(i);
... }
1
2
undefined
>
```

可以使用产生器的 return() 方法，要求产生器直接停止迭代。例如：

```
> let g3 = range(0, 10);
undefined
> g3.next()
{ value: 0, done: false }
> g3.return()
{ value: undefined, done: true }
>
```

就程序代码阅读上来说，return() 方法就像是要求产生器函数直接 return，此时传回的对象 done 特性会是 true，value 特性会是 undefined。如果 return 方法有指定自变量，那么传回的对象 done 特性会是 true，value 特性会是指定的自变量，就像是要求产生器函数 return 指定的值。

```
> let g4 = range(0, 10)
undefined
> g4.next()
{ value: 0, done: false }
> g4.return(5)
{ value: 5, done: true }
>
```

类似地，产生器有个 throw() 方法，这跟异常处理的处理相关，将在第 7 章介绍。

如果打算建立一个产生器函数，但数据源是直接从另一个产生器取得，那会怎么样呢？举例来说，前面的 range 函数就是传回产生器，而此时打算建立一个 np_range 函数，可以产生指定数字的正负范围，但不包含 0。

```
function* range(start, end) {
    for(let i = start; i < end; i++) {
        yield i;
    }
}

function* np_range(n) {
    for(let i of range(0 - n, 0)) {
        yield i
```

```
    }

    for(let i of range(1, n + 1)) {
        yield i
    }
}


for(let i of np_range(3)) {
    console.log(i);
}
```

因为 `np_range` 必须是个产生器，结果就是须逐一从来源产生器取得数据，再将之 `yield`，比如这里重复使用了 `for...of` 来迭代并不方便。可以直接使用 **yield\***改写如下：

func generator2.js

```
function* range(start, end) {
    for(let i = start; i < end; i++) {
        yield i;
    }
}

function* np_range(n) {
    yield* range(0 - n, 0);
    yield* range(1, n + 1);
}

for(let i of np_range(3)) {
    console.log(i);
}
```

当需要直接从某个产生器取得数据，以便建立另一个产生器时，`yield*`可以作为直接衔接的语法。

## 3.3.7　模板字符串与标记模板

**ES6** 开始支持模板字符串(Template string)，可以使用重音符 ""(位于键盘左上角)来建立字符串，许多书中喜欢示范它可以换行。例如：

```
> .editor
// Entering editor mode (^D to finish, ^C to cancel)
let html = `<!DOCTYPE html>
<html>
    <head>
        <title>Hello, World</title>
    </head>
    <body>
        Hello, World
    </body>
</html>`;

console.log(html);
```

```
<!DOCTYPE html>
<html>
    <head>
        <title>Hello, World</title>
    </head>
    <body>
        Hello, World
    </body>
</html>
undefined
>
```

从 `console.log()` 的显示可以看出，字符串换行、空白等在模板字符串中都会保留；模板字符串中若有 `${}` 的部分，`${}` 中的内容会被运算，运算结果再与其他字符串结合在一起。例如：

```
> `1 + 2 = ${1 + 2}`
'1 + 2 = 3'
> let a = 1;
undefined
> let b = 2;
undefined
> `${a} + ${b} == ${a + b}`
'1 + 2 == 3'
> let o = {p : 10}
undefined
> `${o.p}`;
'10'
> let arr = [1, 2, 3]
undefined
> `Double arr: ${arr.map(n => n * 2)}`
'Double arr: 2,4,6'
>
```

可以想象的，如果想建立文件模板，例如 HTML 模板，使用模板字符串就很方便。例如：

```
func generator.js
```
```
let title = 'Hello, World';
let message = 'Hello? World?';
let html = `<!DOCTYPE html>
<html>
    <head>
        <title>${title}</title>
    </head>
    <body>
        ${message}
    </body>
</html>`;
console.log(html);
```

执行结果中，可以看到 title 与 message 组成了完整的 HTML 内容：

```
<!DOCTYPE html>
<html>
    <head>
        <title>Hello, World</title>
    </head>
    <body>
        Hello? World?
    </body>
</html>
```

在说明模板字符串之后，同时进行说明的是标记模板(Tagged template)。如前面提过的，模板字符串中若有${}的部分，会执行${}中的内容，然后取得结果再与其他字符串结合在一起，若想分别处理字符串以及${}运算结果，例如${}可能来自使用者输入，而想要将有安全疑虑的字符替换掉，那标记模板(Tagged template)就会派上用场。

**标记模板其实是特殊形式的函数调用**(因此才会在函数这节中讨论)，例如，若有个函数 f()，下面的程序代码执行效果相当于 f('10 + 20 = 30')。

```
let a = 10;
let b = 20;
f(`${a} + ${b} = ${a + b}`);
```

如果是撰写为 f`${a} + ${b} = ${a + b}`，也就是不写圆括号的这种特殊形式，会将${}以外的部分切割出来，使用数组存储切割出来的字符串，然后分别运算${a}、${b}、${a + b}的值，最后以数组及运算值作为自变量调用函数。

也就是说 f`${a} + ${b} = ${a + b}`的写法下，数组部分会是['', ' + ', ' = ', '']，${a}、${b}、${a + b}，分别运算出 10、20、30，最后等同于调用 f(['', ' + ', ' = ', ''], 10, 20, 30)。

也就是说，f()函数若想处理数组及运算值，函数会是：

```
function f(strings, value1, value2, value3) {
    // 函数处理
}
```

如果模板中的${}的数量是固定的，这样就够了，不过，如果事先无法决定个数，那么可以定义以下函数：

```
function f(strings, ...values) {
    // 函数处理
}
```

也就是利用 ES6 的不定长度自变量语法，将${}的结果收集至数组。ES6 本身就有标准函数，可以进行标记模板这类特殊函数调用，**String.raw** 函数是其中一个例子。例如，如果想在 console.log()时可以显示\n 这类字样，基本上要如 2.2.1 节介绍谈过的，在字符串中进行转译(Escape)，否则\n 会被当成是换行的转译表示法：

```
> console.log('ABC\nEFG');
ABC
EFG
undefined
> console.log('ABC\\nEFG');
ABC\nEFG
undefined
>
```

若使用 `String.raw` 函数以标记模板形式调用，字符串会被当成原始字符串(Raw string)，不会处理转译字符。

```
> console.log(String.raw`ABC\nEFG`)
ABC\nEFG
undefined
>
```

前面谈过，函数搭配标记模板时，函数的第一个参数是数组，其中的元素为字符串，字符串中若包含\n这类字样会被转译，然而这个数组会有个 **raw** 特性，可以取得原始字符串。

```
> function f(strings) {
...     console.log(strings);
...     console.log(strings.raw);
... }
undefined
> f`ABC\nEFG`
[ 'ABC\nEFG' ]
[ 'ABC\\nEFG' ]
undefined
>
```

`String.raw` 函数写来也不难，在本章的课后练习中，就有个练习题，是试着写个 `raw` 函数来仿造 `String.raw` 的功能。

## 3.4 重点复习

## 3.5 课后练习

1. 在 3 位的整数中，153 可以满足 $1^3 + 5^3 + 3^3 = 153$，这样的数称之为阿姆斯特朗 (Armstrong)数。试以程序找出所有 3 位数的阿姆斯特朗数。

2. Fibonacci 为 1200 年代欧洲数学家，在他的著作中提过，若一只兔子每月生一只小兔子，一个月后小兔子也开始生产。起初只有一只兔子，一个月后有两只兔子，二个月后有三只兔子，三个月后有五只兔子……，也就是每个月兔子总数会是 1、1 、2、3、5、8、13、21、34、55、89……，这就是费氏数列，可用公式定义如下：

$$\begin{cases} f_n = f_{n-1} + f_{n-2}, & n > 1 \\ f_n = n, & n = 0, 1 \end{cases}$$

请撰写程序，求得 20 个费式数。

3. 请撰写一个简单的洗牌程序，可在文本模式下显示洗牌结果。例如：

```
桃J  砖2  梅8  桃4  心8  桃7  梅6  砖7  桃10 桃6  桃9  砖K  砖3
梅4  梅K  桃8  梅5  心5  桃A  梅9  梅J  砖5  梅10 梅3  心10 砖10
砖Q  心Q  心4  梅7  梅Q  心A  心2  心J  梅2  心K  砖4  心3  砖9
桃K  桃5  桃3  砖6  砖A  桃2  心6  心7  砖8  砖J  心9  梅A  桃Q
```

4. 试着写个 raw 函数，模板字符串中若包含\\、\'、\"、\`、\n、\r、\t 等，传回的字符串不会将其作为转译表示。

使 用 对 象 | 第 **4** 章

**学习目标**

- 掌握 `this` 参考
- 运用对象字面量
- 认识对象协议
- 使用符号协议

# 4.1 特性与方法

　　JavaScript 支持面向对象典范，由此可见对象的重要性。在前两个章节，只是简单介绍对象的建立与运用，本章将进一步阐述对象的可能性。

## 4.1.1 特性与 `undefined`

　　JavaScript 的对象本质上就像个特性的集合体，特性名称各有对应的特性值，如键(Key)是只能使用字符串的字典对象，这在 2.2.2 节中曾提过；在 3.2.4 节中曾经介绍过 `for...in`，可以列举对象的特性名称，搭配 `[]` 运算符，用来迭代特性值。

　　在 3.3.2 中也介绍过，在试图存取对象上不存在的特性时，会传回 `undefined`，运用 Falsy family 结合 `||` 快捷方式运算，就可以使用选项对象的技巧，使用对象来收集必要的信息作为调用函数时的自变量。

　　"试图存取对象上不存在的特性时，会传回 `undefined`"这句话本身没有错，但如果有个对象 `{x: undefined}`，请问这个对象存不存在 `x` 特性呢？答案是存在的。

```
> let obj = {x: undefined}
undefined
> 'x' in obj
```

```
true
>
```

在 3.2.4 节介绍过,想确认对象是否拥有某特性,可以使用 in 运算符检验。严格来说,in 用来确认对象是否拥有某特性名称,因此在上面的示范中,结果才会显示为 true。这个事实告诉我们,**"特性名称不存在"** 与 **"特性值被设为 undefined"** 是两件不同的事,这并不是说 3.3.2 节中运用选项对象的手法不可靠,而是在说 **"避免将对象的特性值设为 undefined"**,如果目的是想删除特性,请使用 delete 运算符,将对象的特性值设为 undefined 并不会删除特性。

此外,在 2.2.3 节曾经提醒过数组中最好不要有空项目,数组的索引其实是数字为名称的特性,空项目则是连数字特性都不存在。从下面的例子就可以看出差别:

```
> let arr1 = [undefined, undefined]
undefined
> let arr2 = []
undefined
> arr2.length = 2
2
> '0' in arr1
true
> '0' in arr2
false
>
```

看出差别了吗? arr1 参考的数组中,两个元素值虽然都是 undefined,但索引 0、1 确实存在, arr2 的 length 被设为 2,然而不存在索引 0、1; arr1[0]与 arr2[0]虽然结果都会是 undefined,但前者是因为元素值为 undefined,后者是因为根本没有 0 这个特性名称。

**建议不要修改数组的 length**,也不要让数组产生空项目,因为 JavaScript 中的 API 对数组空项目的处理方式并不一致,如果是 forEach()方法,会跳过空项目,回调函数不会收到 undefined。

```
> [undefined, undefined].forEach(function(elem) {
...      console.log(undefined);
... });
undefined
undefined
undefined
> [,,].forEach(function(elem) {
...      console.log(undefined);
... });
undefined
>
```

filter()方法会跳过空项目,回调函数不会收到 undefined,结果也不会保留空项目; map()方法会跳过空项目,回调函数不会收到 undefined,但结果却会保留空项目。

```
> [,,].filter(elem => true)
[]
> [,,].map(elem => 1)
[ <2 empty items> ]
>
```

若数组含有空项目，考虑这些 API 间的差异性会很烦，最好的方式就是一开始不要有机会处理，也就是别让数组产生空项目。

在运用选项对象的手法时，主要是利用 undefined，万一特性值有被设为 Falsy family 其他成员的可能性，如 0、''、false、null 呢？这时需要做更严格的检验，常见手法是结合 typeof：

```
> .editor
// Entering editor mode (^D to finish, ^C to cancel)
function has(obj, name) {
    return typeof obj[name] !== 'undefined';
}

let obj = {x: undefined, y: 0};
console.log(has(obj, 'x'));
console.log(has(obj, 'y'));
console.log(has(obj, 'z'));

false
true
false
undefined
>
```

在 has() 函数中，为什么不直接写成 obj[name] !== undefined 呢？因为 undefined 并不是 JavaScript 保留字，为避免 undefined 被拿来当变量名称设定了其他的值，才使用 typeof 确认值的类型名称，真的就是'undefined'。

## 4.1.2　函数与 this

因为 JavaScript 的对象在本质上就像个特性的集合体，而函数是一级值，也就可以将函数指定给对象成为特性。例如：

```
> .editor
// Entering editor mode (^D to finish, ^C to cancel)
function toString(obj) {
    return `[${obj.name}, ${obj.age}]`;
}

let p1 = {
    name     : 'Justin',
    age      : 35,
    toString : toString
};

p1.toString(p1);
```

```
'[Justin, 35]'
>
```

就上例来说，不过是将 toString() 函数指定给 p1 成为 toString 特性的值。而在
p1.toString(p1) 中，p1 名称出现了两次，这是为了要指定对象给 toString() 函数，这
样才知道要使用哪个对象的 name 与 age 特性。

### 1. 使用 this

实际上，可以使用 this 来代替 toString() 函数的参数。例如：

 object  method-this.js

```javascript
function toString() {
    return `[${this.name}, ${this.age}]`;
}

let p1 = {
    name     : 'Justin',
    age      : 35,
    toString : toString
};

let p2 = {
    name     : 'momor',
    age      : 32,
    toString : toString
};

console.log(p1.toString());  // 显示 [Justin,35]
console.log(p2.toString());  // 显示 [momor,32]
```

在上例中，toString() 函数中使用了 this，在调用函数时，每个函数都会有个 this
参考，然而 this 参考至哪个对象，依调用方式而有所不同。以上例而言，通过 p1 调用时，
toString() 中的 this 会参考至 p1 参考的对象，也因此显示 p1 对象的 name 与 age 值，
通过 p2 调用时，toString() 中的 this 会参考至 p2 参考的对象。

就上面的范例来说，若调用函数时是通过对象与点运算符的方式调用，this 会参考至
点运算符左边的对象。一个更实用的例子是，为类数组对象添加 forEach() 方法。

 object  for-each.js

```javascript
function forEach(callback) {
    for(let i = 0; i < this.length; i++) {
        callback(this[i]);
    }
}

let obj = {
    '0' : 100,
    '1' : 200,
```

```
    '2' : 300,
    length : 3,
    forEach : forEach
};

// 显示 100、200、300
obj.forEach(function(elem) {
    console.log(elem);
});
```

在上例中，由于调用 forEach()时，obj 参考的对象就是 this 参考的对象，因而可以取得 length 等特性。函数是对象，自然可以调用 forEach()作为自变量，通过这种方式可以令类数组对象进一步模仿出数组的行为。

### 2. call、apply 与 bind

**this** 实际参考的对象是以调用方式而定，而不是它是否附属在哪个对象而定。在 JavaScript 中，函数是 Function 的实例，**Function 都会有个 call()方法，可以决定 this** 的参考对象。举例来说，可以如下调用：

```
object func-this2.js
function toString() {
    return `[${this.name}, ${this.age}]`;
}

let p1 = {
    name      : 'Justin',
    age       : 35
};

let p2 = {
    name      : 'momor',
    age       : 32
};


console.log(toString.call(p1));  // 显示 [Justin,35]
console.log(toString.call(p2));  // 显示 [momor,32]
```

这次并没有将 toString()指定为对象的特性，而是直接使用 call()方法来调用函数，call()方法第一个参数是用来指定函数中 this 参考的对象。如果函数原本具有参数，可接续在第一个参数之后。例如：

```
function add(num1, num2) {
    return this.num + num1 + num2;
}

let o = {num : 10};
console.log(add.call(o, 20, 30)); // 显示 60
```

    Function 有个 apply() 方法，作用与 call() 方法类似，第一个参数用来指定 this 参考的对象，不过 apply() 方法指定后续自变量时，必须将自变量收集为一个数组。如果有一组自变量，必须在多次调用间共享，就可以使用 **apply()** 方法。例如：

```
function add(num1, num2) {
    return this.num + num1 + num2;
}

let o1 = {num : 10};
let o2 = {num : 100};
let args = [20, 30];

console.log(add.apply(o1, args)); // 显示 60
console.log(add.apply(o2, args)); // 显示 150
```

    正因为 this 实际参考的对象，是以调用方式而定，而不以它是否附属在哪个对象而定，即使函数是附属在函数上的某个特性，也可以这样改变 this 参考的对象。

```
function toString() {
    return this.name;
}

let p1 = {
    name    : 'Justin',
    toString : toString
};

let p2 = {
    name    : 'momor',
    toString : toString
};

console.log(p1.toString());         // 显示 Justin
console.log(p2.toString());         // 显示 momor
console.log(p1.toString.call(p2)); // 显示 momor
```

    在最后一个测试中，是以 p1.toString.call(p2) 的调用方式，虽然 toString() 是 p1 的特性值，但 call() 指定 this 是参考至 p2，结果当然也是传回 p2 的 name。

    函数实例有个 **bind()** 方法，执行结果传回新函数，这个新函数的 **this** 绑定对象，会固定为调用 **bind()** 时指定的对象。例如：

```
function forEach(callback) {
    for(let i = 0; i < this.length; i++) {
        callback(this[i]);
    }
}

let obj1 = {
    '0' : 100,
    '1' : 200,
    '2' : 300,
```

```
    length : 3,
};

let f1 = forEach.bind(obj1);

// 显示 100 200 300
f1(function(elem) {
    console.log(elem);
});
```

bind()可以指定自变量，如果自变量不全，传回的函数只要在后续调用时，补上不全的自变量就可以了。例如，以下函数可以用来达到一些语言内建的部分函数(Partial function)效果。

```
function plus(a, b) {
    return a + b;
}

var addTwo = plus.bind(undefined, 2);
console.log(addTwo(10));      // 显示 12
console.log(addTwo(5));       // 显示 7
```

在上例中，bind()第一个自变量指定为 undefined，表示在 plus()函数中，this 会是 undefined。**对于一个单纯就是函数，不需使用到 this 的需求下，建议将 this 设为 undefined**。

## 3. 全局对象

JavaScript 在 ES6 之前，并没有名称空间管理的机制，有着很多的全局名称，如 Number、Math、Array 等 API 都是全局名称，实际上，这些全局名称是作为全局对象的特性存在。

在不同的环境中想要取得全局对象，会通过不同的名称，如 Node.js 中可以使用 global，浏览器中可以通过 window 等。例如在 Node.js 中，取得 Number 构造函数。

```
> global.Number
[Function: Number]
> global.Number === Number
true
>
```

若调用函数时，无法通过 "." 运算、**call()**、**apply()**等方法确定 **this** 的对象，在严格模式下 **this** 会是 **undefined**。

```
> function foo() {
...     return this;
... }
undefined
> foo()
undefined
>
```

非严格模式下，上例中的 this 会参考至全局对象，但这是个不好的特性，严格模式才会将之设为 undefined。

函数既然是 Function 构造函数的实例，有办法直接创建一个 Function 实例吗？虽然可以，但绝大多数情况下不用这么做。若要取得全局对象的话，倒是可以这么做。

```
> Function('return this')()
Object [global] {
  global: [Circular],
  clearInterval: [Function: clearInterval],
  clearTimeout: [Function: clearTimeout],
  setInterval: [Function: setInterval],
  setTimeout: [Function: setTimeout] { [Symbol(util.promisify.custom)]: [Function] },
  queueMicrotask: [Function: queueMicrotask],
  clearImmediate: [Function: clearImmediate],
  setImmediate: [Function: setImmediate] {
    [Symbol(util.promisify.custom)]: [Function]
  },
  toString: [Function: toString],
  foo: [Function: foo]
}
>
```

直接通过 Function 来建构函数实例时，必须使用字符串指定函数内容，因此才很少直接通过 Function 来建构函数实例，但可以用以上的方式来取得全局对象。

提示 >>> 不同环境中，取得全局对象的方式不同，很难有通用而周全的方式，目前 TC39 有个处于阶段三的 globalThis[①] 提案，可以通过 globalThis 关键词来取得全局对象，当中也有个程序范例，示范了几个不同环境中取得全局对象的方式。

### 4. 箭号函数与 this

在 3.3.4 节中提过箭号函数，在许多场合上，可以看成是函数字面量的语法蜜糖，不过还是有点差别，**箭号函数在 this 方面的解析方式，与函数字面量不同**。例如，下面是函数字面量的形式。

```
this.x = 1; // 这里的 this 是全局对象

function foo() {
    console.log(this.x); // 这里的 this 依调用方式而定
}

let o = {
    x: 10,
    foo: foo
};

o.foo(); // 显示 10
```

---

① globalThis：github.com/tc39/proposal-global.

在 Node.js 中，最顶层的程序代码若撰写 this，可以取得全局对象，上例中，一开始在全局对象上设定了 x 特性为 1，而 o 对象设定了 x 特性为 10，调用 foo() 函数时，foo() 中的 this 实际上是 o 对象，因此会显示 10。把它换成箭号函数的话又会如何呢？

```
this.x = 1; // 这里的 this 是全局对象

let foo = () => {
    console.log(this.x); // 这里的 this 依语汇环境而定
};

let o = {
    x: 10,
    foo: foo
};

o.foo(); // 显示 1
```

箭号函数中的 **this**，并不是根据当时调用者来绑定的，而是看当时的语汇(Lexical)环境来绑定。简单地说，就是哪个环境包含箭号函数，该环境中的 this，就会是箭号函数的 this。以上例来说，包含箭号函数的环境是全局环境，全局函数中的 this 是全局对象，因此箭号函数绑定的对象就是全局对象，因此会显示 1 的结果。

箭号函数一旦绑定了 **this**，就不会再改变，就算使用 o.foo.call(o) 也不会改变。用函数字面量来模拟箭号函数的行为，就如下所示：

```
let self = this;
self.x = 1;

function foo() {
    console.log(self.x);
}

let o = {
    x: 10,
    foo: foo
};

o.foo(); // 显示 1
```

有时撰写程序，会希望函数中的 this 是当时的语汇环境中的 this，在 5.1.3 节中会看到实际的范例。在 ES6 之前，总是得如上声明个变量，然后在函数中使用该变量，ES6 以后若使用箭号，就可以避免这类麻烦。

## 4.1.3　对象字面量增强

使用对象字面量建立对象时，经常会遇到必须得把变量指定到同名特性的情况。例如：

```
var x;
var y;
```

```
// 经过一些计算后设定 x、y 的值...
var o = {
    x : x,
    y : y
};
```

这么写太烦琐，若变量与特性同名，在 ES6 中可以写为：

```
let x;
let y;

// 经过一些计算后设定 x、y 的值...
let o = {
    x,
    y
};
```

当特性实际参考函数时，而且函数是个临时建立的匿名函数时，过去会这么写：

```
var obj = {
    '0' : 100,
    '1' : 200,
    '2' : 300,
    length : 3,
    forEach : function(callback) {
        for(var i = 0; i < this.length; i++) {
            callback(this[i]);
        }
    }
};
```

function 字眼太长了，就可读性来说比较差，在 ES6 中可以简化为：

```
let obj = {
    '0' : 100,
    '1' : 200,
    '2' : 300,
    length : 3,
    forEach(callback) {
        for(let i = 0; i < this.length; i++) {
            callback(this[i]);
        }
    }
};
```

这只是没了 function 字眼的简化，不过这种写法还有些新功能存在其中，如可以使用 super 关键词，以代表着对象的原型(Prototype)，原型与继承的相关内容，将留待下一章讨论。

在过去，如果打算使用运算结果作为特性名称，必须通过[]，例如：

```
var prefix = 'doSome';
var n = 1;
var o = {};
```

```
o[prefix + n] = function() {
    // ...
};
```

ES6使用对象字面量，在为对象指定特性时，也可以使用[]了，[]中也可以指定表达式。

```
let prefix = 'doSome';
let n = 1;
let o = {
    [prefix + n] : function() {
        // …实现内容
    }
};
```

或者是直接采用简便模式：

```
let prefix = 'doSome';
let n = 1;
let o = {
    [prefix + n]() {
        // …实现内容
    }
};
```

实际上使用对象字面量搭配[]来指定特性时，最常见的是结合 ES6 符号(Symbol)来使用，这在下一节中就会看到。

ES6 的对象字面量增强，在定义设值方法(Setter)、取值方法(Getter)时也更为便利。例如：

**object setter-getter.js**

```
function object() {
    let obj_privates = {};
    let obj = {
        set name(value) {
            obj_privates.name = value.trim();
        },
        get name() {
            return obj_privates.name.toUpperCase();
        }
    };

    return obj;
}

let obj = object();
obj.name = '   Justin   ';
console.log(`[${obj.name}]`); // 显示 [JUSTIN]
```

ES6 可以在方法名称 name 之前标示 **set** 或 **get**，被标示为 set 的方法是设值方法，实际在 obj.name = value 的指定时，会调用设值方法，在上例中会将指定的字符串值，使用 trim() 方法裁去前后空白，被标示为 get 的方法为取值方法，当使用 obj.name 取值时会调用该方法，在上例中，会取得字符串并使用 toUpperCase() 转为大写。

设值、取值方法的作用之一，是进行存取的前置或后置处理，也可以实现一定程度的私有特性隐藏，就像上面的范例中，指定给 obj.name 的值，实际上是保存在 obj_privates 参考的对象上，而设值方法、取值方法捕捉了 obj_privates 变量，因此可以存取参考的对象，然而，object() 的函数调用者无法直接存取，只能通过设值方法、取值方法。

设值与取值方法不一定要同时定义，而是视需求而定，如果只定义设值方法，并不会主动建立取值方法；反之，若只定义取值方法，也不会主动建立设值方法。

在 ES5 想定义设值、取值方法，必须通过 Object.defineProperty() 或 Object.defineProperties() 函数，这个部分将在第 5 章介绍。

## 4.1.4　解构、余集、打散

ES6 支持解构(Destructuring)语法，作用在于将某数据结构拆解，并分别指定给变数。例如，在过去若要将数组中的元素逐一指定给变量，必须如下：

```
var point = [80, 90, 99];
var x = point[0];
var y = point[1];
var z = point[2];
```

像这样的例子，在 ES6 中可以运用解构语法，在一行内搞定：

```
let point = [80, 90, 99];
let [x, y, z] = scores;
```

不只是数组，只要是可迭代的对象，也就是具有可传回迭代器的特性，都可以运用这种语法。例如字符串：

```
> let [a, b, c] = 'XYZ';
undefined
> a;
'X'
> b;
'Y'
> c;
'Z'
>
```

在解构时，变量的个数可以少于可迭代的元素数量，多余的元素会被忽略；如果想将多余的元素收集为数组，可以使用余集(Rest)语法。例如：

```
> let lt = [10, 9, 8, 7, 6];
undefined
> let [head, ...tail] = lt;
undefined
> head;
10
> tail;
```

```
[ 9, 8, 7, 6 ]
>
```

范例中在 tail 变量前加上 "...",这会将剩余的元素收集为数组指定给 tail,这样的话,写个 sum() 之类的递归函数就会方便许多。例如:

```
object sum.js
function sum(numbers) {
    let [head, ...tail] = numbers;
    if(head) {
        return head + sum(tail);
    } else {
        return 0;
    }
}

console.log(sum([1, 2, 3, 4, 5])); // 显示 15
```

如果可迭代的元素个数少于变量的数量,那么多出来的变量会是 undefined,在上例中,当 numbers 为[]时,head 是 undefined,这就是递归终止条件。参数也可以运用解构语法。例如:

```
object sum2.js
function sum([head, ...tail]) {
    return head ? head + sum(tail) : 0;
}

console.log(sum([1, 2, 3, 4, 5])); // 显示 15
```

如果可迭代的元素个数少于变量的数量,也可以指定变量的默认值,例如下面的 c 变量值会是 3。

```
let [a, b, c = 3] = [1, 2];
```

如果只对某几个元素有兴趣呢?空下来就好了。

```
> let [x, ,y, , z] = [1, 2, 3, 4, 5];
undefined
> x;
1
> y;
3
> z;
5
>
```

因此,如果只对尾端元素有兴趣,也可以只写为:

```
> let [, ...tail] = [1, 2, 3, 4, 5];
undefined
> tail;
[ 2, 3, 4, 5 ]
>
```

由于有了解构语法，就可以实现类似 Python 风格的变量置换。例如：

```
> let x = 10, y = 20;
undefined
> [x, y] = [y, x];
[ 20, 10 ]
> x;
20
> y;
10
>
```

语法 "..." 不只用作将剩余元素收集为数组之用，若是放在某个可迭代对象之前，也可以用来打散(Spread)元素，例如：

```
> let arr = [1, 2, 3];
undefined
> let arr2 = [...arr, 4, 5];
undefined
> arr2;
[ 1, 2, 3, 4, 5 ]
> function plus(a, b) {
...     return a + b;
... }
undefined
> plus(...[1, 2]);
3
>
```

类似地，对象也可以解构，在过去，如果有以下的程序撰写模式：

```
var o = {x: 10, y: 20};
var x = o.x;
var y = o.y;
```

在 ES6 中，可以写成：

```
let o = {x: 10, y: 20};
let {x, y} = o;
```

这会将对象的特性指定给同名的变量，也就是上例中，会建立 x 与 y 变量，值分别是 10 与 20。如果特性名称没有与变量对应，变量还可以指定默认值：

```
let o = {x : 10, y : 20};
let {x, y, z = 30} = o;
```

若没有指定默认值，z 会是 undefined；对象解构语法也可以用在函数的参数上。例如：

```
> function foo({x, y}) {
...     console.log(x);
...     console.log(y);
... }
undefined
```

```
>
> foo({x : 10, y : 20});
10
20
undefined
>
```

在 ES9 中，对象也可以用余集语法，这会将多的特性收集在另一个对象。例如：

```
> let { x, y, ...z } = { x: 1, y: 2, a: 3, b: 4 };
undefined
> x
1
> y
2
> z
{ a: 3, b: 4 }
>
```

接着上面的范例，要将对象的特性打散也是可行的。例如：

```
> let n = { x, y, ...z };
undefined
> n
{ x: 1, y: 2, a: 3, b: 4 }
>
```

接下来是笔者个人不鼓励使用的语法，但确实可行。如果对象解构时，想指定给一个非同名的变量名称，例如将 x、y 特性的值分别指定给 a 与 b 变数，则：

```
let o = {x : 10, y : 20};
let {x : a, y : b} = o;
```

x 特性会指定给 a 变数，y 特性会指定给 b 变数，这跟=指定的方向是相反的，阅读上容易造成误会，因此笔者并不鼓励使用，这种语法也可以指定默认值：

```
let o = {x : 10, y : 10};
let {x : a, y : b, z : c = 20} = o;
```

但这真的不方便阅读，而无论是刚才的迭代器解构，或者是对象解构，都可以形成巢状结构。例如：

```
let [[x, y, z], b, c] = [[1, 2, 3], 4, 5];
```

或者是：

```
let {a: {x, y, z}, b, c} = {a: {x: 10, y: 20, z: 30}, b: 40, c: 50};
```

若再加上默认值、打散等语法，可以把它写得更复杂，只是看起来很伤眼，这些语法应该是为了撰写与阅读上的方便，不要搞得太复杂了。

## 4.2 对象协议

JavaScript 是个动态定型语言，优点之一就是支持鸭子定型(Duck typing)，操作对象时可以只在乎行为而不用理会类型，类数组就是应用之一；有些行为在语法或 API 上有特殊意义，这类行为称为对象协议(Object protocol)，而为了更有效地区分对象协议，ES6 新增了符号类型，将在本节中介绍。

### 4.2.1 valueOf()与 toString()

在 2.3.3 节提过，不要将+、-、*、/、**运用在数字与字符串外的其他类型。在绝大多数情况下，应该遵守这个建议，除非定义了**对象的 valueOf()方法，这个方法在需要基本类型的场合时会调用，而且必须传回基本类型值。**

对于 Object 实例，默认的 valueOf()只传回实例本身。

```
> let o = {}
undefined
> o.valueOf() === o
true
>
```

如果定义了对象的 valueOf()方法且传回基本类型，-、*、/, >、<、>=、<=等运算时就会加以调用。例如：

```
> .editor
// Entering editor mode (^D to finish, ^C to cancel)
let n1 = {
    valueOf() {
        return 10;
    }
};

let n2 = {
    valueOf() {
        return 20;
    }
};

console.log(n1 + n2);
console.log(n1 - n2);
console.log(n1 > n2);

30
-10
false
undefined
>
```

对于自定义对象，行为确实是这样，但如果是有点年份的 API，例如，早期就存在的 API，必须确认行为是否符合预期，因为这类 API 往往会因为历史性的兼容问题，表现出不一样的行为，例如 Date 实例，代表从 1970 年 1 月 1 日零时至今经过的毫秒数，可以用在>、<、>=、<=等运算上，用以比较两个时间的前后关系，但不建议用在+、-、\*、/上。例如：

```
> let t1 = new Date()
undefined
> let t2 = new Date(1397699040389)
undefined
> t1 > t2
true
> t1.valueOf()
1561970850833
> t2.valueOf()
1397699040389
> t1 - t2
164271810444
> t1 + t2
'Mon Jul 01 2019 17:32:39 GMT+0800 ' +
  '(GMT+08:00)Thu Apr 17 2014 09:44:00 GMT+0800 ' +
  '(GMT+08:00)'
>
```

使用构造函数建立 Date 实例时，如果没有指定自变量，会自动抓取系统时间毫秒数，也可以自行指定毫秒数，在必须取得基本类型等运算时，通过 valueOf()方法取得的基本类型值，对 Date 来说就是建立实例时的毫秒数。

对两个 **Date** 进行**+**，结果是字符串，实际上若要进行时间相加、相减，使用毫秒数也不可靠，请不要这么做！

对于必须取得基本类型字符串的场合，可以定义对象的 **toString()**方法，例如：

```
> .editor
// Entering editor mode (^D to finish, ^C to cancel)
let o1 = {
    toString() {
        return 'o1';
    }
};

let o2 = {
    toString() {
        return 'o2';
    }
};

console.log(o1 + o2);
console.log({} + {});

o1o2
[object Object][object Object]
undefined
>
```

在对两个对象进行+时，会调用 valueOf()方法，若没有自定义 valueOf()，会使用

toString() 取得字符串进行串接。

提示 >> console.log() 不会使用 valueOf() 或 toString()，而是自行检验对象的相关信息，至于
浏览器中的 alert() 函数，会使用自定义 valueOf()，若没有就使用 toString()；另外，跟
字符串基本类型取得相关的方法，还有个 toLocaleString() 方法，用来取得对象特定语言环
境的字符串表示，虽然很少用到，不过 Number、Array 与 Date 实例有实现这个方法。

## 4.2.2　符号

**从 ES6 开始，基本数据类型除了数字、字符串与布尔值，还多了一个符号(symbol)。**

为什么需要符号？为了建立独一无二的行为象征而存在。在 ES6 之前没有符号，对象
特性名称是使用字符串，若要建立对象协议，就得慎选特性名称，并保证其他地方不会采
用了相同的名称，却赋予了不同的协议意义，例如 valueOf() 与 toString()，必须得保
证开发者都知道，valueOf 与 toString 这两个特性名称的意义，不要实现出非预期的行为。

因此，valueOf 与 toString 具有特定意义，与其说是名称，不如说希望它们代表着某些
独一无二的行为象征，既然需要的是独一无二的行为象征，ES6 就让这种独一无二的象征
变得容易，因此就制定了符号的相关规范。

从 ES6 开始，可以使用 **Symbol()** 函数来建立符号类型的值，建立时可以使用字符串
指定说明文字，对符号值使用 **typeof**，会传回 **'symbol'**。例如：

```
> let x = Symbol()
undefined
> let y = Symbol('Protocol.iterable')
undefined
> typeof x
'symbol'
>
```

建立符号时指定的字符串，纯粹就只是个说明文字罢了，在执行时期，使用 **Symbol()**
建立的符号都是独一无二的，不会有两个符号值相同，被指定的说明文字，**ES10** 以后可以
从 **Symbol** 的 **description** 特性取得，而且会成为 **toString()** 方法的传回字符串内容
(Symbol 值虽是基本类型，然而这时会自动包裹为 Symbol 实例，才有方法可以调用)。
例如：

```
> let a = Symbol()
undefined
> let b = Symbol()
undefined
> a === b
false
> Symbol('Justin.iterator') === Symbol('Justin.iterator')
False
> Symbol('Justin.iterator').description
'Justin.iterator'
>  Symbol('Justin.iterator').toString()
```

```
'Symbol(Justin.iterator)'
>
```

　　既然每个符号值都是独一无二的,若要作为协议象征,不就要在建立符号后小心保存?使用上不会很不方便吗?对于保存符号值这件事,ES6 有个符号全局注册表,要将建立的符号值保存到注册表,或者从注册表取得已建立的符号,可以通过 **Symbol.for()** 函数。

```
> let iteratorSymbol = Symbol.for('Protocol.iterator')
undefined
> Symbol.for('Protocol.iterator') === iteratorSymbol
true
>
```

　　Symbol.for() 会采用指定的字符串作为依据,如果字符串没有对应的符号存在,就会建立新符号并存入注册表,若有的话就会传回已建立的符号。**Symbol.for()** 主要是为了开发者自定义协议而存在,务必小心谨慎,制定好名称规范,避免协议冲突问题。

　　如果手边已经有个符号值,可以使用 **Symbol.keyFor()** 传回它在全局符号注册表中的键,也就是符号描述字符串,如果传回字符串就表示已登录符号,否则传回 undefined,这是确认符号存在与否,避免协议冲突的一种方式。若接续上例来查询 iteratorSymbol,可以得到'Protocol.iterator'字符串,代码如下:

```
> Symbol.keyFor(iteratorSymbol)
'Protocol.iterator'
>
```

## 4.2.3　运用标准符号

　　ES6 本身内建了一些标准符号,可通过 **Symbol** 的特性来取得,在试图使用 **Symbol.for()** 建立自定义协议前,应该先看看是否有适用的标准符号,这里先来聊聊 Symbol.iterator 与 Symbol.toPrimitive。

### 1. **Symbol.iterator**

　　Symbol.iterator 代表用于迭代器协议的符号:

```
> Symbol.iterator
Symbol(Symbol.iterator)
>
```

　　如果希望可以迭代某对象,可以定义方法传回迭代器,该方法使用 Symbol.iterator 作为特性保存。例如,数组本身就定义了 Symbol.iterator 方法。

```
> let arr = [1, 2, 3];
undefined
> let iterator = arr[Symbol.iterator]();
undefined
> iterator.next();
{ value: 1, done: false }
> iterator.next();
```

```
{ value: 2. done: false }
> iterator.next();
{ value: 3, done: false }
> iterator.next();
{ value: undefined, done: true }
>
```

是不是与 3.3.6 节介绍过的产生器很像？是的，当时就提到过，产生器也有迭代器的行为，**迭代器是拥有 next() 方法的对象**，每次调用会传回一个迭代结果，当中包含了 value 与 done，value 是当次迭代的值，done 表示迭代是否结束，当迭代结束时，value 会是 undefined，done 会是 true。

只要对象有可传回迭代器的方法，该对象就会是可迭代的(Iterable)，也就可以使用 for...of 来进行迭代。例如，3.3.6 节曾经使用过产生器语法来实现过 range() 函数，若想采用迭代器来实现，代码如下：

**protocol iterator.js**

```
function range(start, end) {
    let i = start;
    return {
        [Symbol.iterator]() {  ◀────── ❶ 使用符号定义传回迭代器的方法
            return this;
        },
        next() {
            if(i < end) {  ◀────── ❷ 判断 i 值传回迭代结果
                return {value: i++, done: false};
            }
            return {value: undefined, done: true};
        }
    };
}

for(let n of range(3, 8)) {  ◀────── ❸ 使用 for...of 迭代
    console.log(n);
}
```

在这个范例中，range() 传回的对象定义了 Symbol.iterator 方法❶，其中使用 this 传回自身，也就是说对象本身就是迭代器，next() 方法每次调用，会判断 i 值是否还在指定范围内，决定传回的迭代结果对象❷，对于传回的对象，现在可以使用 for...of 来迭代了❸。

ES6 大多数内建的迭代器仅实现了 next() 方法；在自行实现迭代器时，可以选择性地实现 throw() 或 return() 方法，同时具有这 3 个方法的对象就是产生器了，throw() 留待第 7 章讲错误处理时再来介绍，这里先说 return() 方法。

在 3.3.6 节介绍过产生器的 return() 方法，建议先回头复习一下产生器函数与产生器 return() 方法之间的作用。

客户端调用 return() 方法的目的是停止迭代，如果自行实现迭代器时提供 return() 方法，可以在其中实现回收资源之类的动作，然后传回{value: argu, done: true}，

argu 的值是客户端调用 return() 方法时指定的自变量，在此之后，调用迭代器的 next()
不应该有进一步的迭代结果。

若 for...of 在迭代过程中被中断，像是被 break 或抛出错误，也会调用 return()
方法，但不传入自变量。例如：

```
protocol iterator2.js
function range(start, end) {
    let i = start;
    return {
        [Symbol.iterator]() {
            return this;
        },
        next() {
            return i < end ?
                    {value: i++, done: false} :
                    {value: undefined, done: true};
        },
        return(value) {
            console.log(value);
            // 令之后调用 next() 不会有进一步迭代结果
            i = end;
            return {value, done: true};
        }
    };
}

let r = range(3, 8);
for(let n of r) {
    console.log(n);
    break;
}
```

在这个范例中，for...of 中显示首次迭代结果之后，就进行了 break 中断迭代，这
时会调用 return() 方法，因此执行结果会显示 3 与 undefined。

自行实现 next() 方法，可以对迭代器进行更多的控制，但对于简单的迭代，使用产
生器语法会方便许多。例如：

```
protocol iterator3.js
let arrayLike = {
    '0': 10,
    '1': 20,
    '2': 30,
    length: 3,
    *[Symbol.iterator]() {
        for(let i = 0; i < this.length; i++) {
            yield this[i];
        }
    }
};

for(let n of arrayLike) {
    console.log(n);
```

```
}
```
```
let [a, b, c] = arrayLike;
console.log(a, b, c);
```

　　在这个范例中建立了类数组对象，定义了 Symbol.iterator，而且使用产生器语法，程序代码上简单直觉许多，而且可以看到，除了可以使用 for...of 迭代，只要是可迭代的对象，也就是对象具有可传回迭代器的方法，就可以进行数组解构。

### 2. Symbol.toPrimitive

　　若运算过程必须从对象上取得基本类型，可以定义对象的 valueOf() 方法，在 ES6 中有了个专门的符号 Symbol.toPrimitive 用于定义方法。例如：

```
> .editor
// Entering editor mode (^D to finish, ^C to cancel)
let o1 = {
    valueOf() {
        return 10;
    },
    [Symbol.toPrimitive]() {
        return 100;
    }
};
let o2 = {
    valueOf() {
        return 20;
    },
    [Symbol.toPrimitive]() {
        return 200;
    }
};

console.log(o1 + o2);

300
undefined
>
```

　　定义了 Symbol.toPrimitive 方法的对象，在需要取得基本类型的情况，会使用 Symbol.toPrimitive 方法而不是 valueOf()。

　　为对象定义特性或方法时默认是可列举的，就算使用符号也是可列举的，但符号不会被 for...in 列举，不过，使用 in 测试的话会是 true。例如：

```
> let o = {
...     [Symbol.iterator]() {
...         return this;
...     }
... };
undefined
> for(let p in o) {
...     console.log(p);
```

```
...  }
undefined
> Symbol.iterator in o
true
>
```

在 4.1.3 节介绍过设值、取值方法,虽然少数,因为 Symbol 也可以是对象特性,定义设值、取值方法时,对象也可以是 Symbol,例如:

```
> let obj = {
...     get [Symbol.for('x')]() {
...         return 10;
...     }
... }
undefined
> obj[Symbol.for('x')]
10
>
```

对于 JavaScript 内建的标准对象,符号定义的特性或方法是不可列举的,例如,数组的 Symbol.iterator 方法就不可列举,因此若自定义符号的特性或方法时,建议将之设为不可列举,这可以使用 Object.defineProperty() 函数来达成,将在下一章说明。

JavaScript 没有规范 equals 之类的方法名称,如果想根据对象特性值来比较相等性,基本上就是自定义协定;另一方面,因为历史性的原因,JavaScript 标准 API 本身采用的相等比较并不一致,后续适当章节会分别加以讨论。

# 4.3 重点复习

# 4.4 课后练习

1. 据说有座波罗教塔由三支钻石棒支撑,第一根棒上放置 64 个由小至大排列的金盘,命令僧侣将所有金盘从第一根棒移至第三根棒,搬运过程遵守大盘在小盘下的原则,若每日仅搬一盘,在盘子全数搬至第三根棒,此塔将毁损。请撰写程序,可输入任意盘数,依以上搬运原则显示搬运过程。

2. 如果有个二维数组代表迷宫如下,0 表示道路、2 表示墙壁:

```
maze = [[2, 2, 2, 2, 2, 2, 2],
        [0, 0, 0, 0, 0, 0, 2],
        [2, 0, 2, 0, 2, 0, 2],
```

```
        [2, 0, 0, 2, 0, 2, 2],
        [2, 2, 0, 2, 0, 2, 2],
        [2, 0, 0, 0, 0, 0, 2],
        [2, 2, 2, 2, 2, 0, 2]]
```

假设老鼠会从索引(1, 0)开始，请使用程序找出老鼠如何跑至索引(6, 5)位置，并以■代表墙，◇代表老鼠，显示出走迷宫路径。如图 4-1 所示。

图 4-1　走迷宫

3. 有个 8 乘 8 棋盘，骑士走法为国际象棋走法，请撰写程序，可指定骑士从棋盘任一位置出发，以标号显示走完所有位置。例如其中一个走法：

```
52 21 64 47 50 23 40  3
63 46 51 22 55  2 49 24
20 53 62 59 48 41  4 39
61 58 45 54  1 56 25 30
44 19 60 57 42 29 38  5
13 16 43 34 37  8 31 26
18 35 14 11 28 33  6  9
15 12 17 36  7 10 27 32
```

4. 国际象棋中皇后可直线前进，吃掉遇到的棋子，如果棋盘上有 8 个皇后，请撰写程序，显示 8 个皇后相安无事地放置在棋盘上的所有方式。例如其中一个放法(如图 4-2 所示)。

图 4-2　国际象棋

# 构造函数、原型与类 | 第 **5** 章

**学习目标**

- 认识构造函数的作用
- 理解原型链机制
- 区别原型与类实例
- 善用类语法

## 5.1 构造函数

在面向对象实例中，对象会将相关的状态、功能集合在一起，之后要设定对象状态、思考对象可用操作时，都会比较方便一些；JavaScript 支持面向对象，在对象的建立、操作、调整等各方面提供多样、极具弹性的语法与功能，令对象在使用上更为便利，具有极高的可用性。

然而，在建立对象与设定状态、功能时，流程上可能重复，封装这些流程以便重复使用，也是支持面向对象实例的语言介绍的重点之一，JavaScript 在这方面提供构造函数 (Constructor)，这一节将进行介绍。

### 5.1.1 封装对象建构流程

如果要设计一个银行商务相关的简单程序，首先必须建立账户相关数据，因为账户会有名称、账号、余额，自然会想要使用对象将这 3 个相关特性组织在一起。

```
let acct1 = {
    name: 'Justin Lin',
    number: '123-4567',
    balance: 1000,
```

```
    toString() {
        return `(${this.name}, ${this.number}, ${this.balance})`;
    }
};

let acct2 = {
    name: 'Monica Huang',
    number: '987-654321',
    balance: 2000,
    toString() {
        return `(${this.name}, ${this.number}, ${this.balance})`;
    }
};

let acct3 = {
    name: 'Irene Lin',
    number: '135-79864',
    balance: 500,
    toString() {
        return `(${this.name}, ${this.number}, ${this.balance})`;
    }
};

console.log(acct1.toString()); // 显示 (Justin Lin, 123-4567, 1000)
console.log(acct2.toString()); // 显示 (Monica Huang, 987-654321, 2000)
console.log(acct3.toString()); // 显示 (Irene Lin, 135-79864, 500)
```

## 1. 定义构造函数

这些对象在建立时，必须设定相同的特性与方法，因而在程序代码撰写上有重复之处，重复在程序设计上是不好的信号，应该适时重构(Refactor)，以免日后程序难以维护，或许你会想到，不如定义函数来封装。

```
function account(name, number, balance) {
    return {
        name,
        number,
        balance,
        toString() {
            return `(${this.name}, ${this.number}, ${this.balance})`;
        }
    };
}

let acct1 = account('Justin Lin', '123-4567', 1000);
let acct2 = account('Monica Huang', '987-654321', 2000);
let acct3 = account('Irene Lin', '135-79864', 500);

console.log(acct1.toString()); // 显示 (Justin Lin, 123-4567, 1000)
console.log(acct2.toString()); // 显示 (Monica Huang, 987-654321, 2000)
console.log(acct3.toString()); // 显示 (Irene Lin, 135-79864, 500)
```

这是个不错的想法，只不过 account() 函数传回的对象，其实是 Object 的实例，有没有办法令传回的对象，可以是 Account 之类的实例呢？可以的，只要把刚刚的函数作如下调整。

```
constructor account.js
function Account(name, number, balance) {
    this.name = name;
    this.number = number;
    this.balance = balance;
    this.toString =
        () => `Account(${this.name}, ${this.number}, ${this.balance})`;
}

let acct1 = new Account('Justin Lin', '123-4567', 1000);
let acct2 = new Account('Monica Huang', '987-654321', 2000);
let acct3 = new Account('Irene Lin', '135-79864', 500);

console.log(acct1.toString()); // 显示 (Justin Lin, 123-4567, 1000)
console.log(acct2.toString()); // 显示 (Monica Huang, 987-654321, 2000)
console.log(acct3.toString()); // 显示 (Irene Lin, 135-79864, 500)
console.log(acct1 instanceof Account); // 显示 true
console.log(acct1.constructor); // 显示 [Function: Account]
```

范例中定义的 Account 本质上就是个函数。在需要建构对象时，new 关键词的意义是建立一个对象作为 Account 的实例，再执行 Account 函数定义的流程。执行时函数中的 this 就是 new 建立的实例，执行完函数内容之后，该实例会作为结果传回。

像 Account 这类与 new 结合使用的函数，在 JavaScript 称为构造函数(Constructor)，其目的是封装对象建构的流程；习惯上，构造函数的名称首字母会大写；如果开发者曾经学过基于类的面向对象语言(例如 Java)，会觉得构造函数与类很像，不过**构造函数不是类**，JavaScript 在 ES6 之前没有类语法，ES6 虽然开始提供类语法，但本质上仍只是"模拟"类。ES6 之后，JavaScript 并没有变成基于类的语言。

**instanceof 运算符可用来判别，对象是否为某构造函数的实例**，如果使用之前 account()函数建立对象，使用 instanceof Account 测试会是 false，若是使用 new Account(…)的方式建立的实例，instanceof Account 测试会是 true，表示它是 Account 的实例。

每个对象都是某构造函数的实例，基本上可以从对象的 constructor 特性得知实例的构造函数。不过要小心的是，在有些情况下，对象的 constructor 不一定指向其构造函数(例如 5.2.1 节中的原型对象)，constructor 也可以被修改；instanceof 并不是从 constructor 来判断，而是基于 5.2 节会介绍的原型链。

## 2. 构造函数与 return

构造函数基本上无须撰写 return，如果构造函数使用 return 指定了传回值，该传回值就会被当作建构的结果，构造函数中撰写 return，在 JavaScript 中并不多见，应用之一是控制实例的数量。例如：

```
let loggers = {};
function Logger(name) {
    if(loggers[name]) {
        return loggers[name];
    }
    loggers[name] = this;
    //... 其他程序代码
}

let logger1 = new Logger('cc.openhome.Main');
let logger2 = new Logger('cc.openhome.Main');
let logger3 = new Logger('cc.openhome.Test');
console.log(logger1 == logger2); // 显示 true
console.log(logger1 == logger3); // 显示 false
```

在上例中，若是 loggers 上已经有对应于 name 的特性，就会将特性值传回(原本 this 参考的对象，执行完构造函数后会被回收)，否则使用 name 在 loggers 上新增特性，因此 logger1 与 logger2 会参考同一对象，然而 logger3 因为名称不同，会取得另一个对象。

在构造函数中出现 return 的另一情况，就类似在 JavaScript 标准 API 中，有些函数既可以当作构造函数，也可以作为一般函数调用，例如 Number：

```
> Number('0xFF')
255
> new Number(0xFF)
[Number: 255]
>
```

若要自行实现这类功能，就要在函数中进行检查，确认是否明确撰写 return，只不过在 ES6 之前，并没有可靠而标准的检查方式。在 ES6 中新增了 **new.target**，如果函数中撰写了 new.target，在使用 new 建构实例时，new.target 代表了构造函数(或类)本身，否则就会是 undefined，因此可以如下检查来达到需求。

```
function Num(param) {
    if (new.target === Account) {
        … 建立 Num 实例的流程
    } else {
        … 剖析字符串并 return 数值的流程
    }
}
```

> 提示 ▶▶▶ 稍后会介绍原型对象，new.target 的 prototype，会成为实例的原型，而且有函数可以指定 new.target，这在第 9 章会看到。

## 3. 模拟 **static**

构造函数就是函数，而函数是对象，对象可以拥有特性，对于一些与构造函数相关的常数，可以作为构造函数的特性。例如若有个 Circle 构造函数，需要 PI 之类的常数，可以如下定义：

```
Circle.PI = 3.14159;
```

类似地，有些函数与构造函数的个别实例没有特别的关系，也可以定义为构造函数的特性，如角度转径度：

```
Circle.toRadians = angle => angle / 180 * Math.PI;
```

JavaScript 在 Math 上定义了不少数学相关的函数，例如要取得圆周率的话，可以直接使用 Math.PI。除此之外，之前看过一些 API，如 Number.MIN_SAFE_INTEGER、Number.isSafeInteger()等，也是以这种形式存在；对于来自于 Java 程序语言的开发者，构造函数很像类，而 Number.MIN_SAFE_INTEGER、Number.isSafeInteger()，就仿真了 Java 语言中的 static 成员与方法。

## 5.1.2 私有性模拟

刚才的 account.js，对象本身有 name、number、balance 特性，读者可能会想将这些特性隐藏起来，避免被其他开发者直接修改，JavaScript 目前并没有提供 private 之类的语法，但可以通过 Closure 来模拟。例如：

**constructor account2.js**

```
function Account(name, number, balance) {
    this.getName = () => name;
    this.getNumber = () => number;
    this.getBalance = () => balance;
    this.toString = () => `(${name}, ${number}, ${balance})`;
}

let acct1 = new Account('Justin Lin', '123-4567', 1000);
let acct2 = new Account('Monica Huang', '987-654321', 2000);
let acct3 = new Account('Irene Lin', '135-79864', 500);

console.log(acct1.toString());      // 显示 (Justin Lin, 123-4567, 1000)
console.log(acct2.toString());      // 显示 (Monica Huang, 987-654321, 2000)
console.log(acct3.toString());      // 显示 (Irene Lin, 135-79864, 500)
console.log('name' in acct1);       // 显示 false
```

构造函数只在 this 上增添了 getName()、getNumber()、getBalance()方法，但 this 本身并没有 name、number、balance 特性，getName、getNumber、getBalance 方法参考的函数，捕捉了参数 name、number、balance，因此通过相关方法的调用，就可以取得参数值，但没办法修改参数值，因为那是构造函数中的局部变量。

既然说到了私有性的模拟，或许读者会想到 4.1.3 节也有类似的范例，当时 setter-getter.js 范例中，直接对对象定义了设值方法与取值方法，有没有办法在定义构造函数时做类似的事情呢？可以的！通过 **Object.defineProperty()**。

**constructor account3.js**

```
function Account(name, number, balance) {
    Object.defineProperty(this, 'name', {     ← ❶ 定义对象的 name 特性
        get: () => name      ←      ❷ 定义取值方法
    });
    Object.defineProperty(this, 'number', {
        get: () => number
    });
    Object.defineProperty(this, 'balance', {
        get: () => balance
    });
    this.toString = () => `(${this.name}, ${this.number}, ${this.balance})`;
}

let acct1 = new Account('Justin Lin', '123-4567', 1000);
let acct2 = new Account('Monica Huang', '987-654321', 2000);
let acct3 = new Account('Irene Lin', '135-79864', 500);

console.log(acct1.toString()); // 显示 (Justin Lin, 123-4567, 1000)
console.log(acct2.toString()); // 显示 (Monica Huang, 987-654321, 2000)
console.log(acct3.toString()); // 显示 (Irene Lin, 135-79864, 500)
```

Object.defineProperty()的第一个参数接受对象，第二个参数接受想设定的特性名称，第三个参数是属性描述，它采用选项对象的方式来指定属性❶，在这里指定了 get 属性，表示要在对象上建立取值方法❷，如果要建立设值方法，可以指定 set 属性，但这里没有设定 set，因此就只能对 name、number、balance 取值。

如果对象必须设定多个特性，逐一使用 Object.defineProperty()显得有点麻烦，这时可以使用 Object.defineProperies()函数。例如：

**constructor account4.js**

```
function Account(name, number, balance) {
    Object.defineProperties(this, {
        name: {
            get: () => name
        },
        number: {
            get: () => number
        },
        balance: {
            get: () => balance
        }
    });

    this.withdraw = function(money) {
        if(money > balance) {
            console.log('余额不足');
        }
        balance -= money;
    };
```

```
    this.toString = () => `(${this.name}, ${this.number}, ${this.balance})`;
}

let acct1 = new Account('Justin Lin', '123-4567', 1000);

acct1.withdraw(500);
console.log(acct1.balance); // 显示 500
acct1.withdraw(1000);        //显示余额不足
```

在使用了 Closure 模拟私有性之后，就可以提供 withdraw() 之类的方法，在这种情况下，只有符合方法的流程条件下，才能修改私有的数据，例如范例中的余额，借此模拟了对私有值的保护。

## 5.1.3 特性描述器

JavaScript的对象在设定上非常自由，但这份自由度在多人合作的项目中若没有共识，维护上反而会是种伤害。例如，有些特性不想被变更，有些特性不想被列举等，为了支持这类需求，ES5开始支持对象特性的属性设定，之前使用Object.defineProperty()、Object.defineProperties()函数时指定的选项对象，就是用来描述每个特性的属性。

**从 ES5 开始，每个特性都由 `value`、`writable`、`enumerable` 与 `configurable` 这 4 个属性设定。**

- value：特性值。
- writable：特性值可否修改。
- enumerable：特性名称可否列举。
- configurable：可否用 delete 删除特性，或是使用 Object.defineProperty()、Object.defineProperties()修改特性的属性设定。

在查询或设定属性时,这4个属性会聚合在对象上称为特性描述器(Property descriptor)，可以使用 **`Object.getOwnPropertyDescriptor()`** 来取得特性描述器的信息，例如：

```
> let obj = {
...     x: 10
... }
undefined
> Object.getOwnPropertyDescriptor(obj, 'x')
{ value: 10, writable: true, enumerable: true, configurable: true }
>
```

在 JavaScript 中直接对对象新增特性，writable、enumerable、configurable 默认都是 true，也就是说，特性值默认可以修改、列举、删除，也可以使用 Object.defineProperty()、Object.defineProperties()修改特性的属性设定。

Object.getOwnPropertyDescriptor()只是用来取得特性描述器，传回的对象只是描述，对该对象修改并不会影响特性本身，想要修改特性本身的属性，必须通过 Object.defineProperty()或Object.defineProperties()。

```
> let obj = {};
undefined
>
> Object.defineProperty(obj, 'name', {
...     value       : 'caterpillar',
...     writable    : false,
...     enumerable  : false,
...     configurable : false
... });
{}
> Object.getOwnPropertyDescriptor(obj, 'name')
{
  value: 'caterpillar',
  writable: false,
  enumerable: false,
  configurable: false
}
>
```

　　在使用 `Object.defineProperty()`、`Object.defineProperties()` 定义特性时，若某个属性未曾设定过，那么，`writable`、`enumerable` 或 `configurable` 默认都会是 `false`，下面的范例效果等同于上例。

```
> let obj = {};
undefined
>
> Object.defineProperty(obj, 'name', {
...     value       : 'caterpillar'
... });
{}
> Object.getOwnPropertyDescriptor(obj, 'name')
{
  value: 'caterpillar',
  writable: false,
  enumerable: false,
  configurable: false
}
>
```

　　因此，之前范例 account3.js、account4.js 的 `name`、`number`、`balance`，都是不可列举、修改、删除的特性。

　　如果特性的 `writable` 属性为 `false`，严格模式下重新设定特性的值会引发 `TypeError`，如果 `configurable` 属性为 `false`，严格模式下删除特性，或者是使用 `Object.defineProperty()`、`Object.defineProperties()` 重新定义属性，都会引发 `TypeError`。

　　回想一下，在 2.3.2 节中介绍严格模式时，曾经说过数组的 `length` 特性可以修改，但是不能删除，而在 3.2.4 节中介绍 `for...in` 时，也说过数组的 `length` 无法列举，这表示 `length` 特性 `writable` 会是 `true`，`enumerable`、`configurable` 会是 `false`，这里就取得特性描述器来验证一下：

```
> Object.getOwnPropertyDescriptor([], 'length')
{ value: 0, writable: true, enumerable: false, configurable: false }
>
```

在 JavaScript 中直接对对象新增特性，`writable`、`enumerable`、`configurable` 默认都是 `true`，也就是说，当特性本身其实是个方法时，也会被 `for...in` 列举，然而，通常使用 `for...in` 列举特性时，并不希望把方法也列举出来。

例如 account3.js、account4.js 使用 `for...in` 列举 Account 实例，就会发现方法也被列举出来(然而 `name` 等特性却没有，因为 `enumerable` 默认为 `false`)，如果不希望有这种结果，可以如下设置。

**constructor account5.js**

```
function Account(name, number, balance) {
    Object.defineProperties(this, {
        name: {
            get: () => name,
            enumerable: true          ←——— ❶ 可列举
        },
        number: {
            get: () => number,
            enumerable: true
        },
        balance: {
            get: () => balance,
            enumerable: true
        },
        withdraw: {                   ←——————— ❷ 不列举方法
            value: function(money) {
                if(money > balance) {
                    console.log('余额不足');
                }
                balance -= money;
            }
        },
        toString: {
            value: () => `(${this.name}, ${this.number}, ${this.balance})`
        }
    });
}

let acct = new Account('Justin Lin', '123-4567', 1000);
for(let p in acct) {
    console.log(`${p}: ${acct[p]}`);
}
```

在上例中，将 `name`、`number`、`balance` 设为可列举❶，而 `withdraw()`、`toString()` 方法默认为不可列举❷，因此执行结果会是：

```
name: Justin Lin
number: 123-4567
balance: 1000
```

另外，如果使用 `Object.defineProperty()`、`Object.defineProperties()` 定义 `get`、`set`，表示要自行控制特性的存取，也就是说，不能再去定义 `value` 或 `writable` 特性。

既然讲到了 `writable`，就来用它做个不可变动的数组吧。

```
constructor immutable.js
```

```
function ImmutableList(...elems) {
    elems.forEach((elem, idx) => {        ◄─── ❶ 逐一设定索引与元素值
        Object.defineProperty(this, idx, {
            value: elem,
            enumerable: true
        });
    });

    Object.defineProperty(this, 'length', {    ◄─── ❷ length 不可列举
        value: elems.length
    });

    Object.preventExtensions(this);    ◄─── ❸ 对象不可扩充
}

let lt = new ImmutableList(1, 2, 3);
// 显示 0 到 2
for(let i in lt) {
    console.log(i);
}
```

`ImmutableList` 构造函数接受不定长度自变量，`elems` 实际上会是个数组，因此可以使用 `forEach()` 方法逐一设定索引与元素值❶，`forEach()` 的回调函数第二个参数可以接受目前元素的索引位置，这可以用来作为特性名称，遵照数组的惯例，索引被设成了可列举，而 `length` 设成了不可列举❷。

为了避免后续有人在 `ImmutableList` 上新增特性，范例中还使用 **`Object.preventExtensions()`** 来阻止对象被扩充❸，这个函数稍后再来讨论。

在这里要留意的是，范例中使用了箭号函数，在 4.1.2 节中介绍过，箭号函数中的 `this` 是根据当时的语汇环境来绑定，也就是说，范例中箭号函数中的 `this` 绑定的就是 `ImmutableList` 实例本身，如果使用 `function` 的话，必须写成这样：

```
function ImmutableList(...elems) {
    let lt = this;
    elems.forEach(function(elem, idx) {
        Object.defineProperty(lt, idx, {
            value: elem,
            enumerable: true
        });
    });

    ...略
}
```

在这个程序片段中，`function` 中若撰写 `this`，严格模式下会是 `undefined`，因为

forEach()方法在调用回调函数时，默认并不会指定 this 实际参考的对象。虽然少见，forEach()是可以使用第二个自变量，指定 this 实际参考的对象。例如：

```
function ImmutableList(...elems) {
    elems.forEach(function(elem, idx)  {
        Object.defineProperty(this, idx, {
            value: elem,
            enumerable: true
        });
    }, this);

    …略
}
```

当然，在这类情况下，若是支持 ES6，使用箭号函数会比较方便而简洁。

## 5.1.4　扩充、弥封、冻结

ES5 提供了 **Object.preventExtensions()** 与 **Object.isExtensible()**，可以限定或测试对象的扩充性。Object.preventExtensions()可指定对象，将对象标示为无法扩充并传回对象本身，可通过 Object.isExtensible() 测试对象是否可扩充，调用 Object.preventExtensions()之后，对对象进行任何直接扩充，在严格模式下会引发 TypeError。

被标示为无法扩充的对象，只是无法再增添特性，不过若 configurable 属性为 true，就可以用 delete 删除特性，如果 writable 为 true，就可以对特性加以修改；对象被标示为无法扩充，就没有方式可以重设为可扩充。

基于 Object.preventExtensions()、Object.defineProperty()等 API，ES5 还定义了 **Object.seal()** 函数，可以对对象加以弥封，被弥封的对象不能扩充或删除对象上的特性，也不能修改特性描述器，但可以修改现有的特性值，使用 Object.isSeal()来测试对象是否被弥封。

被弥封的对象，仍然可以修改现有的特性值。如果连特性值都不能修改，只是作为一个只读对象，可以使用 **Object.freeze()** 来冻结对象，并使用 Object.isFrozen()来测试对象是否被冻结。

## 5.2　原型对象

在前一节中，使用了构造函数来初始对象相关的特性，然而，有些特性并不需要个别实例各自拥有，例如 toString()方法的流程中，使用 this 参考实际的对象，没必要每次都产生函数对象，给个别对象的 toString 特性参考，这类在实例之间可以共享的特性，在构造函数的原型对象上定义。

## 5.2.1　构造函数与 **prototype**

每个函数实例都有 `prototype` 特性，基本上是 `Object` 的实例，本身没有任何特性，不过 `prototype` 对象的 `constructor` 特性会参考函数本身。

```
> function Foo() {}
undefined
> Foo.prototype
Foo {}
> Foo.prototype instanceof Foo
false
> Foo.prototype.constructor
[Function: Foo]
>
```

若函数作为构造函数使用，使用 `new` 建构的对象，会有个 `__proto__` 特性参考至构造函数的 `prototype` 特性。例如承接上例：

```
> let foo = new Foo()
undefined
> foo.__proto__ === Foo.prototype
true
>
```

只不过 `__proto__` 名称的底线，似乎暗示着这是非标准特性？在 ES6 之前，`__proto__` 确实是非标准特性，不过浏览器几乎都支持这个特性，因此在 ES6 之后，规范 ECMAScript 的实现必须支持 **`__proto__`**。尽管如此，不少文件还是建议避免使用 `__proto__`，改用 ES5 的 **`Object.getPrototypeOf()`** 函数来取得实例的原型对象。例如：

```
> Object.getPrototypeOf(foo) === Foo.prototype
true
>
```

在存取对象的特性时，**JavaScript** 会先在实例本身寻找，如果有就使用，没有的话，就会看看实例的原型对象上有没有该特性，因此，对于不需要个别实例拥有，而是可以各个实例间共享的特性，可以定义在构造函数的 **`prototype`**。例如，可以将对象的方法定义在 `prototype`。

`prototype account.js`

```
function Account(name, number, balance) {
    Object.defineProperties(this, {
        name: {
            get: () => name,
            enumerable: true
        },
        number: {
            get: () => number,
            enumerable: true
        },
        balance: {
            get: () => balance,
```

```
            set: value => balance = value,
            enumerable: true
        }
    });
}

Account.prototype.withdraw = function(money) {
    if(money > this.balance) {
        console.log('余额不足');
    }
    this.balance -= money;
};

Account.prototype.toString = function() {
    return `(${this.name}, ${this.number}, ${this.balance})`;
};

let acct = new Account('Justin Lin', '123-4567', 1000);
for(let p in acct) {
    console.log(`${p}: ${acct[p]}`);
}
```

在 ES5 前确实都以这种方式定义实例间共享的方法，不少介绍 JavaScript 的书籍或文件也会使用此方式，但这会在列举对象特性时，连同方法一并列举出来。执行结果如下：

```
name: Justin Lin
number: 123-4567
balance: 1000
withdraw: function(money) {
    if(money > balance) {
        console.log('余额不足');
    }
    balance -= money;
}
toString: function() {
    return `(${this.name}, ${this.number}, ${this.balance})`;
}
```

在支持 **ES10** 的环境里，函数实例的 **toString()** 方法会传回函数的原始码，在对象上新增的特性，默认会是可列举的，因此才会在执行结果中显示 withdraw 与 toString 参考的函数对象之原始码。

通常在列举对象特性时，希望只列举对象本身的特性，**如果要在原型上新增特性，建议将特性设为不可列举**。在 ES5 之后，因为有 Object.defineProperty()、Object.defineProperties()，可以做到以下这点。

 **prototype account2.js**

```
function Account(name, number, balance) {
    Object.defineProperties(this, {
        name: {
            get: () => name,
            enumerable: true
        },
        number: {
```

```
            get: () => number,
            enumerable: true
        },
        balance: {
            get: () => balance,
            set: value => balance = value,
            enumerable: true
        }
    });
}

Object.defineProperty(Account.prototype, 'withdraw', {
    value: function(money) {
        if(money > this.balance) {
            console.log('余额不足');
        }
        this.balance -= money;
    },
    writable: true,
    configurable: true
});

Object.defineProperty(Account.prototype, 'toString', {
    value: function() {
        return `(${this.name}, ${this.number}, ${this.balance})`;
    },
    writable: true,
    configurable: true
});

let acct = new Account('Justin Lin', '123-4567', 1000);
for(let p in acct) {
    console.log(`${p}: ${acct[p]}`);
}
```

　　在上面的范例中，使用了 ES5 的 `Object.defineProperty()`，在调用函数时没有设定 `emnuerable` 属性，这时会是默认值 `false`。而 `writable`、`configurable` 设为 `true`，除了符合内建标准 API 的惯例，也保留了后续继承时重新定义方法、修补 API 弹性等优点，在 5.2.4 节会讲到继承，而修补 API 会在第 9 章时进行介绍。

　　函数的 `prototype` 对象上，`constructor` 特性会参考函数本身，在通过构造函数的实例取得 `constructor` 特性时，就可以得知实例是由哪个构造函数产生，但 `constructor` 并不是每个实例本身拥有的特性，而是定义在原型上。想要知道实例本身是否拥有某个特性，可以通过 **hasOwnProperty()** 方法。例如：

```
> let obj = {x: 10}
undefined
> obj.hasOwnProperty('x');
true
> obj.constructor
[Function: Object]
> obj.hasOwnProperty('constructor');
false
>
```

如果要在原型上定义符号特性呢？同样地，可以直接撰写程序如下：

**prototype immutable.js**

```
function ImmutableList(...elems) {
    elems.forEach(function(elem, idx)  {
        Object.defineProperty(this, idx, {
            value: elem,
            enumerable: true
        });
    }, this);

    Object.defineProperty(this, 'length', {
        value: elems.length
    });

    Object.preventExtensions(this);
}

ImmutableList.prototype[Symbol.iterator] = function*() {
    for(let i = 0; i < this.length; i++) {
        yield this[i];
    }
};

let lt = new ImmutableList(1, 2, 3);
for(let elem of lt) {
    console.log(elem);
}
```

但上例中的 Symbol.iterator 特性是可列举的，建议修改如下：

**prototype immutable2.js**

```
function ImmutableList(...elems) {
    ...同前...略
}

Object.defineProperty(ImmutableList.prototype, Symbol.iterator, {
    value: function*() {
        for(let i = 0; i < this.length; i++) {
            yield this[i];
        }
    },
    writable: true,
    configurable: true
});

let lt = new ImmutableList(1, 2, 3);
for(let elem of lt) {
    console.log(elem);
}
```

提示 ≫ ECMAScript 规范了 Object 默认的 toString() 方法，必须传回 '[object name]' 格式的字符串，name 是构造函数名称，不少第三方程式库会以此作为判别实例类型。从 ES6 开始，可以在构造函数的 prototype 定义 Symbol.toStringTag 特性来决定 name 的值，有关 Symbol.toStringTag，在第 9 章再详细介绍。

## 5.2.2 `__proto__` 与 `Object.create()`

ES6 标准化`__proto__`，但这个特性是可以修改的，这是个很强大也很危险的功能。例如，通过修改`__proto__`，可以将类数组变得更像是数组，连 instanceof 都可以骗过。程序如下：

```
let arrayLike = {
    '0' : 10,
    '1' : 20,
    length : 2
};

arrayLike.__proto__ = Array.prototype;
arrayLike.forEach(elem => console.log(elem)); // 显示 10、20
console.log(arrayLike instanceof Array); // 显示 true
```

因为 arrayLike 的原型被设为 Array.prototype，在使用 arrayLike.forEach()时，对象本身没有，但原型上找到了 forEach，所以可以使用；instanceof 会查看左操作数的原型，如果等同于右操作数的 prototype，就会传回 true，因此，**instanceof 用来确认对象是否为某构造函数的实例，在某些程度上并不可靠。**

如果临时需要将一个类数组变得更像数组，以便"借用"数组的相关 API，这一招就很有用。不过记得，虽然原型与 Array.prototype 相同了，然而终究不是数组，因为 length 特性并不会自动随着索引增减而变更。**ES6 有个 Array.from()**，可以指定类数组对象，传回一个数组，如果不想修改`__proto__`将类数组改得更像数组时可以善用。

**注意》》** 绝大多数情况下，建议不要修改对象的原型，除非知道自己在做什么。在有限的流程范围内，临时调整类数组的原型为 Array.prototype，以便于调用 Array 的 API，这类情况勉强可以接受。

想要确认某个构造函数的 prototype 是否为某实例的原型，可以使用对象的 **isPrototypeOf()**方法。例如：

```
> Object.getPrototypeOf([]) === Array.prototype
true
> Array.prototype.isPrototypeOf([])
true
>
```

如果不想要修改`__proto__`来指定原型，ES6 提供了 **Object.setPrototypeOf()**函数。例如：

```
let arrayLike = {
    '0' : 10,
    '1' : 20,
    length : 2
};

Object.setPrototypeOf(arrayLike, Array.prototype);
```

```
arrayLike.forEach(elem => console.log(elem));          // 显示 10、20
console.log(arrayLike instanceof Array);               // 显示 true
```

ES6 之前，`__proto__` 并未标准化，要判断对象的原型得使用 `isPrototypeOf()` 方法。类似地，ES5 也提供了 **`Object.create()`** 函数，可以指定原型对象及特性描述器，**`Object.create()`** 函数会建立新对象，将对象的原型设为调用 **`Object.create()`** 时指定的原型对象。例如：

**prototype arraylike.js**

```
let arrayLike = Object.create(Array.prototype, {
    '0': {
        value: 10,
        enumerable: true,
        writable: true,
        configurable: true
    },
    '1': {
        value : 20,
        enumerable: true,
        writable: true,
        configurable: true
    },
    length: {
        value: 2,
        writable: true
    }
});

arrayLike.forEach(elem => console.log(elem)); // 显示 10、20
console.log(arrayLike instanceof Array);      // 显示 true
```

同样，虽然 `arrayLike` 更像是数组了，但其**终究不是数组**，因为 `length` 特性并不会自动随着索引增减而变更。

> **提示 ≫≫** 读者甚至可以通过 `Object.create(null)` 的方式，建立一个不具原型的对象，这样的对象也就不会继承 `Object` 任何方法，但可以当成纯粹的字典来使用，或者调整为想要的样子。

## 5.2.3　原型链

在存取对象的特性时，会先在实例本身寻找，如果有就使用，没有的话，就会看看实例的原型对象上有没有该特性，如果原型对象上也没有呢？那就看看原型对象的原型对象，也就是看看原型对象的构造函数是哪个，进一步查看该构造函数的 **prototype** 上有没有该特性，这种查询特性的方式，会一直持续到 **`Object.prototype`** 为止，这一连串的原型被称为原型链**(Prototype chain)**。

> **提示 ≫≫** `Object.prototype` 的原型是 null，`Object.prototype.__proto__` 或 `Object.getPrototypeOf(Object.prototype)` 会是 null。

以 5.2.1 节的 immutable2.js 范例来说，如果调用 `lt` 参考的 `ImmutableList` 实例的 `toString()` 方法，因为实例本身并没有该方法，便会接着查询 `lt` 的原型对象，也就是 `ImmutableList.prototype`，看看有没有该方法，结果还是没有，则 `ImmutableList.prototype` 是 `Object` 的实例，因此就进一步看看 `Object.prototype` 有没有定义 `toString()` 方法，这时找到了，那么最后调用的，就是 `Object.prototype` 上定义的 `toString()`。

从比较简化的说法来看，就像是在说 `ImmutableList` 没有定义方法的话，就到 `Object` 上看看有没有定义，这似乎是面向对象里继承的概念？是的，JavaScript 支持面向对象，而继承就是通过原型链的机制来实现，而 JavaScript 也就被称为基于原型(Prototype-based)的面向对象语言。

不少支持面向对象的语言，是所谓基于类(Class-based)的面向对象语言(例如 Java)，面对 JavaScript 基于原型的机制，通常会很不习惯，**ES6 以后提供了仿真类的语法，然而，这并不改变 JavaScript 基于原型的本质。**

不过，查找原型链确实比较麻烦的，好在可以通过 `__proto__` 来简化，同样使用 immutable2.js 为例，若 `lt` 参考 `ImmutableList` 实例，`lt.toString()` 调用方法时，`lt` 本身没有，就看看 `lt.__proto__` 上有没有，结果还是没有，就看看 `lt.__proto__.__proto__` 上有没有，在查找的过程中，若可以结合除错器，检视继承关系就会方便一些。

运算符 `instanceof` 可以用来查询，某对象是否为某个构造函数的实例，背后也是通过原型链查找。不过，因为实例的 `__proto__` 可以修改，也有 `Object.create()` 函数可以指定对象原型，**严格来说，`obj instanceof Constructor` 这种语法，默认是用来确认可否在 `obj` 的原型链上找到 `Constructor.prototype`**。如图 5.1 所示。

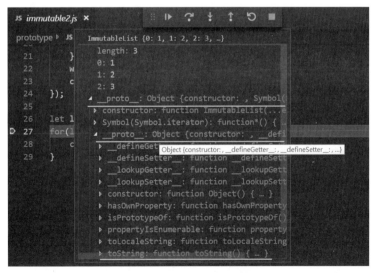

图 5.1　结合 `__proto__` 与除错器查找原型链

如 5.2.1 节介绍过，不少文件还是建议避免使用 `__proto__`，本书有时为了说明方便才使用 `__proto__`，在正式的程序代码中应该使用标准 API，如 `Object.getPrototypeOf()`、

```
Object.setPrototypeOf()等。
```

提示 ▶▶▶　ES6 提供了 Symbol.hasInstance，可用来控制 instanceof 的行为，这留待第 9 章时再来介绍。

## 5.2.4　基于原型的继承

既然了解了原型链的机制，那来自行实现基于原型的继承吧。面向对象中继承到底是为了什么？以 JavaScript 来说，构造函数与原型用来定义对象的基本蓝图，但有时会发现多个构造函数与原型的定义出现了重复。例如，假设你正在开发一款 RPG(Role-playing game) 游戏，一开始设定的角色有剑士与魔法师。则先定义剑士：

```javascript
function SwordsMan(name, level, blood) {
    this.name = name;   // 角色名称
    this.level = level; // 角色等级
    this.blood = blood; // 角色血量
}

Object.defineProperties(SwordsMan.prototype, {
    fight: {
        value: () => console.log('挥剑攻击'),
        writable: true,
        configurable: true
    },
    toString: {
        value: function() {
            return `(${this.name}, ${this.level}, ${this.blood})`;
        },
        writable: true,
        configurable: true
    }
});
```

剑士拥有名称、等级与血量等特性，可以挥剑攻击，为了方便显示剑士的特性，定义了 toString() 方法。接着为魔法师定义构造函数与原型。

```javascript
function Magician(name, level, blood) {
    this.name = name;   // 角色名称
    this.level = level; // 角色等级
    this.blood = blood; // 角色血量
}

Object.defineProperties(Magician.prototype, {
    fight: {
        value: () => console.log('魔法攻击'),
        writable: true,
        configurable: true
    },
    cure: {
        value: () => console.log('魔法治疗'),
        writable: true,
```

```
            configurable: true
        },
        toString: {
            value: function() {
                return `(${this.name}, ${this.level}, ${this.blood})`;
            },
            writable: true,
            configurable: true
        }
});
```

因为只要是游戏中的角色，都会具有角色名称、等级与血量，也定义了相同的
`toString()`方法，`Magician` 中粗体字部分与 `SwordsMan` 中相对应的程序代码重复了。

重复在程序设计上，就是不好的信号。举个例子来说，如果要将 `name`、`level`、`blood`
更改为其他名称，那就要修改 `SwordsMan` 与 `Magician` 两个构造函数以及相对应的原型，
如果有更多角色，而且都具有类似的程序代码，那要修改的程序代码就更多，会造成维护
上的不便。

如果要改进，可以把相同的程序代码提升(Pull up)，定义在构造函数 Role 及
`Role.prototype`。

**prototype inheritance.js**
```
function Role(name, level, blood) {   ← ❶定义 Role 构造函数
    this.name = name;   // 角色名称
    this.level = level; // 角色等级
    this.blood = blood; // 角色血量
}

Object.defineProperties(Role.prototype, {
    toString: {                    ← ❷定义 toString()方法
        value: function() {
            return `(${this.name}, ${this.level}, ${this.blood})`;
        },
        writable: true,
        configurable: true
    }
});

function SwordsMan(name, level, blood) {
    Role.call(this, name, level, blood);   ← ❸调用 Role 定义的初始流程
}

SwordsMan.prototype = Object.create(Role.prototype, {   ← ❹继承 Role
    constructor: {                    ← ❺设定 constructor 特性
        value: SwordsMan,
        writable: true,
        configurable: true
    }
});

Object.defineProperties(SwordsMan.prototype, {
    fight: {                          ← ❻定义 fight()方法
        value: () => console.log('挥剑攻击'),
```

```
            writable: true,
            configurable: true
        }
});

function Magician(name, level, blood) {
    Role.call(this, name, level, blood);
}

Magician.prototype = Object.create(Role.prototype, {
    constructor: {
        value: Magician,
        writable: true,
        configurable: true
    }
});

Object.defineProperties(Magician.prototype, {
    fight: {
        value: () => console.log('魔法攻击'),
        writable: true,
        configurable: true
    },
    cure: {
        value: () => console.log('魔法治疗'),
        writable: true,
        configurable: true
    }
});

let swordsMan = new SwordsMan('Justin', 1, 200);
let magician = new Magician('Monica', 1, 100);
                              ❼ 使用继承的 toString()
swordsMan.fight(); // 显示挥剑攻击            │
magician.fight();  // 显示魔法攻击            ↓
console.log(swordsMan.toString()); // 显示 (Justin, 1, 200)
console.log(magician.toString());  // 显示 (Monica, 1, 100)
```

有关角色名称、等级、血量的特性建立，被定义在Role构造函数❶，toString()则被定义在Role.prototype❷，这样一来，SwordsMan中就只要调用Role来设定this上的特性，在范例中使用了call()方法来指定this❸，接着通过Object.create()指定Role.prototype为原型，建立一个对象来取代原有的SwordsMan.prototype❹，这样，在SwordsMan实例及SwordsMan.prototype上找不到的方法，就会到Roles.prototype上找。

每个实例都会有个 constructor 特性，参考至构造函数，constructor 不需要每个实例本身拥有，因此定义在 SwordsMan.prototype❺，接下来，就只要定义SwordsMan.prototype 拥有的 fight()方法就可以了❻，不需要再定义 toString()，这会从 Role.prototype 继承下来；Magician 的相关定义，与 SwordsMan 类似；从执行结果中可以看出，在需要 toString()时，会使用 Role.prototype 定义的 toString()❼。

Object.create()是 ES5 开始提供的函数，在 ES5 之前实现继承指定原型时，会采用以下的方式。

```
...略
SwordsMan.prototype = new Role();

// 不需要 name、level、blood 等特性
delete SwordsMan.prototype.name;
delete SwordsMan.prototype.level;
delete SwordsMan.prototype.blood;
...略
```

必须 new Role() 的原因在于，建立的实例的原型对象就是 Role.prototype，但因为 new 实际上会执行 Role 中定义的流程，所以建立的实例会有 name、level、blood 等特性 (虽然就这里的例子而言，特性值会是 undefined)，为了避免在 for...in 等情况下列举这些特性，就使用 delete 将之删除。在不少书籍或文件中，还是会看到这类做法。在可以用 Object.create() 函数的情况下，使用 Object.create() 会是比较方便的做法。

> **注意 >>>** 避免使用原型链机制来实现标准 API 的继承，因为特殊行为不会被继承，例如若继承 Array，子类型实例的 length 特性，并不会随着元素数量自动维护。

## 5.2.5　重新定义方法

写一个 drawFight() 函数，在传入 SwordsMan、Magician 实例时，想要能够分别显示 SwordsMan(Justin, 1, 200) 挥剑攻击、Magician(Monica, 1, 100) 魔法攻击的话，要怎么做呢？

读者也许会想到，判断传入的对象到底是 SwordsMan 或 Magician 的实例，然后分别显示剑士或魔法师的字样。确实可以通过 instanceof 进行这类的判断。例如：

```
function drawFight(role) {
    if(role instanceof SwordsMan) {
        console.log(`SwordsMan${role.toString()}`);
    }
    else if(role instanceof Magician) {
        console.log(`Magician${role.toString()}`);
    }
}
```

instanceof 可用来进行类型检查，不过每当想要 instanceof 时，再想一下，有没有其他的设计方式。

如果未来有更多的角色，势必要增加更多类型检查的判断式，**在多数的情况下，检查类型而给予不同的流程行为，对于程序的维护性有着不良的影响，应该避免。**

> **提示 >>>** 在某些特定的情况下，还是免不了要判断对象的种类，并给予不同的流程，不过多数情况下，应优先选择思考对象的行为。

那么该怎么做呢？目前 toString() 的行为是定义在 Role.prototype 而继承下来，那么

可否分别重新定义SwordsMan.prototype与Magician.prototype的toString()行为，让它们各自能增加剑士或魔法师的字样呢？

可以这么做。不过，并不用单纯地在 SwordsMan.prototype 或 Magician. prototype 中定义以下的 toString()。

```
...略
Object.defineProperties(SwordsMan.prototype, {
    ...略,
    toString: {
        value: function() {
            return `SwordsMan(${this.name}, ${this.level}, ${this.blood})`;
        },
        writable: true,
        configurable: true
    }
});

...略
Object.defineProperties(Magician.prototype, {
    ...略,
    toString: {
        value: function() {
            return `Magician(${this.name}, ${this.level}, ${this.blood})`;
        },
        writable: true,
        configurable: true
    }
});
```

其中，粗体字部分就是 Role.prototype 的 toString()传回的字符串，只要各自在前面附加上剑士或魔法师就可以了。例如：

**prototype inheritance2.js**

```
...略

Object.defineProperties(SwordsMan.prototype, {
    ...略
    ,
    toString: {
        value: function() {
            let desc = Role.prototype.toString.call(this);
            return `SwordsMan${desc}`;
        },
        writable: true,
        configurable: true
    }
});

...略

Magician.prototype = Object.create(Role.prototype, {
```

```
    constructor: {
        value: Magician,
        writable: true,
        configurable: true
    }
});

Object.defineProperties(Magician.prototype, {
    ...略
    ,
    toString: {
        value: function() {
            let desc = Role.prototype.toString.call(this);
            return `Magician${desc}`;
        },
        writable: true,
        configurable: true
    }
});


function drawFight(role) {
    console.log(role.toString());
}

let swordsMan = new SwordsMan('Justin', 1, 200);
let magician = new Magician('Monica', 1, 100);

drawFight(swordsMan); // 显示 SwordsMan(Justin, 1, 200)
drawFight(magician);  // 显示 Magician(Monica, 1, 100)
```

借助粗体字的部分，调用了 `Role.prototype` 上的 `toString()`。在调用 `call()`时使用 `this` 指定了实例，传回的字符串再与各自角色描述结合，这样就可以重用 `Role.prototype` 上的 `toString()`定义。

# 5.3  类语法

在面向对象的支持上，JavaScript 的原型链是极具弹性的机制，运用得当的话，可以达到不少基于类的面向对象语言无法做到之事；但弹性的另一面不易掌握，若开发者已习惯基于类的面向对象语言，往往难以适应 JavaScript 基于原型链的机制。

因此在过去，不少开发者寻求各种方式，在 JavaScript 中模拟出类，虽说可以解决部分问题，但在中大型项目中，往往发生不同模拟方式共处的情况，因而造成维护上的困扰。从 ES6 开始，提供了标准的类语法，用来仿真基于类的面向对象，本节就介绍它。

**提示 >>>**  如果读者对于如何自行模拟类有兴趣，可以参考《模拟类的封装与继承》[①]。

---

① 《模拟类的封装与继承》：openhome.cc/Gossip/ECMAScript/Class.html.

### 5.3.1　定义类

　　虽然 ES6 开始提供类语法，不过严格来说，仍是在模拟基于类的面向对象，**本质上 JavaScript 仍是基于原型的面向对象，ES6 的类语法，主要是提供标准化的类仿真方式，通过语法蜜糖令程序代码变得简洁一些。**

　　例如，以 5.2.1 节的 account2.js 来说，若使用类语法来定义会简洁许多。例如：

**class account.js**

```
class Account {                                    ◀── ❶ 定义 Acount 类
    constructor(name, number, balance) {  ◀── ❷ 定义构造函数
        this.name = name;
        this.number = number;
        this.balance = balance;
    }

    withdraw(money) {                      ◀── ❸ 定义方法
        if(money > this.balance) {
            console.log('余额不足');
        }
        this.balance -= money;
    }

    deposit(money) {
        if(money < 0) {
            console.log('存款金额不得为负');
        }
        else {
            this.balance += money;
        }
    }

    toString() {
        return `(${this.name}, ${this.number}, ${this.balance})`;
    }
}
let acct = new Account('Justin Lin', '123-4567', 1000);
for(let p in acct) {
    console.log(`${p}: ${acct[p]}`);
}
```

　　ES6 使用 **class** 关键词来定义类❶，而 **constructor** 用来定义实例的初始流程❷，如果类中没有撰写 constructor，也会自动加入一个无参数的 constructor() {}；constructor 最后隐含地传回对象本身,也就是 this,如果在 constructor 明确地 return 某个对象，那么 new 的结果就会是该对象。

　　在定义方法时，方式与 4.1.3 节中介绍的对象实字定义语法相同❸；这里的范例相对于 5.2.1 节的 account2.js 来说，确实简洁许多。这里为了突显类语法，并没有使用 Object.defineProperties() 来定义属性，在撰写本文的这个时间点，ECMAScript 规范还未正式提供私有性设定的相关语法，若有这种需求的话，必须自行使用 Object.defineProperties() 来定义。

---

**提示 >>>**　在撰写本文的这个时间点，TC39 有两个处于阶段三的方案 Private instance methods and accessors[①] 与 Class Public Instance Fields & Private Instance Fields[②]，提供了私有特性与方法的相关语法。

---

既然使用了类语法，通常就是希望以基于类的面向对象来思考，不过，范例中的 `Account` 本身，确实仍是 `Function` 的实例，`withdraw()` 方法则是定义在 `Account.prototype` 的特性，默认为不可列举，`Account.prototype.constructor` 参考的就是 `Account`，这些与 ES5 自定构造函数、方法时的相关设定相同，使用类语法来做确实省了不少功夫。

既然本质上还是基于原型，这表示还是可以对 `Account.prototype` 直接添加特性，之后 `Account` 的实例也能找得到该特性；也可以直接将 `withdraw` 参考的函数指定给其他变量，或者是指定为另一对象的特性，通过该对象来调用函数，该函数的 `this` 一样是依调用者而决定；每个通过 `new Account(...)` 建构出来的实例，本身的原型也是参考至 `Account.prototype`。

不同的是，使用 **class** 定义的 **Account** 只能使用 **new** 来建立实例，直接以函数的调用方式，如 **Account(...)**、**Account.call(...)** 或 **Account. apply(...)** 都会发生 **TypeError**。

类也可以使用表达式的方式来建立，可以是匿名类，必要时也可以给予名称。如：

```
> let clz = class {
...     constructor(name) { this.name = name; }
... }
undefined
> new clz('xyz')
clz { name: 'xyz' }
> var clz2 = class Xyz {
...     constructor(name) { this.name = name; }
... }
undefined
> new clz2('xyz')
Xyz { name: 'xyz' }
>
```

## 5.3.2　定义方法

刚才的 account.js 并没有隐藏 `Account` 实例的 `name`、`number`、`balance` 等特性，就动态定型语言的生态圈来说，多半觉得隐藏没什么必要，有方法就通过方法，避免直接修改特性才是开发者应该有的认知，这样的做法也可以让程序代码维持简洁。

当然，团队开发时总是有人不遵守惯例，为了团队合作，必要时总是得采取适当措施，只不过这必须得多费些工夫。例如，定义设值、取值方法来控管。

---

① Private instance methods and accessors：bit.ly/2XwSXpd.

② Class Public Instance Fields & Private Instance Fields：bit.ly/2t1XzT3.

```
class Account {
    constructor(name, number, balance) {
        Object.defineProperties(this, {     ←——  ❶ 定义实例__xxx__特性
            __name__: {
                value: name,
                writable: true
            },
            __number__: {
                value: number,
                writable: true
            },
            __balance__: {
                value: balance,
                writable: true
            },
        });
    }

    get name() {                    ←——  ❷ 定义设值方法
        return this.__name__;
    }

    get number() {
        return this.__number__;
    }

    get balance() {
        return this.__balance__;
    }

    withdraw(money) {
        if(money > this.__balance__) {
            console.log('余额不足');
        }
        this.__balance__ -= money;
    }

    deposit(money) {
        if(money < 0) {
            console.log('存款金额不得为负');
        }
        else {
            this.__balance__ += money;
        }
    }

    toString() {
        return `(${this.__name__}, ${this.__number__}, ${this.__balance__})`;
    }
}

Object.defineProperties(Account.prototype, {     ←——  ❸ 设值方法为可列举
    name: {enumerable: true},
    number: {enumerable: true},
    balance: {enumerable: true}
});
```

```
let acct = new Account('Justin Lin', '123-4567', 1000);
for(let p in acct) {
    console.log(`${p}: ${acct[p]}`);
}
```

在特性的命名惯例上，底线开头的名称，通常暗示着它是个内部特性，可能是私有或非标准，因此不要直接存取，范例中只设定了 writable 为 true，其他属性都是 false，这表示 enumerable 也是 false，也就是这些私有特性不可列举❶；但为了取得特性值，类定义了取值方法❷(若是设值方法则使用 set)。

类上定义的设值、取值方法默认是不可列举(毕竟本质上是方法)，在这里为了配合范例的 for...in 循环，将设值方法设定为可列举了❸。虽然 ES6 可以使用类语法，但是本质上还是基于原型，方法定义在原型上，因此改变方法的可列举性时，范例中使用的是 Account.prototype。

ES6 类语法也可以使用[]来定义方法，[]中可以是字符串、表达式的结果或者是符号，定义方法时也可以结合产生器语法。例如：

#### class range.js

```
class Range {
    constructor(start, end) {
        this.start = start;
        this.end = end;
    }

    *[Symbol.iterator]() {
        for(let i = this.start; i < this.end; i++) {
            yield i;
        }
    }

    toString() {
        return `Range(${this.start}...${this.end - 1})`;
    }
}

let range = new Range(1, 4);
for(let i of range) {
    console.log(i);              // 显示 1 2 3
}
console.log(range.toString()); // 显示 Range(1...3)
```

在 **ES6** 的类中，若方法前加上 **static**，那么该方法会是个静态方法，也就是以类为名称空间的一个函数。

```
class Circle {
    static toRadians(angle) {
        return angle / 180 * Math.PI;
    }
}
```

就目前来说，ECMAScript 规范并没有定义如何在类上直接定义静态特性，但可以在 **static 后置 get、set**，若想仿真静态特性的话可以使用。例如，如下定义之后，可以使用 Circle.PI 来取得 3.14159。

```
class Circle {
    ...
    static get PI() {
        return 3.14159;
    }
}
```

在类的 static 方法中若出现 this，代表的是类本身。例如：

```
> class Foo {
...     static get self() {
...         return this;
...     }
... }
undefined
> Foo.self
[Function: Foo]
>
```

提示 >>> 在撰写本文的这个时间点，TC39 有个处于阶段三的方案 Static class fields and private static methods[①]，提供了静态特性与私有静态方法的相关语法。

### 5.3.3 实现继承

要说为何基于原型的 JavaScript 中，始终有开发者追求基于类的模拟，原因之一大概就是使用基于原型的方式实现继承时，许多开发者难以掌握，或者实现上有复杂、难以阅读之处，因而希望在类的模拟下继承这方面能够有更直观、简化、易于掌握的方式。

**ES6** 提供了模拟类的标准方式，而在继承这方面，可以使用 **extends** 来模拟基于类的继承。以 5.2.5 节的 inheritance2.js 为例，若改以类与 extends 来模拟的话会是如下：

class inheritance.js

```
class Role {
    constructor(name, level, blood) {
        this.name = name;   // 角色名称
        this.level = level; // 角色等级
        this.blood = blood; // 角色血量
    }

    toString() {
        return `(${this.name}, ${this.level}, ${this.blood})`;
    }
}
```

---

① Static class fields and private static methods：bit.ly/2LFW8np.

```
class SwordsMan extends Role {          ←  ❶继承 Role 类
    constructor(name, level, blood) {
        super(name, level, blood);      ←  ❷调用父类构造函数
    }

    fight() {
        console.log('挥剑攻击');
    }

    toString() {
        return `SwordsMan${super.toString()}`;  ←  ❸调用父类方法
    }
}

class Magician extends Role {
    constructor(name, level, blood) {
        super(name, level, blood);
    }

    fight() {
        console.log('魔法攻击');
    }

    cure() {
        console.log('魔法治疗');
    }

    toString() {
        return `Magician${super.toString()}`;
    }
}

let swordsMan = new SwordsMan('Justin', 1, 200);
let magician = new Magician('Monica', 1, 100);

swordsMan.fight();
magician.fight();
console.log(swordsMan.toString());
console.log(magician.toString());
```

想继承某个类时，只要在 extends 右边指定类名称就可以了❶，既有的 JavaScript 构造函数，如 Object 等，也可以在 extends 右方指定；若要调用父类构造函数，可以使用 super()❷，若要调用父类中定义的方法，则是在 super 来指定方法名称❸。

**提示 》》**　*如果要调用父类中以符号定义的方法，则使用[]，例如 super[Symbol.iterator] (arg1, arg2, ...)。*

类语法的继承，能够继承标准 **API**，而且内部实现特性以及特殊行为也会被继承，例如，可以继承 **Array**，子类型实例的 **length** 行为，能随着元素数量自动调整。

如果没有使用 **constructor** 定义构造函数，会自动建立默认构造函数，并自动调用 **super()**，如果定义了子类构造函数，除非子类构造函数最后 **return** 了一个与 **this** 无关

的对象，否则要明确地使用 **super()** 来调用父类构造函数，不然建立时会引发错误。例如：

```
> class A {}
undefined
> class B extends A {
...     constructor() {}
... }
undefined
> new B();
ReferenceError: Must call super constructor in derived class before accessing 'this'
or returning from derived constructor
    at new B (repl:2:16)
    ...略
```

在子类构造函数中试图使用 **this** 之前，也一定要先使用 **super()** 调用父类构造函数，也就是父类定义的建构初始化流程必须先完成，再执行子类构造函数后续的初始化流程。

若父类与子类中有同名的静态方法，也可以使用super来指定调用父类的静态方法。

```
> class A {
...     static show() {
...         console.log('A show');
...     }
... }
undefined
> class B extends A {
...     static show() {
...         super.show();
...         console.log('B show');
...     }
... }
undefined
> B.show();
A show
B show
undefined
>
```

## 5.3.4 **super** 与 **extends**

如果是来自基于类的语言开发者，知道前面讨论的继承语法，大概就足够了，当然，JavaScript 终究是个基于原型的语言，以上的继承语法，很大成分是语法蜜糖，也大致上可以对照至基于原型的写法，通过原型对象的设定与操作，也可以影响既定的类定义。

只不过，既然决定使用基于类来简化程序的撰写，非绝对必要的话，不建议又混合基于原型的操作，那只会使得程序变得复杂，若已经使用基于类的语法，又经常地操作原型对象，这时需要的不会是类，建议还是直接畅快地使用基于原型方式就好了。

**super** 其实是个语法蜜糖，在不同的环境或操作中，代表着不同的意义。在构造函数以函数方式调用，代表着调用父类构造函数，在 super() 调用父类构造函数之后，才能存取 this，这是因为构造函数里的 super() 是为了创造 this，以及它参考的对象，更具体地说，就是最顶层父类构造函数 return 的对象，对象产生之后，才由父类至子类，逐层执行构造函数中定义的初始流程。

如果子类构造函数没有 return 任何对象，就是传回 this，这就表示如果子类构造函数中没有 return 与 this 无关的对象时，一定要调用 super，不然就会因为不存在 this 而引发错误。

至于通过 super 取得某个特性的话，可以将 super 视为父类的 prototype。例如：

```
> class A {}
undefined
> A.prototype.foo = 10;
10
> class B extends A {
...     show() {
...         console.log(super.foo);
...     }
... }
undefined
> new B().show();
10
undefined
>
```

除了通过 super 调用父类方法之外，其实还可以通过 super 设定特性，不过试图通过 super 来设定特性时，会是在实例本身上设定，也就是这个时候的 super 就等同于 this。

```
> class A {}
undefined
> A.prototype.foo = 10;
10
> class B extends A {
...     show() {
...         console.log(super.foo);
...         super.foo = 100;        // 相当于 this.foo = 100;
...         console.log(super.foo); // 还是取 A.prototype.foo
...         console.log(this.foo);
...     }
... }
undefined
> new B().show();
10
10
100
undefined
>
```

就程序代码阅读上来说，super.foo = 100 可以解释成，在父类构造函数传回的对象上设定特性。

如果用在 static 方法中，那么 super 代表着父类。例如：

```
> class A {
...     static show() {
...         console.log('A show');
...     }
```

```
... }
undefined
> class B extends A {
...     static show() {
...         console.log(super.name);
...     }
... }
undefined
> B.show();
A
undefined
>
```

这就可以来探讨一个有趣的问题，如果只定义 class A {}时，A 继承哪个类呢？若开发者有基于类的语言经验，可能会想是否相当于 class A extends Object {}？若就底层技术来说，class A {}时没有继承任何类。

```
> class A {
...     static show() {
...         console.log(super.name); // 结果是空字符串
...     }
... }
undefined
> class B extends Object {
...     static show() {
...         console.log(super.name); // 结果是 'Object'
...     }
... }
undefined
> A.show();

undefined
> B.show();
Object
undefined
>
```

这是因为 ES6 以后提供的类语法，终究就只是仿真类，本质上，**每个类就是个函数**，就像 ES6 之前利用 function 来定义构造函数那样。

```
> A.__proto__ === Function.prototype;
true
>
```

使用 extends 指定继承某类时，**子类本质上也是个函数**，而它的 __proto__ 会是 extends 的对象。

```
> B.__proto__ === Object;
true
> class C extends B {}
undefined
> C.__proto__ === B;
true
>
```

　　这样，若父类定义了 `static` 方法，通过子类也可以调用，而且以范例中的原型链来看，最后一定有个类的 `__proto__` 指向 `Function.prototype`，也就是说，每个类都是 **Function** 的实例，在 ES6 前，**每个构造函数都是 Function 实例**，在 ES6 以后，并没有为类创建一个类型。

　　或者应该说"类"这名词只是个幌子，底层都是 Function 实例；**extends** 实际上也不是继承类，当 `class C extends P {}` 时，其实是将 `C.prototype.__proto__` 设为 `P.prototype`。

　　从原型来看，`class A {}` 时，`A.prototype.__proto__` 是 `Object.prototype`，而 `class B extends Object {}` 时，`B.prototype.__proto__` 也是 `Object.prototype`，**extends** 实际上还是在处理原型。

```
> class A {}
undefined
> A.prototype.__proto__ === Object.prototype
true
> class B extends Object {}
undefined
> B.prototype.__proto__ === Object.prototype
true
>
```

**提示》》》** 读者甚至可以通过 `class Base extends null` 的方式，令 `Base.prototype.__proto__` 为 null，只是作用不大，可用来建立一个不继承任何方法的对象。例如：

```
class Base extends null {
    constructor() {
        return Object.create(null);
    }
}
```

　　就结论来说，ES6 提供类语法的目的，是为了打算基于类的实例来设计时，可以在程序代码的撰写与阅读上清楚易懂；然而，类语法终究只是仿真，JavaScript 本质上还是基于原型，在类语法不如人意，觉得其行为诡异，或无法满足需求时，回归基于原型的思考方式，往往就能理解其行为何以如此，也能进一步采取适当的措施，令程序代码在可以满足需求的同时兼顾日后的可维护性。

# 5.4　重点复习

# 5.5　课后练习

1. ES5 提供 `Object.seal()` 函数，可以对对象加以弥封，请自行实现出相同功能的 `seal()` 函数。

2. ES5 提供 `Object.freeze()` 函数，可以对对象加以冻结，请自行实现出相同功能的 `freeze()` 函数。

3. 在 5.1.3 节的 immutable.js 范例中，使用构造函数定义了 `ImmutableList`，请使用类实现相同功能，并令其实例可以搭配 `for...of` 来迭代元素。

异步设计 | 第**6**章

学习目标

- 区别同步与异步
- 运用 Promise API
- 善用 async、await
- 认识 for-await-of
- 使用异步产生器函数

## 6.1　初识异步

到目前为止介绍过的范例都是单一流程,也就是执行.js 从开始至结束只有一个主流程;JavaScript 最初为浏览器而生,而使用者在操作浏览器时会有各种操作,若想在某操作事件发生时执行对应的程序流程,该怎么做呢?这涉及异步设计的领域,而异步是 JavaScript 的天性,就算离开浏览器的世界,在 Node.js 等后端中使用 JavaScript,也经常要处理异步问题,因而也是 JavaScript 开发者必须掌握的重点之一。

### 6.1.1　使用 `setTimeout()`

从头至尾只使用一个主流程设计会有什么问题呢?来看个例子。如果要设计一个龟兔赛跑游戏,赛程长度为 10 步,每经过 1 秒,乌龟会前进 1 步,兔子可能前进 2 步或睡觉。如果用目前学过的流程语法来说,可能会设计如下。

```
async-callback tortoise-hare.js
const INTERVAL = 1000;
const TOTAL_STEP = 10;
```

```
let tortoiseStep = 0;
let hareStep = 0;

console.log('龟兔赛跑开始...');
do {
    let time = Date.now();
    while(Date.now() - time < INTERVAL) {}    ◀── ❶ 计时 1 秒

    tortoiseStep += 1;    ◀── ❷ 乌龟走 1 步
    let running = Math.ceil(Math.random() * 10) % 2;    ◀── ❸ 随机决定是否前进
    if(running) {
        hareStep += 2;    ◀── ❹ 兔子走 2 步
    }
    else {
        console.log('兔子睡着了 zzzz');
    }

    if(tortoiseStep < TOTAL_STEP) {
        console.log(`乌龟跑了 ${tortoiseStep} 步...`);
    }
    else {
        console.log('乌龟抵达终点! ');
    }

    if(hareStep < TOTAL_STEP) {
        console.log(`兔子跑了 ${hareStep} 步...`);
    }
    else {
        console.log('兔子抵达终点! ');
    }
} while(tortoiseStep < TOTAL_STEP && hareStep < TOTAL_STEP);
```

目前程序只有一个流程，就是从 .js 文件开始至结束的流程，Date.now() 可以取得系统时间 1970 年 1 月 1 至今经过的毫秒数，结合循环重复判断，以实现每秒 1 次的需求❶。tortoiseStep 递增 1 表示乌龟走 1 步❷；Math.random() 会随机产生 0～1 的小数，乘以 10 使用 Math.ceil() 舍去小数后，取 2 的余除就有 0 或 1 的结果，非 0 值在成立与否的情境，如 if 判断时会被作为成立，也就是兔子会是随机前进❸，如果前进会将 hareStep 递增 2，表示兔子走 2 步❹，乌龟或兔子其中一个走完 10 步就离开循环，表示比赛结束。

由于程序只有一个主流程，就不得不将计时任务，以及乌龟与兔子的行为混杂在同一流程中撰写，如果可以分别定义计时任务以及乌龟、兔子的流程，程序逻辑会比较清楚。

**setTimeout()** 函数虽然不是 ECMAScript 本身的标准，但在浏览器环境或 Node.js 都支持，可以用来实现计时任务，而乌龟、兔子的行为，可以定义在不同的函数，并在逾时 (Timeout) 事件发生时调用。例如：

**async-callback tortoise-hare2.js**

```
const INTERVAL = 1000;
const TOTAL_STEP = 10;

function tortoise(step = 1) {    ◀── ❶ 乌龟的流程
    if(step < TOTAL_STEP) {
```

```
        console.log(`乌龟跑了 ${step} 步...`);
        setTimeout(tortoise, INTERVAL, step + 1);   ◄──── ❷ 1秒后执行
    } else {
        console.log('乌龟抵达终点！');
    }
}

function hare(step = 2) {   ◄──── ❸ 兔子的流程
    if(step < TOTAL_STEP) {
        let running = Math.ceil(Math.random() * 10) % 2;
        if(running) {
            console.log(`兔子跑了 ${step} 步...`);
            setTimeout(hare, INTERVAL, step + 2);   ◄──── ❹ 1秒后执行
        }
        else {
            console.log('兔子睡着了 zzzz');
            setTimeout(hare, INTERVAL, step);
        }
    }
    else {
        console.log('兔子抵达终点！');
    }
}

console.log('龟兔赛跑开始...');
setTimeout(tortoise, INTERVAL);   ◄──── ❺ 一秒后执行 tortoise 函数
setTimeout(hare, INTERVAL);       ◄──── ❻ 一秒后执行 hare 函数
```

在这个范例中，使用 tortoise 与 hare 函数分别定义了乌龟与兔子的流程❶❸，计时任务是由 setTimeout() 函数负责，它的第一个参数接受要执行的函数，第二个参数是毫秒指定的时间(若不指定，预设为 0 毫秒)，之后的参数可以是调用指定的函数提供之自变量；首次执行 tortoise 与 hare 函数的时间是 1 秒之后❺❻，如果还没抵达终点，就再次调用 setTimeout() 函数❷❹。执行时的结果如下：

```
兔赛跑开始...
乌龟跑了 1 步...
兔子睡着了 zzzz
乌龟跑了 2 步...
兔子睡着了 zzzz
乌龟跑了 3 步...
兔子跑了 2 步...
乌龟跑了 4 步...
兔子跑了 4 步...
乌龟跑了 5 步...
兔子睡着了 zzzz
乌龟跑了 6 步...
兔子睡着了 zzzz
乌龟跑了 7 步...
兔子睡着了 zzzz
乌龟跑了 8 步...
兔子跑了 6 步...
乌龟跑了 9 步...
```

```
兔子跑了 8 步...
乌龟抵达终点!
兔子抵达终点!
```

## 6.1.2  同步

计算机科学领域有许多名词,不过多半没有严谨的定义。既然这里要介绍异步,还是得定义一下同步与同步(Synchronous)。

在本章之前的程序代码或范例,都有个明显的特征,**无论是表达式、语句或是函数,都是在定义的任务完成之后,才会往下一个表达式、语句或函数执行,这样的流程称为同步**。例如,若已知 foo() 函数的任务为显示 foo 字样,若下面的程序代码执行结果,是依次显示 begin、foo、end,那么这个代码段就是同步的流程。

```
console.log('begin');
foo();
console.log('end');
```

在本章之前定义过的函数,都是这类函数,姑且称为同步函数,当然,要实现这样的 foo() 函数并不难。例如:

```
function foo() {
    console.log('foo');
}
```

如果是另一种 foo() 函数实现,会令刚才的程序片段显示 begin、end、foo 么?也就是在 foo() 的任务未完成前,就执行了后续的程序流程,那么这样的流程就是非同步的,而这类函数被称为异步函数。

在前面的 tortoise-hare2.js 中使用了 setTimeout(),可以指定的时间后才执行指定的函数;若拿 setTimeout() 来设计下面的 foo() 函数,就可以达到异步的需求。

```
async-callback async-foo.js
```
```
// 异步函数
function foo() {
    setTimeout(console.log, 1000, 'foo');
}

// 异步流程, 执行后显示 begin、end、foo
console.log('begin');
foo();
console.log('end');
```

实际上,计时本身就是个独立于主流程的任务,逾时是个事件,在事件发生时必须执行某个指定操作,像这类独立于程序主流程的任务、事件生成,以及处理事件的方式,称**为异步(Asynchronous)**。

在浏览器的环境时,独立于主流程的任务可能是下载文件,下载完成是个事件,有事件发生时必须执行某个指定操作;在 Node.js 的环境中,独立于主流程的任务可能是写入文件，写入完成是个事件，有事件发生时必须执行某个指定操作；为了满足诸如此类的需求，异步根本上就是与 JavaScript 息息相关的问题。

如果你曾经学习过其他具有多线程(Multi-thread)特性的语言(例如 Java)，可能会想到，为什么不通过多线程呢？确实，在支持多线程的语言中，线程是用来实现异步的方式之一；但 **JavaScript 本身不支持多线程，而且 JavaScript 引擎是以单线程方式执行程序代码。**

对于熟悉多线程的开发者来说，单线程可以实现异步，乍一听难以想象，实际上，**JavaScript 执行环境会在事件循环(Event loop)，不断地检查事件队列(Event queue)，当事件发生时，并不是马上执行指定的函数，而是将事件排入队列，在循环下一轮的检查时，才将队列中事件对应的任务依次执行完成。**

以 async-foo.js 为例，`foo()` 执行时，`setTimeout()` 会令浏览器或 Node.js 进行计时，然后 `setTimeout()` 就执行完毕了，这也意谓着 `foo()` 函数执行完毕，因此才会往下一行 `console.log('end')` 执行，当逾时事件发生时，`setTimeout()` 指定的函数会排入事件队列，在循环下一轮检查队列时执行。

简而言之，JavaScript 是以单线程，不断地在事件循环中检查事件队列，若队列中有任务的话就依次执行完成；这意谓着，JavaScript 没有多线程切换的机制，也就是说，**如果某个事件对应的任务执行过久，队列中后续事件对应的任务就会被卡住**，若是在使用者操作浏览器的时候发生了这类情况，就会感觉操作画面被冻结，或者是发生无回应的状态；这也表示，在支持多线程的语言中 sleep 之类的函数或方法，在 JavaScript 中无法实现。

提示 >>> *在 HTML5 规范包含 Web Worker API，可以提供多线程，但这个支持是由"浏览器"提供，而不是 JavaScript 引擎。*

## 6.1.3 异步与回调

对于同步函数，任务执行完之后会传回结果；但在异步函数调用时，被指定的任务未完成前，函数就会立即返回，这么一来，该怎么取得任务执行结果呢？

对于异步函数想要取得执行结果，方式之一是使用回调函数。例如，`asyncFoo()` 函数会在两秒之后，使用指定的自变量乘上随机产生的数字，那要取得该结果的话，可以如下设计：

```
async-callback async-foo2.js
function asyncFoo(n, callback) {
    setTimeout(
        () => callback(n * Math.random()),
        2000
    );
}

asyncFoo(10, console.log);
```

这个范例在执行完 `setTimeout()` 后，`asyncFoo()` 函数立即返回，而在两秒之后完成任务，以结果调用了指定的 `callback` 函数，这种回调模式直觉而简单，一些基础链接库，如 Node.js 中想要读取文件，可以使用 `fs` 模块的 `readFile()` 函数，若想取得文件读取结果并进一步处理，就必须指定回调函数。例如：

```
let fs = require('fs');
fs.readFile('files.txt', function(_, files) {
    console.log(files.toString());
});
```

> **提示 ▶▶▶** 这里的模块，是指 Node.js 本身的模块，并非 ECMAScript 规范的模块，Node.js 也支持 ECMAScript 模块，ECMAScript 模块将在第 10 章进行介绍。

在事情简单时，回调模式没什么问题，但如果希望任务完成后，接续地执行下一个异步任务时，就会发生回调函数形成巢状结构的问题。例如：

```
let fs = require('fs');
fs.readFile('files.txt', function(_, files) {
    files.toString().split('\r\n').forEach(function(file) {
        fs.readFile(file, function(_, content) {
            console.log(content.toString());
        });
    });
});
```

在 JavaScript 的应用中，异步地执行任务是常见需求，回调函数形成巢状结构的问题可能会变得严重，因而引发**回调地狱(Callback hell)**的问题，令撰写程序或后续阅读程序代码发生困难。

> **提示 ▶▶▶** 在刚才的范例中出现了 `require()`，这是 Node.js 加载模块时的函数，本书不讲 Node.js，但在第 10 章提到模块管理，其中略为解释了一下 Node.js 的 `require()`；为了将焦点集中在理解异步本身，后续范例会使用 **`setTimeout()`** 来代表独立于主流程的某个异步任务。

例如以使用 async-foo2.js 的 `assyncFoo()` 为例，想在取得任务结果之后，再次用来调用 `assyncFoo()`，在连续 3 次调用之后，就会写成这样如下结构：

```
asyncFoo(10, r1 => {
    asyncFoo(r1, r2 => {
        asyncFoo(r2, r3 => {
            console.log(r3);
        });
    });
});
```

可以看到，就算使用了 ES6 箭号函数，在这种需求之下，会因为巢状的回调函数，造成可读性迅速下降。

回调模式不是不好，若异步操作取得结果后，不会有进一步执行异步任务的需求来说，回调模式直觉而简单；但如果发现需求已经超出了原本预想的范围，程序代码开始有形成回调地狱的倾向时，就应该适时重构，以免影响程序的可读性，重构时可以采取的方向之一是 Promise 模式，ES6 以后，提供了 Promise API 来支持此模式，这也是下一节要介绍的内容。

> 提示 >>> 异步操作有多种模式，回调或 Promise 只是其中两种。读者有兴趣认识更多模式的话，可以参考《异步操作的多种模式》[①]。

## 6.2　Promise

在计算机科学领域中，名词通常没有严谨的定义，Promise 模式在不同语言中会有不同的称呼，也有人称之为 Future、Delay 或 Deferred 模式，由于 ES6 提供了 Promise API，在 JavaScript 领域也就习惯用 Promise 模式来称呼。接下来这一节，就是要直接从 Promise API 认识 Promise 模式。

### 6.2.1　Promise 实例

在 ES6 以后，**Promise 实例可以是异步函数的传回值**，如其名称暗示的，**Promise 实例代表着"承诺"在未来提供任务执行结果**。以 6.1.3 节的 async-foo2.js 为例，可以使用 Promise 来实现 asyncFoo() 函数，令其传回 Promise 实例。

promise async-foo.js

```
function asyncFoo(n) {
    return new Promise(resolve => {
        setTimeout(
            () => resolve(n * Math.random()),   ←——— ❶任务达成
            2000
        );
    });
}


asyncFoo(10)
    .then(r1 => asyncFoo(r1))   ←——— ❷循序风格的调用方式
    .then(r2 => asyncFoo(r2))
    .then(r3 => console.log(r3));
```

Promise 实例建立后，处于**未定(Pending)状态**，在建立 Promise 实例时可以指定回调函数，该函数可以具有参数，第一个参数惯例上常命名为 **resolve**，这两个参数会各自接受函数，这里仅定义了 resolve 参数，若调用 resolve() 函数，表示 Promise 指定的任务**达成(Fulfilled)状态**，调用 resolve() 时指定的自变量，就是任务达成的结果❶。

Promise 实例具有 then() 方法，then() 接受的回调函数可以具有参数，若 Promise 指定的任务达成，那么调用 resolve() 时指定的自变量，就会是 then() 回调函数的参数值，

---

① 《异步操作的多种模式》：openhome.cc/Gossip/Programmer/AsyncPatterns.html.

回调函数可以传回任何值，通常会是 Promise 实例或是 thenable 对象(具有 then()方法的对象)，若是后两者，代表下个待达成的任务，then()方法会传回 Promise，因此可以形成方法链进行连续调用❷，各个 then()调用的回调函数中，可以取得任务达成结果。

就程序代码阅读来说，**Promise** 的撰写风格就像是顺序的，也避免了回调地狱(回调多了就比较烦琐，不容易维护，比较混乱)的问题，不过顺序的保证，仅限于 **then()** 指定的任务，上面的范例若在最后一行加上 console.log('end')，则：

```
…略
asyncFoo(10)
    .then(r1 => asyncFoo(r1))
    .then(r2 => asyncFoo(r2))
    .then(r3 => console.log(r3));
console.log('end');
```

那么会先显示 end 字样，后续才会显示异步任务的结果，如果想要显示异步任务的结果，最后才显示 end 字样，方式之一是再写个 then()：

```
…略
asyncFoo(10)
    .then(r1 => asyncFoo(r1))
    .then(r2 => asyncFoo(r2))
    .then(r3 => console.log(r3))
    .then(_ => console.log('end'));
```

另一个方式是使用 ES8 的 async、await 机制，这在 6.3 节介绍。Promise 的 then()方法，也可以直接接受 Promise 实例，若不在乎前一个 Promise 的结果，只需要在前一个 Promise 完成后执行时使用。例如：

```
asyncFoo(10)
    .then(asyncFoo(20));
```

在建立 Promise 实例时指定的回调函数，可以定义第二个参数，习惯上常命名为 **reject**，如果指定的任务无法达成，可以使用传入的 reject 函数来否决任务，此时 Promise 就会处于否决**(Rejected)**状态。例如：

```
promise resolve-reject.js
function randomDivided(divisor) {
    return new Promise((resolve, reject) => {
        let n = Math.floor(Math.random() * 10);
        if(n !== 0) {
            resolve(divisor / n);
        } else {
            reject('Shit happens: divided by zero');
        }
    });
}

randomDivided(10)
    .then(
        n   => console.log(n),
```

```
    err => console.log(err)
);
```

在上例中，若 n 不为 0，任务就会达成；若为 0，就会否决任务。若有定义 then() 的第二个回调函数，该函数就会被调用，reject() 接受的自变量，可以成为 then() 第二个回调函数的自变量。在这里，reject() 时指定了字符串值。

本质上，Promise 被否决时，表示任务因为某个错误而无法执行下去，如果想要突显错误处理的流程，建议使用 catch() 方法。例如：

```
randomDivided(10)
    .then(n   => console.log(n))
    .catch(err   => console.log(err));
```

会使用 catch 这个字眼，其实与 JavaScript 错误处理语法 try-catch-finally 有关，错误处理在 JavaScript 中是另一个重要课题，将在第 7 章时再来介绍。

## 6.2.2  衔接 Promise

Promise构造函数本身拥有几个特性，也就是以Promise为名称空间的函数(不是定义在Promise.prototype上的特性)，主要目的是作为API的衔接。例如，刚才的resolve-reject.js中，除了直接以new建构来衔接Promise API，也可以这么撰写：

```
promise resolve-reject2.js

function randomDivided(divisor) {
    let n = Math.floor(Math.random() * 10);
    if(n !== 0) {
        return Promise.resolve(divisor / n);
    } else {
        return Promise.reject('Shit happens: divided by zero');
    }
}

randomDivided(10)
    .then(
        n   => console.log(n),
        err => console.log(err)
    );
```

**Promise.resolve()** 可以接受任何值，包括 Promise 实例或是 thenable 对象，这些对象任务达成的值，会成为 Promise.resolve() 传回 Promise 实例的达成值；**Promise.reject()** 也可以接受任何值。

如果手边有多个 Promise 实例，而且不在意达成的顺序，只要达成的结果，是依照指定的 Promise 顺序排列，可以使用 **Promise.all()**，它接受 Promise 组成的可迭代对象，并传回 Promise 实例，例如：

```
Promise.all([randomDivided(10), randomDivided(20), randomDivided(30)])
    .then(
        results => console.log(results[0], results[1], results[2]),
```

```
            err => console.log(err)
    );
```

Promise.all()就像是将一组Promise组合为一个Promise。就上例来说，如果3个Promise的任务都达成了，那么results就会是3个任务的结果数组，元素是依照Promise.all()最初指定的Promise顺序；然而，如果有任何一个Promise被否决了，无论是否还有其他Promise的任务在执行，都会直接调用then()指定的第二个回调函数，未达成的Promise还是会继续执行，也无法取得其他有达成任务的Promise之结果。

**Promise.race()**函数则接受 Promise 组成的可迭代对象，这组 Promise 任一个先达成或否决的话，就会当成 Promise.race()传回的 Promise 达成或否决的结果，不过其他Promise 还是会继续执行。下面是使用 Promise.race()的例子。

```
Promise.race([randomDivided(10), randomDivided(20), randomDivided(30)])
    .then(
        result => console.log(result),
        err => console.log(err)
    );
```

那么，如果想指定一组 Promise，并且在全部的 Promise 达成或否决之后，再来判断各个 Promise 的状态，该怎么做呢？这个必须自行设计来达成。例如，可以设计一个allSettled()函数：

**promise resolve-reject3.js**

```
function randomDivided(divisor) {
    let n = Math.floor(Math.random() * 10);
    if(n !== 0) {
        return Promise.resolve(divisor / n);
    } else {
        return Promise.reject('Shit happens: divided by zero');
    }
}

function allSettled(promises) {
    function statusObject(promise) {    ◄—— ❶ 转换为状态对象
        return promise.then(
            v => ({status: 'fulfilled', value: v }),
            err => ({ status: 'rejected', reason: err})
        );
    }
    return Promise.all(promises.map(statusObject));  ◄—— ❷ 收集状态对象
}
                                            ❸ 判断状态对象
allSettled([randomDivided(10), randomDivided(20), randomDivided(30)]) ↓
    .then(statusObjs => statusObjs.filter(obj => obj.status === 'fulfilled'))
    .then(results => results.map(result => result.value))
    .then(console.log);
```

allSettled()函数的作用，是通过区域函数 statusObject()个别地调用 Promise 的then()方法，各个 Promise 若达成，传回 status 特性为'fufilled'的对象；若否决，传

回 status 特性为'rejected'的对象❶。这些 Promise 被 Promise.all()收集起来，
Promise.all()传回的 Promise，就可以取得具有 status 特性的对象数组❷，接下来就看
是对达成的 Promise 还是对被否决的 Promise 感兴趣，这可以针对对象的 status 特性来
进行判断❸。

如果环境支持 ES11，有个 Promise.allSettled()[①]函数可以使用，就不需要如范例
这样自行定义了。

## 6.2.3　Promise 与产生器

在 3.3.6 谈过产生器，当 Promise 与产生器结合时，可以产生有趣的操作风格，因为
在产生器函数中，yield 右边的结果，会是产生器 next()传回对象的 value 特性值，如果
有产生器如下：

```
let generator = function*() {
    let r1 = yield asyncFoo(10);
    let r2 = yield asyncFoo(r1);
    let r3 = yield asyncFoo(r2);
    console.log(r3);
}();
```

在这里使用了 6.2.1 节中 async-foo.js 的 asyncFoo()函数，也就是被 yield 的对象是
Promise 实例，因此，首次 generator.next()的话，得到的 Promise 会是 asyncFoo(10)
的传回值，如果进一步这么撰写呢？

```
let promise = generator.next();
promise.then(r => generator.next(r));
```

在 3.3.6 节介绍过，可以在调用产生器的 next()方法时指定自变量，令其成为 yield
的结果，因此上面的片段执行过后，r 值就会是产生器函数中 r1 值，接着若再执行下面流
程：

```
promise = generator.next();
promise.then(r => generator.next(r));
```

流程就又会回到产生器函数中，r2 就会被指定任务达成的值。下面来写个 async()函
数来执行这个重复不断的过程，直到产生器函数执行完定义的流程。

**promise generator-promise.js**

```
function asyncFoo(n) {
    return new Promise(resolve => {
        setTimeout(
            () => resolve(n * Math.random()),
            2000
        );
    });
```

---

① Promise.allSettled：github.com/tc39/proposal-promise-allSettled.

```
}

function async(g) {
    let generator = g();

    function consume(result) {
        if(result.done) {
            return;
        }
        let promise = result.value;
        promise.then(r => consume(generator.next(r)));
    }

    consume(generator.next());
}

async(function*() {
    let r1 = yield asyncFoo(10);
    let r2 = yield asyncFoo(r1);
    let r3 = yield asyncFoo(r2);
    console.log(r3);
});
```

单看产生器函数中的 3 个 `yield` 片段，4 行程序代码确实是依次执行，跟一开始的这个风格比比看：

```
asyncFoo(10)
    .then(r1 => asyncFoo(r1))
    .then(r2 => asyncFoo(r2))
    .then(r3 => console.log(r3));
console.log('end');
```

上面这段程序代码，本质上还是异步地，也就是说有可能先显示了 end 字样，任务才达成显示 r3 的结果。但 generator-promise.js 的撰写风格除了极像是语法层面的支持之外，确实也只在任务达成后，才进行下一个任务。

实际上，若环境支持 ES8，新增的 `async`、`await` 就提供了语法层面的支持，而且执行上更有效率，这会是接下来 6.3 节要介绍的主题。

## 6.3 async、await

`Promise` 解决了异步任务回调地狱的问题，但是属于 API 层面的方案，基本上还是需要搭配回调函数，而且本质上还是异步的，并不方便；ES8 新增了 `async`、`await`，从语法层面上支持异步任务的程序代码撰写，更易于与同步任务的程序代码结合运用。

### 6.3.1 async 函数

就语义上，`async` 用来标示函数执行时是异步，也就是函数中定义了独立于程序主流程的任务，若调用 `async` 函数，会传回一个 **Promise** 对象：

```
> async function foo() {
```

```
...        return 'foo';
... }
undefined
> foo()
Promise { 'foo' }
> foo().then(console.log)
Promise { <pending> }
> foo
[AsyncFunction: foo]
>
```

async 函数是 AsyncFunction 的实例，型态为 Function 的子类型，虽然函数中定义了 return 传回字符串'foo'，实际上这代表了 async 函数传回的 Promise 达成任务后的结果，若要取得结果，方式之一就是使用 Promise 的 then()方法，另一个方式是使用稍后会介绍的 await 来取得。

async 函数中 return 的结果，若是 Promise 或 thenable 对象，可以取得该对象达成任务后的结果，因此可用来衔接其他传回 Promise 的异步函数。例如，下面范例会在 1 秒之后显示数字的结果(而不是显示 Promise 实例)。

**async-await async-foo.js**

```
function asyncFoo(n) {
    return new Promise(resolve => {
        setTimeout(
            () => resolve(n * Math.random()),
            1000
        );
    });
}

async function foo(n) {
    return asyncFoo(n);
}

foo(10).then(v => console.log(v));
```

如果 async 函数执行之后，无法达成任务呢？可以使用 **throw**，例如，改写 6.2.2 节的 resolve-reject2.js：

**async-await async-reject.js**

```
async function randomDivided(divisor) {
    let n = Math.floor(Math.random() * 10);
    if(n !== 0) {
        return divisor / n;
    }
    throw new Error('Shit happens: divided by zero');
}

randomDivided(10)
    .then(
        n   => console.log(n),
        err => console.log(err)
```

```
    );
```

实际上，`throw` 是属于 JavaScript 错误处理的语法，使用细节会在第 7 章中说明；在 `async` 函数中若 `throw`，表示任务无法达成，也就可以使用 `Promise` 的 `then()` 的第二个回调函数来处理。

## 6.3.2  `await` 与 `Promise`

在 ES8 时，与 `async` 搭配的是 `await`，就语义上，若想等待 **async** 函数执行完后，再执行后续的流程，可以使用 **await**。例如：

```
async function foo() {
    return 'foo';
}

async function main() {
    let r = await foo();
    console.log(r); // 显示 foo
}

main();
```

**await** 必须撰写在 **async** 函数之中，若不想撰写 `main()` 函数，另一个方案是使用 3.3.4 节介绍过的 IIFE。

```
async function foo() {
    return 'foo';
}

(async function() {
    let r = await foo();
    console.log(r);
})();
```

提示 »» 在撰写本文的这个时间点，TC39 有个处于阶段三的 Top-level await[①]方案，可以在顶层直接撰写 **await**。

实际上，**await** 可以接上任何值，不一定要搭配 **async** 函数，只不过若是接上 **Promise** 实例，会在任务达成时，取得达成值作为 **await** 的结果，因此 6.2.3 节的 generator-promise.js，可以改写为下面的范例。

async-awaitasync-foo2.js

```
function asyncFoo(n) {
    return new Promise(resolve => {
        setTimeout(
            () => resolve(n * Math.random()),
            2000
```

---

① *Top-level await*：github.com/tc39/proposal-top-level-await.

```
        );
    });
}

(async function() {
    let r1 = await asyncFoo(10);
    let r2 = await asyncFoo(r1);
    let r3 = await asyncFoo(r2);
    console.log(r3);
})();
```

await 时 Promise 若还没达成任务，只是不会执行 async 函数中定义的后续流程，但底层的事件循环并没有被阻断，若检查到事件队列中有新事件，还是会执行对应的任务；例如在上例中加段以下程序代码。

```
…
setTimeout(
    () => console.log(n * Math.random()),
    1000
);
(async function() {
    let r1 = await asyncFoo(10);
    let r2 = await asyncFoo(r1);
    let r3 = await asyncFoo(r2);
    console.log(r3);
})();
```

在程序代码执行 await asyncFoo(10) 后，需要 2 秒的时间才能取得任务达成值，但在 1 秒时间到时，setTimeout() 设定的回调函数还是会执行。

有些开发者会熟悉支持线程的语言，在 JavaScript 中会想寻找 sleep() 之类，令线程停止指定时间的功能。在 6.1.2 节介绍谈过，JavaScript 不支持多线程，若令唯一的线程停止指定时间，结果会像在柜台前排队时，却让令柜台人员发呆指定的时间，什么事都不做，想想看队伍后头的人会怎样？

然而基于刚才的描述，await 时 Promise 若还没达成任务，底层的事件循环并没有被阻断，因而通过 await 与 Promise，倒是可以仿真 sleep() 的功能，例如下面的程序片段，就流程来说确实是间隔了 1 秒。

```
async function sleep(millis) {
    return new Promise(resolve => setTimeout(resolve, millis));
}

(async function() {
    console.log(new Date());
    await sleep(1000);
    console.log(new Date());
})();
```

并不是有了 async、await，就不需要 Promise 了，理由之一是 async 函数执行后也是传回 Promise；另一个理由是在某些场合，必须使用 Promise 来衔接回调风格的 API。例如，在 6.1.3 节曾稍微提及 fs 模块的 readFile() 函数，就可以自定义一个 readTxtFile()

并传回 Promise。

```
let fs = require('fs');

function readTxtFile(filename) {
    return new Promise(resolve => {
        fs.readFile(filename, function(_, content) {
            resolve(content.toString());
        });
    });
}

readTxtFile('foo.js')
    .then(console.log);
```

　　使用Promise来衔接回调风格的API之后，就可以搭配async、await来使用了。例如：

```
(async function() {
    let content = await readTxtFile('foo.js');
    console.log(content);
})();
```

## 6.3.3　for-await-of 与异步产生器函数

　　6.2.2 节介绍过 Promise.all()，可以将一组 Promise 组合为一个 Promise，被指定的 3 个 Promise 都达成后，才算是 Promise.all() 的结果达成。但有时必须迭代处理一组 Promise。例如，处理 Promise 数组：

```
function asyncFoo(n) {
    return new Promise(resolve => {
        setTimeout(
            () => resolve(n * Math.random()),
            2000
        );
    });
}

let promises = [asyncFoo(10), asyncFoo(20), asyncFoo(30)];
for(let p of promises) {
    p.then(console.log);
}
```

　　在上例中，for...of 每次迭代的元素是 Promise，因此不可以直接 console.log(p)，而必须通过 then() 方法来显示结果，不过要注意的是，在这种写法下，p.then(console.log) 本身也是异步，for...of 循环并不会等待目前 Promise 达成才迭代下一个，若需要满足这个需求，必须使用 await 改为：

```
(async function() {
    let promises = [asyncFoo(10), asyncFoo(20), asyncFoo(30)];
    for(let p of promises) {
        console.log(await p);
    }
})();
```

ES9 新增了 **for-await-of** 语法，对于以上的需求，也可以直接撰写为：

```
(async function() {
    let promises = [asyncFoo(10), asyncFoo(20), asyncFoo(30)];
    for await (let v of promises) {
        console.log(v);
    }
})();
```

必须迭代处理一组 Promise 的另一种情况是，有个产生器函数，每次迭代时都会传回 Promise：

```
function* asyncFoos(nums) {
    for(let n of nums) {
        yield asyncFoo(n);
    }
}

for(let p of asyncFoos([10, 20, 30])) {
    p.then(console.log);
}
```

同样地，for...of 每次迭代的元素是 Promise，因此不可以直接 console.log(p)，而是必须通过 then()方法来显示结果；for...of 循环也不会等待目前的 Promise 达成才迭代下一个，若需要满足这个需求，必须结合 await 改为：

```
(async function() {
    for(let p of asyncFoos([10, 20, 30])) {
        console.log(await p);
    }
})();
```

若支持 ES9 的 for-await-of 语法，也可以直接撰写为：

```
(async function() {
    for await (let v of asyncFoos([10, 20, 30])) {
        console.log(v);
    }
})();
```

实际上，ES9 还支持**异步产生器函数**，async 函数也可以是个产生器函数。例如：

 **async-await async-foo3.js**

```
function asyncFoo(n) {
    return new Promise(resolve => {
        setTimeout(
            () => resolve(n * Math.random()),
            2000
        );
    });
```

```
    }

async function* asyncFoos(nums) {
    for(let n of nums) {
        yield asyncFoo(n);
    }
}

(async function() {
    for await (let v of asyncFoos([10, 20, 30])) {
        console.log(v);
    }
})();
```

异步产生器函数中，可以 `yield` 任何值，也可以是 **Promise** 或 ***thenable*** 对象，异步产生器函数调用后传回的对象，可以搭配 `for-await-of` 语法，等待每次任务达成后，取得值并执行循环体。

## 6.3.4  `Symbol.asyncIterator`

异步产生器函数传回的对象，是 **AsyncGenerator** 的实例，拥有 **next()** 方法，每次调用 **next()** 传回的是 Promise，在任务达成后，取得的对象具有 **value** 与 **done** 特性：

```
> async function* foo() {
...     yield 10;
...     yield 20;
... }
undefined
> let g = foo()
undefined
> g
Object [AsyncGenerator] {}
> let p = g.next()
undefined
> p
Promise { { value: 10, done: false } }
> p = g.return(30)
Promise { <pending> }
> p
Promise { { value: 30, done: true } }
>
> g[Symbol.iterator]
undefined
> g[Symbol.asyncIterator]
[Function: [Symbol.asyncIterator]]
>
```

如上所示，`value` 特性是异步产生器函数中 `yield` 的值，若 `yield` 的值是 Promise、`thenable` 对象，则是对象达成后的结果；异步产生器也实现了 `return()` 方法，可调用要求直接停止迭代，传回的对象为 Promise；简单来说，就是 3.3.6 节介绍谈到的产生器之异步版本。

异步产生器函数传回的异步产生器，不具有 Symbol.iterator 协议，因此不能使用 for...of 迭代，然而该对象具有 **Symbol.asyncIterator** 协议，可以结合 for-await-of 进行迭代。

例如，可以自行实现 Symbol.asyncIterator 协议，传回异步迭代器来搭配 for-await-of。

**async-await async-foo4.js**

```
function asyncFoo(n) {
    return new Promise(resolve => {
        setTimeout(
            () => resolve(n * Math.random()),
            2000
        );
    });
}

function asyncFoos(nums) {
    let iter = nums[Symbol.iterator]();
    class AsyncIter {
        [Symbol.asyncIterator]() {
            return this;
        }

        async next() {
            let r = iter.next();
            if(r.done) {
                return {value: undefined, done: true};
            }
            return {value: await asyncFoo(r.value), done: false};
        }
    }
    return new AsyncIter();
}

(async function() {
    let it = asyncFoos([10, 20, 30]);
    for await (let n of it) {
        console.log(n);
    }
})();
```

Symbol.asyncIterator 方法传回的对象称为异步迭代器，next()方法调用后必须传回 Promise，达成任务的结果是个含有 value 与 done 特性的对象，因此在上面的范例中，直接于 next()方法上标示了 async；视需求而定，也可以不标示 async，在 next()方法中建立 Promise 实例后传回。

在自行实现异步迭代器时，可以选择性地实现 throw()或 return()方法，同时具有这 3 个方法的对象就是非同步产生器了，throw()留待第 7 章谈错误处理时再来介绍，这里先谈 return()方法，其实它与 4.2.3 介绍过的 return()方法类似。

客户端调用 return()方法的目的是停止迭代，如果自行实现异步迭代器时提供

return()方法,可以在其中实现回收资源之类的动作,然后传回 Promise,达成值是**{value: argu, done: true}**,**argu** 的值是客户端调用 **return()**方法时指定的自变量。在此之后,若又试图调用 next()方法,传回 Promise 的达成对象必须是{value: undefined, done: true}。

若 for-await-of 在迭代过程中被中断,如被 break 或抛出错误,也会调用 return()方法,但不会传入自变量。例如:

```
async-await async-foo5.js
function asyncFoo(n) {
    return new Promise(resolve => {
        setTimeout(
            () => resolve(n * Math.random()),
            2000
        );
    });
}

function asyncFoos(nums) {
    let iter = nums[Symbol.iterator]();
    class AsyncIter {
        [Symbol.asyncIterator]() {
            return this;
        }

        async next() {
            let r = iter.next();
            if(r.done) {
                return {value: undefined, done: true};
            }
            return {value: await asyncFoo(r.value), done: false};
        }

        async return(value) {
            // 令之后调用 next()不会有进一步迭代结果
            while(!iter.next().done) {}
            console.log(value);
            return Promise.resolve({value, done: true});
        }
    }
    return new AsyncIter();
}

(async function() {
    let it = asyncFoos([10, 20, 30]);
    for await (let n of it) {
        console.log(n);
        break;
    }
})();
```

在这个范例中,for-await-of 中显示首次迭代结果之后,就进行了 break 中断迭代,这时会调用 return()方法,因此执行结果会显示第一次的迭代结果,以及调用 return()

后显示的 undefined。

实际上，for-await-of 不单只认 Symbol.asyncIterator 协议，也接受 Symbol.iterator 协议，也就是说，for-await-of 也可以当成 for...of 循环使用，只不过若迭代的对象是 Promise 时，会自动 await 取得达成值。建议只在被迭代的对象为 Promise 时，才使用 for-await-of，而不是用来取代 for...of 循环。

# 6.4　重点复习

# 6.5　课后练习

撰写一个 toAsync() 函数，可以接受同步函数，传回一个新函数，新函数可以接受调用相同的自变量，但是传回 Promise 的异步函数。例如：

```
function fib(n) {
    if(n === 0 || n === 1) {
        return n;
    }
    return fib(n - 1) + fib(n - 2);
}

let asyncFib = toAsync(fib);
asyncFib(10).then(console.log); // 显示 55
```

错误处理 | 第**7**章

- 认识 throw 使用时机
- 使用 try-catch 处理错误
- 处理 Promise 错误
- 结合 await、await 与 try-catch

# 7.1　错误处理语法

当某些原因使得执行流程无法继续时，JavaScript 可以抛出(Throw)错误(Error)中断目前流程，未经处理的错误会自动传播，开发者可以在适当的地方捕捉、处理错误，或者是借助错误对象收集的相关信息，对错误进行查找，对程序进行修正。

## 7.1.1　**throw** 与 **try-catch**

在 5.3.1 节的 account.js 中曾经建立过一个 Account 类，为了讨论方便，这里再将程序代码列出：

```
class Account {
    constructor(name, number, balance) {
        this.name = name;
        this.number = number;
        this.balance = balance;
    }

    withdraw(money) {
        if(money > this.balance) {
            console.log('余额不足');
        }
        this.balance -= money;
```

```
    }

    deposit(money) {
        if(money < 0) {
            console.log('存款金额不得为负');
        }
        else {
            this.balance += money;
        }
    }

    toString() {
        return `(${this.name}, ${this.number}, ${this.balance})`;
    }
}
```

这个 Account 类有什么问题呢？如粗体字部分显示，当余额不足或存款金额为负时，直接在程序流程中使用 `console.log()` 显示信息，如果 Account 是某链接库的类，而链接库并非用于文本模式，而是在浏览器或者其他环境呢？`console.log()` 的信息，并不会出现在这类环境的互动接口上。

可以从另一方面来想，当存款金额为负时，会使得存款流程无法继续而必须中断，类似地，余额不足时，会使得提款流程无法继续而必须中断，**如果想让 API 的调用方得知因某些原因，而使得流程无法继续必须中断时，可以抛出错误。**

若想抛出错误，可以建立 **Error** 实例，并使用 **throw** 将之抛出。例如：

errors account.js

```
class Account {
    constructor(name, number, balance) {
        this.name = name;
        this.number = number;
        this.balance = balance;
    }

    withdraw(money) {
        if(money > this.balance) {
            throw new Error('余额不足');
        }
        this.balance -= money;
    }

    deposit(money) {
        if(money < 0) {
            throw new Error('存款金额不得为负');
        }
        this.balance += money;
    }

    toString() {
        return `(${this.name}, ${this.number}, ${this.balance})`;
    }
}
```

```
let acct = new Account('Justin Lin', '123-4567', 1000);
acct.withdraw(5000);
console.log(`账户信息: ${acct.toString()}`);
```

在这个范例中，特意在调用 `withdraw()` 时指定自变量为 5000，这超出了余额，来看看会有什么结果。

```
C:\workspace\ch07\errors\account.js:10
        throw new Error('余额不足');
        ^

Error: 余额不足
    at Account.withdraw (C:\workspace\ch07\errors\account.js:10:19)
    at Object.<anonymous> (C:\workspace\ch07\errors\account.js:30:6)
...略
```

在实际执行执行程序时，流程从抛出错误后就整个中断了，这时若要做出对应处理，可以根据控制台显示错误发生的行数、错误信息等来查找问题。

当然，提款金额可能是来自使用者输入。若想处理被抛出的错误，可以使用 `try-catch-finally` 语法。例如：

errors account2.js

```
class Account {
    ...略
}

let acct = new Account('Justin Lin', '123-4567', 1000);

try {
    acct.withdraw(5000);
}
catch(e) {
    console.log(e.message);
}
finally {
    console.log(`账户信息: ${acct.toString()}`);
}
```

可能抛出错误的程序代码，可以撰写在 `try` 区块之中，若执行时发生错误，流程会从 Error 实例抛出处中断，然后对应的 `catch` 区块可以捕捉 Error 实例，将 Error 实例指定给括号中的变量，接着执行 `catch` 区块，建立 Error 实例时指定的信息，这时可以通过 `message` 特性来取得。

若 Account 是某链接库的类，由于余额不足的处理方式并没有写死，而是抛出错误，让调用方自行决定是否捕捉处理；这里在文本模式执行时，捕捉错误后以 `console.log()` 显示；想象一下，如果 Account 被用于浏览器环境，捕捉错误后就可以操作浏览器画面，来显示相对应的错误信息。

主动抛出错误，并不是嫌程序中的漏洞不够多，在设计函数或方法时，遇到无法继续流程的错误时，想令调用者有机会处理错误，才是抛出错误的目的。

> **提示 >>>** 在 The art of throwing JavaScript errors[①] 中有个有趣的比喻，在程序代码的特定点规划出失败，总比在预测哪里会出现失败来得简单，这就如车体框架的设计，会希望撞击发生时，框架能以一个可预测的方式溃散，这样，制造商方能确保乘客的安全性。

如果没有发生错误，执行完 try 区块后，就不会执行 catch 区块；若有撰写 finally 区块，无论是否抛出错误，finally 区块一定会执行，**如果在函数中，程序代码流程先 return 了，finally 区块也会先执行完后，再将值传回。**例如：

```
errors foo-finally.js
function foo(flag) {
    try {
        if(flag) {
            return 1;
        }
    } finally {
        console.log('finally run it');
    }
    return 0;
}


console.log(foo(true));
console.log(foo(false));
```

因为 finally 一定会执行才 return，因此必然是先显示 'finally run it'，而后才显示传回值，执行结果如下：

```
finally run it
1
finally run it
0
```

因此，finally 区块常用于最后一定要做的事情(如关闭数据库联机之类)；视需求而定，try 区块可以只搭配 catch 区块或 finally 区块。

## 7.1.2 掌握错误类型

Error 是 JavaScript 内建的错误类型，也是其他标准错误的父类型，除了 Error 之外，还有 5 个标准错误类型。

### 1. SyntaxError

在剖析程序代码的过程中，若有语法错误，就会抛出 SyntaxError 错误，如果编写

---

① The art of throwing JavaScript errors：goo.gl/xvc6Ee.

JavaScript 程序代码的编辑器，没有强大的语法检查能力，就常会遇上这个错误；这时错误是无法捕捉的。例如，下面的 catch 区块捕捉不到 SyntaxError，因为错误是在剖析程序代码语法时期抛出(而不是执行程序代码之时)。

```
try {
    Let x = 10; // let 被打成 Let 了
}
catch(e) {        // 无法捕捉 SyntaxError
    console.log('程序代码语法有误');
}
```

JavaScript 本身有个 eval() 函数，在执行时期调用时可以指定字符串，动态地执行指令稿，如果指令稿语法有误，eval() 剖析失败会抛出 SyntaxError，这类因 API 执行时抛出的 SyntaxError 才可以捕捉。例如，下面的程序会显示 SyntaxError: Unexpected identifier。

```
try {
    eval('Let x = 10');
}
catch(e) {
    console.log(`${e.name}: ${e.message}`);
}
```

为免程序代码在考虑不详尽的情况下，被有心人士注入恶意代码，多半不建议使用 eval() 函数；另外，JSON.parse() 可以用来剖析 JSON 格式的数据，若格式不正确，就会抛出 SyntaxError。至于什么是 JSON 格式数据，会在第 8 章进行介绍。

## 2. **ReferenceError**

在严格模式下，试图使用未声明的名称时，就会发生 ReferenceError，因为 JavaScript 编辑器，多半不会检查名称有无声明，因此这个错误也很常遇上。例如，下面的程序会显示 ReferenceError: x is not defined。

```
try {
    console.log(x);    // 没有声明 x 变量
}
catch(e) {
    console.log(`${e.name}: ${e.message}`);
}
```

## 3. **TypeError**

试图操作对象上不存在的行为时，或者具体来说，试图调用对象上不存在的方法时，就会发生 TypeError。JavaScript 是动态类型语言，没有编译程序可协助确认类型正确与否，因此很容易遇上这类错误。例如，下面的程序会显示 TypeError: [].length is not a function。

```
try {
    [].length();   // 不存在 length() 方法
}
```

```
catch(e) {
    console.log(`${e.name}: ${e.message}`);
}
```

## 4. RangeError、URIError

在调用某些 API 时，指定的自变量有误时会抛出错误，例如，`Number.toExponential()`、`Number.toFixed()` 或 `Number.toPrecision()` 自变量有误会抛出 `RangeError`，`encodeURI()` 或 `decodeURI()` 有误会抛出 `URIError`。

> **提示 >>>** 其实 ES3 还有个 `EvalError` 类型，没有被列入 ES5 以后的规范。虽然基于兼容性，`EvalError` 保留下来了，但现在没有标准 API 会抛出 `EvalError`。

现在问题来了，既然错误不是只有 `Error` 类型，若想针对特定类型的错误来进行处理，该怎么做呢？**try-catch** 并不支持多个 **catch** 区块，只能使用 **instanceof** 来判断。例如：

```
try {
    doFoo();
}
catch(e) {
    if(e instanceof TypeError) {
        ... TypeError 的处理
    }
    else if(e instanceof ReferenceError) {
        ... ReferenceError 的处理
    }
    else {    // e instanceof Error 为 true 的情况
        ... 其他错误的处理
    }
}
```

有时候在捕捉错误之后，并不会使用到错误实例。例如，读者可能试着使用一个非标准 API，但不存在该 API 而引发错误时，直接采取替代方案：

```
try {
    notStandardApi();
}
catch(e) {
    alternativeApi();
}
```

对于这类捕捉错误后用不到错误实例的情况，ES10 以后 catch 可以不写括号部分了：

```
try {
    notStandardApi();
}
catch {
    alternativeApi();
}
```

### 7.1.3  自定义错误类型

如果读者曾接触过其他具备 `try-catch` 类似语法的语言，是否觉得奇怪，JavaScript 内建的错误类型未免太少了吧？

原因之一是 JavaScript 最初是为浏览器而生，可用资源相对有限，错误的类型也就相对地少；另一方面，ECMAScript 多数规范是集中在语言本身，标准错误类型如 `SyntaxError`、`ReferenceError`、`TypeError` 等，多半也是跟语言本身相关的错误，至于不同环境或其他技术标准的错误类型，是由各个环境自行实现，或是其他技术标准来规范。

> 提示 》》 例如，在 `XMLHttpRequest` 的规范中，就有 `DOMException`、`SecurityError` 等错误类型；而在不受限的环境中，情况会变得更复杂，例如 Node.js 就定义了一套错误类型，如 `AssertionError`、`SystemError` 等。

对于应用程序或链接库开发，建议针对需求，发展自己的一套错误类型，令错误处理能突显应用程序或链接库的意图。

例如，前面的 account.js，都是使用 `Error` 实例，实际上，提款或存款时金额为负数，是不合法的自变量，而余额不足是商务上的逻辑问题，若想加以区分，可以分别定义 `IllegalArgumentError` 与 `InsufficientException`。

```
errors  account3.js
class IllegalArgumentError extends Error {      ←  ❶ 继承 Error
    constructor(message) {
        super(message);      ←  ❷ 调用 Error 构造函数
    }

    get name() {
        return IllegalArgumentError.name;      ←  ❸ 错误类型名称
    }
}

class InsufficientException extends Error {
    constructor(message, balance) {
        super(message);
        this.balance = balance;
    }

    get name() {
        return InsufficientException.name;
    }
}
```

...未完待续

这里使用了类语法来继承 `Error`❶，每个 `Error` 实例都会有 `message` 特性，子类型若要设置 `message`，只要使用 `super()` 调用 `Error` 父构造函数就可以了❷。至于 `name` 特性是类型名称，不需要每个实例特别拥有，因此以 `name` 取值方法来定义，并传回类的 `name` 值 (类就是函数，也就是使用了 `Function` 的 `name` 特性)❸；为了能在余额不足捕捉错误时，取得余额信息，InsufficientException 会有自己的 balance 特性❹。

接下来就可以用 IllegalArgumentError 与 InsufficientException，来重构 Account 的错误处理了。

```
errors account3.js(续)
class IllegalArgumentError extends Error {
    ...略
}

class InsufficientException extends Error {
    ...略
}

class Account {
    constructor(name, number, balance) {
        this.name = name;
        this.number = number;
        this.balance = balance;
    }

    withdraw(money) {
        if(money < 0) {     ←——— ❶自变量不正确
            throw new IllegalArgumentError('提款金额不得为负');
        }

        if(money > this.balance) {  ←——— ❷余额不足
            throw new InsufficientException('余额不足', this.balance);
        }

        this.balance -= money;
    }

    deposit(money) {
        if(money < 0) {     ←——— ❸自变量不正确
            throw new IllegalArgumentError('存款金额不得为负');
        }

        this.balance += money;
    }

    toString() {
        return `(${this.name}, ${this.number}, ${this.balance})`;
    }
}

let acct = new Account('Justin Lin', '123-4567', 1000);
try {
    acct.withdraw(5000);
}
catch(e) {
    if(e instanceof InsufficientException) {  ←——— ❹余额不足的处理
        console.log(`${e.name}: ${e.message}`);
        console.log(`目前余额: `, e.balance);
    }
```

```
    else {
        throw e;  ◄──  ❺再度抛出错误
    }
}
```

在自变量不正确时，`withdraw()`与`deposit()`方法都抛出了`IllegalArgumentError`
实例❶❸，而余额不足时抛出的是`InsufficientException`❷。接下来是设计上的讨论了，
使用者可能未察觉余额不足，因此可以在捕捉到`InsufficientException`显示余额信息❹。

```
InsufficientException: 余额不足
目前余额:  1000
```

但是，存款或提款时不应该指定负数金额，也就是说，调用 `withdraw()` 或 `deposit()`
方法时，若指定了负数，本质上应该是种**程序逻辑错误**，也就是程序写错了，若发现了这
类错误，应该停止程序执行并修正程序代码，而不是捕捉错误时掩饰正确，在范例中再度
抛出错误❺，目的就是强制停止程序，提醒开发者进行修正，例如进一步设计防呆机制，
在使用者输入负数金额时就跳出信息提醒，而不是直接用负数来调用 `withdraw()`或
`deposit()`方法。

在捕捉到错误时，若要重新抛出错误，也是使用 `throw`；视需求而定，若捕捉错误后，
当时情境没有足够的信息可以妥善处理，可就现有信息处理完错误后，重新抛出原错误，
或者是收集信息后建立新的错误抛出。

```
try {
    ...
}
catch(e) {
    // 作些可行的处理
    // 如日志记录、网络联机回报错误之类的
    throw new CustomizedError("error message...");
}
```

## 7.1.4  认识堆栈追踪

在多重函数调用下，错误发生点可能是在某函数之中，若想得知错误发生的根源，以
及错误的传播过程，可以利用错误对象自动收集的堆栈追踪(Stack Trace)信息。例如：

```
errors stack-trace.js
function a() {
    let text = undefined;
    return text.toUpperCase();
}

function b() {
    a();
}

function c() {
    b();
```

```
}

c();
```

在这个范例程序中，`c()` 函数调用 `b()` 函数，`b()` 函数调用 `a()` 函数，而 `a()` 函数中会因 `text` 值为 `undefined`，而后试图调用 `toUpperCase()` 而引发 `TypeError`，假设事先并不知道这个调用的顺序(也许是在使用一个链接库)，错误在发生后没被捕捉的话，控制台会显示堆栈追踪。

```
C:\workspace\ch07\errors\stack-trace.js:3
    return text.toUpperCase();
               ^

TypeError: Cannot read property 'toUpperCase' of undefined
    at a (C:\workspace\ch07\errors\stack-trace.js:3:17)
    at b (C:\workspace\ch07\errors\stack-trace.js:7:5)
    at c (C:\workspace\ch07\errors\stack-trace.js:11:5)
    at Object.<anonymous> (C:\workspace\ch07\errors\stack-trace.js:14:1)
    ...略
```

堆栈追踪信息中显示了错误类型，最顶层是错误的根源，接下来是调用函数的顺序，程序代码行数是对应于当初的程序原始码，如果使用 Visual Studio Code，在按下 Ctrl 键同时用鼠标单击行，就会直接开启原始码并跳至对应的行。

**提示 》》** 若在浏览器中，也可以在开发人员工具的控制台中，看到错误的堆栈追踪信息，同样可以用鼠标单击行，打开原始码并跳至对应行。在第 10 章时会介绍如何使用浏览器中的开发人员工具。

**要善用堆栈追踪，前提是程序代码中不可有私吞错误的行为。**例如，在捕捉错误后什么都不做：

```
try {
    ...
} catch(e) {
    // 什么也没有，绝对不要这么做!
}
```

这样的程序代码会对应用程序维护造成严重伤害，因为错误信息会完全中止，之后调用此片段程序代码的客户端，完全不知道发生了什么事，会造成除错异常困难，甚至找不出错误根源。

在使用 `throw` 再度抛出同一错误实例时，错误的追踪堆栈起点，仍是错误的发生根源，而不是重抛错误的地方。例如：

**errors stack-trace2.js**

```
function a() {
    let text = undefined;
    return text.toUpperCase();
}

function b() {
```

```
        a();
}

function c() {
    try {
        b();
    }
    catch(e) {
        throw e;
    }
}

c();
```

执行这个程序，会发生以下的错误堆栈信息，与 stack-trace.js 显示的错误根源相同。

```
C:\workspace\ch07\errors\stack-trace2.js:15
        throw e;
        ^

TypeError: Cannot read property 'toUpperCase' of undefined
    at a (C:\workspace\ch07\errors\stack-trace2.js:3:17)
    at b (C:\workspace\ch07\errors\stack-trace2.js:7:5)
    at c (C:\workspace\ch07\errors\stack-trace2.js:12:9)
    ...略
```

但如果捕捉错误后，抛出了新的错误实例，堆栈追踪就会中断。例如：

**errors stack-trace3.js**

```
function a() {
    let text = undefined;
    return text.toUpperCase();
}

function b() {
    a();
}

function c() {
    try {
        b();
    }
    catch(e) {
        throw new Error(e);
    }
}

c();
```

在这个范例的执行结果中可以看到，错误堆栈信息止于 c() 中 throw 之处：

```
C:\workspace\ch07\errors\stack-trace3.js:15
        throw new Error(e);
        ^

Error: TypeError: Cannot read property 'toUpperCase' of undefined
```

```
    at c (C:\workspace\ch07\errors\stack-trace3.js:15:15)
    at Object.<anonymous> (C:\workspace\ch07\errors\stack-trace3.js:19:1)
    ...略
```

以上介绍的，都是如何观察控制台的堆栈追踪信息。那可以在执行时期取得堆栈追踪信息吗？就撰写本文的这个时间点，ECMAScript 并没有规范相关的特性或方法来取得堆栈追踪，但在各大主流浏览器或 Node.js 的实现上，Error 实例有个 stack 非标准特性，可以取得字符串类型的堆栈追踪信息，不过因为是非标准特性，建议只在开发阶段除错时使用。

**提示 ▶▶▶** 如果程序代码只执行在 Node.js 环境，因为版本环境相对受控，可以使用 Error.captureStackTrace() 等函数来处理堆栈追踪。

在使用 throw 时，也可以指定 Error 实例以外的值，不过并不建议，因为只有在 throw 的是 Error 实例时，才会记录堆栈追踪。

## 7.1.5 产生器与错误处理

虽然产生器函数传回的产生器，多半被用于搭配 for...of 迭代，也就是仅作为迭代器，但在 3.3.6 节介绍产生器函数时提过，产生器具有 return() 与 throw() 方法，可以对产生器函数的流程做更多的控制，这类控制才是产生器函数真正具有弹性之处。

在 3.3.6 节介绍谈过 return()，接下来要讨论 throw()，这个方法可以指定 Error 实例，在产生器函数中抛出例外，之后，调用产生器的 next() 方法不会再有进一步结果。例如：

```
> function* foo() {
...     yield 10;
...     yield 20;
... }
undefined
> let g = foo()
undefined
> g.next()
{ value: 10, done: false }
> g.throw(new Error('Shit happens'))
Thrown:
Error: Shit happens
> g.next()
{ value: undefined, done: true }
>
```

如果产生器函数定义流程时，包含了 **try-catch** 语法，而且流程已进入 **try** 区块，调用 **throw()** 时指定的 **Error** 实例，就可以被捕捉。例如：

errors generator-throw.js

```
function* range(start, end) {
    try {
        for(let i = start; i < end; i++) {
```

```
            yield i;
        }
    }
    catch(e) {
        console.log(e.message);
    }
}

let g = range(1, 10);
console.log(g.next());
console.log(g.throw(new Error('Shit happens')));
```

程序的执行结果如下，可以看到错误被捕捉了，而且 throw() 方法是有传回值的。

```
{ value: 1, done: false }
Shit happens
{ value: undefined, done: true }
```

记住：流程必须已进入 try 区块，错误才会被捕捉，上面的范例如果没调用过 g.next()，就直接 g.throw() 的话，控制台会显示以下信息。

```
C:\workspace\ch07\errors\generator-throw.js:1
function* range(start, end) {
                ^

Error: Shit happens
    at Object.<anonymous> (C:\workspace\ch07\errors\generator-throw.js:14:21)
    …略
```

因为产生器函数执行传回产生器时，并不会马上进入定义的流程，必须执行过 next() 才会执行至 yield。就上例来说，没有执行过 next() 调用 throw()，错误会在进入 try 区块就抛出，因此不会被捕捉。

在 4.2.3 节介绍过，可以在实现 Symbol.iterator 时，选择性地实现 return() 与 throw() 方法。下面这个范例就以自行实现的方式，模拟了 generator-throw.js 的行为。

**errors generator-throw2.js**

```
function range(start, end) {
    let i = start;
    return {
        [Symbol.iterator]() {
            return this;
        },
        next() {
            return i < end ?
                    {value: i++, done: false} :
                    {value: undefined, done: true};
        },
        return(value) {
            i = end;
            return {value, done: true};
        },
        throw(e) {
            if(i === start || i === end) {
```

```
                throw e;
            }
            i = end;
            console.log(e.message);
            return {value: undefined, done: true};
        }
    };
}

let r = range(3, 8);
console.log(r.next());
console.log(r.throw(new Error('Shit happens')));
```

# 7.2　异步错误处理

在 7.1 节介绍过都是同步流程的错误处理，实际上，JavaScript 经常处理异步任务，而异步与同步的错误处理方式并不相同，视采取的异步模式而定，也会有各自的错误处理模式。

## 7.2.1　回调模式错误处理

在调用了异步函数之后，流程就会离开 try 区块，若异步的任务在执行过程中发生错误，已不是调用异步函数时对应的 catch 区块可处理的事情了。例如：

errors async-try-catch.js
```
function randomDivided(divisor, callback) {
    setTimeout(
        () => {
            let n = Math.floor(Math.random() * 10);
            if(n === 0) {
                throw new Error('Divided by zero');
            }
            callback(divisor / n);
        },
        2000
    );
}

try {
    randomDivided(10, console.log);
}
catch(e) {
    console.log(e.message);
}
```

在这个范例中，randomDivided() 是异步，执行完后就离开了 try 区块，2 秒之后抛出的错误不会被调用 randomDivided() 时对应的 catch 捕捉，因此在错误抛出时会显示以下的结果。

```
C:\workspace\ch07\async-errors\async-try-catch.js:6
            throw new Error('Divided by zero');
```

```
                    ^
Error: Divided by zero
    at Timeout._onTimeout (C:\workspace\ch07\async-errors\async-try-catch.js:6:23)
    …略
```

如果实现异步任务时采取回调模式，想在任务无法执行时处理错误，是将 **Error** 实例当成自变量传入回调函数。例如：

**errors async-callback.js**

```
function randomDivided(divisor, callback) {
    setTimeout(
        () => {
            let n = Math.floor(Math.random() * 10);
            let err = n === 0 ? new Error('Divided by zero') : undefined;
            callback(err, divisor / n);      ◀── ❶ 传入 err
        },
        2000
    );
}

randomDivided(10, (err, r) => {
    if(err) {                          ◀── ❷ 检查 err 是否为 undefined
        console.log(err.message);
    }
    else {
        console.log(r);
    }
});
```

在这里个范例中，若随机产生的值为 0 被视为错误，此时建立的 Error 实例不是抛出，而是当成自变量传入回调函数❶，回调函数中必须检查 err 是否有值，若有就做出对应的错误处理❷。

在 6.1.3 节介绍异步与回调时，曾经举过 Node.js 的 fs 模块例子。因为当时还没介绍错误处理，特意忽略了回调的第一个自变量，实际上应该检查第一个自变量，看看有无传入错误。例如：

```
let fs = require('fs');
fs.readFile('files.txt', function(err, files) {
    if(err) {
        console.log(err.message);
    }
    else {
        files.toString().split('\r\n').forEach(function(file) {
            fs.readFile(file, function(_, content) {
                console.log(content.toString());
            });
        });
    }
});
```

由于 Error 实例是以自变量方式传递，也就失去抛出错误时可以通知调用者的能力了，若错误真的发生，而程序代码中没有检查，那么错误就会静悄悄地被忽略了，这就好比写了 catch 区块却内容空白一样，对查找漏洞时是很大的麻烦；为了避免被忽略，通常错误实例会作为回调函数的第一个自变量，算是对开发者的提醒：“别忘了检查错误。”

## 7.2.2 **Promise** 与错误处理

在 6.2.1 节介绍过，如果 Promise 指定的任务被否决，可以在 then() 指定第二个回调函数来处理，或者是使用 catch() 来处理。当 **Promise** 被否决时，表示任务因为某个错误而无法执行下去，使用 **reject** 否决任务，可以对比为同步流程时 **throw** 错误的概念。

如果 **Promise** 在执行任务时抛出了错误，会隐含地以指定的错误对象作为 **reject** 的自变量来否决任务；如果 Promise 否决了任务，却没有在 then() 第二个回调函数或 catch() 中处理，在不同的环境中会有不同的呈现方式，Node.js 的话，会引发 UnhandledPromiseRejectionWarning，浏览器中会出现 Uncaught (in promise)之类的错误信息；无论如何，可以达到通知有错误发生的作用。

Promise 可以形成连续调用风格，每个 then() 调用都会传回 Promise 实例，如果 **then()** 指定的回调函数中抛出了错误，就是否决 **then()** 传回的 **Promise**，因此下面的程序片段会显示 10 与 Shit happens。

```
Promise.resolve(10)
    .then(v => {
        console.log(v);
        throw new Error('Shit happens');
    })
    .then(
        _ => console.log('resolve'),
        err => console.log(err.message)
    );
```

如果错误没在 **then()** 中处理掉，**then()** 传回的 **Promise** 也会被否决，在形成链状调用时，就会类似 **throw** 错误时中断流程的概念。例如，下面的程序片段只会显示 10 与 Shit happens。

```
Promise.resolve(10)
    .then(v => {
        console.log(v);
        throw new Error('Shit happens');
    })
    .then( _ => console.log('resolve 1'))
    .then( _ => console.log('resolve 2'))
    .then( _ => console.log('resolve 3'))
    .catch(err => console.log(err.message));
```

虽然看起来类似，但 **then()** 或 **catch()** 是各自独立的，也就是各自传回 Promise，如果 **then()** 或 **catch()** 没有抛出错误，传回的 **Promise** 任务就算达成。来看看下面这个范例，先思考一下结果如何显示。

```
errors promise-errors.js
Promise.resolve(10)
    .then(v => {
        console.log(v);
        throw new Error('Shit happens');
    })
    .then(
        _   => console.log('resolve 1'),
        err => console.log(err.message)
    )
    .then( _ => {
        console.log('resolve 2');
        throw new Error('Shit happens 2');
    })
    .catch(err => console.log(err.message))
    .then(_ => console.log('resolve 3'));
```

不少开发者可能会以为，这个范例 `catch()` 之后的 `then()` 不会被执行，但 `catch()` 处理掉错误了，传回的 `Promise` 可以达成任务，因此之后的 `then()` 会被执行。

```
10
Shit happens
resolve 2
Shit happens 2
resolve 3
```

因此对于 **catch()** 应该理解为，只要没有再度抛出错误，捕捉错误的任务就达成了。

如果 `Promise` 链状操作时，无论前面各自的 `Promise` 有无错误，一律都要执行某个任务。**ES9** 提供了 `finally()` 方法，这就可以形成类似 **try-catch-finally** 的风格。例如：

```
errors promise-errors2.js
Promise.resolve(10)
    .then(v => {
        console.log(v);
        throw new Error('Shit happens');
    })
    .catch(err => console.log(err.message))
    .finally(() => console.log('finally run it'));
```

执行结果会如下：

```
10
Shit happens
finally run it
```

虽然看来像是类似 `try-catch-finally` 的风格，不过 `finally()` 方法也是传回 `Promise`，因此对于 **finally()** 应该理解为，只要没有再度抛出错误，收尾任务就达成了，这个任务之后真要再做点别的，还是可以在 `finally()` 传回的 `Promise` 上继续操作。

## 7.2.3　**async**、**await** 与错误处理

在 6.3.1 节介绍过，被标示为 `async` 的函数是异步的，调用后会传回 `Promise`，在 **async**

函数 throw 错误，表示任务无法达成，相当于调用 Promise 的 reject 时指定了错误对象，因此在调用 async 函数后，就可以使用前面介绍过的 then()、catch()等方法来处理。例如前面的 promise-errors2.js，可以改写为以下：

errors async-errors.js

```
async function foo(n) {
    return n;
}

foo(10).then(v => {
        console.log(v);
        throw new Error('Shit happens');
    })
    .catch(err => console.log(err.message))
    .finally(() => console.log('finally run it'));
```

若 await 是 Promise 实例，流程会停下等待 Promise 达成或否决任务，这就表示，在使用 **await** 的情况下，就算是 **async** 函数或传回 **Promise** 的函数，在结合 **try-catch** 错误处理语法上就成了可能。对于不熟悉异步风格的开发者，这样的方式错误处理方式，感觉更容易掌握。例如前面的 async-errors.js，可以改写为以下：

errors await-errors.js

```
async function foo(n) {
    return n;
}

(async function() {
    try {
        let v = await foo(10);
        console.log(v);
        throw new Error('Shit happens');
    }
    catch(err) {
        console.log(err.message);
    }
    finally {
        console.log('finally run it');
    }
})();
```

## 7.2.4　异步产生器与错误处理

异步产生器具有 **throw()**方法，调用时传入错误对象，可以在异步产生器函数定义的流程中抛出错误，如果异步产生器函数中定义了 **try-catch**，而且流程已经在 **try** 区块中，那么错误就可以被 **catch** 捕捉处理。例如：

errors async-generator.js

```
async function* foo() {
    try {
```

```
        yield 10;
        yield 20;
    }
    catch(e) {      // 可以捕捉错误
        console.log(e.message);
    }
}

let g = foo();
g.next();
g.throw(new Error('Shit happens'));
```

如果异步产生器函数中没有处理错误，由于本质上也是个 **async** 函数，抛出错误相当于否决任务，必须在 **throw()** 方法传回的 **Promise** 中进行处理。例如：

```
…略
let g = foo();
g.next();
g.throw(new Error('Shit happens'))
 .catch(console.log);
```

同时，在实现 Symbol.asyncIterator 协议时，可以选择性地实现 throw() 或 return() 方法，除了注意 throw() 会传回 Promise 外，还要留意达成对象必须是{value: undefined, done: true}，在调用 throw() 之后，若又试图调用 next() 方法，传回的 Promise 之达成对象必须是{value: undefined, done: true}。

# 7.3  重点复习

# 7.4  课后练习

1. 在 7.1.3 节设计的 account3.js 中，对于可以处理的错误，请提供一个 Exception 类，并令 InsufficientException 继承 Exception。

2. 请自行定义一个 range() 函数，调用后传回的对象要实现 Symbol.asyncIterator 协议以及 next()、return() 与 throw() 方法，在取代下面的异步产生器函数 range() 之后，具有相同的执行结果：

```
async function* range(start, end) {
    try {
        for(let i = start; i < end; i++) {
            yield i;
        }
```

```
    }
    catch(e) {
        console.log(e.message);
    }
}

let g = range(1, 10);
g.next().then(result => console.log(result.value));
g.throw(new Error('Shit happens'));
```

常用标准 API | 第 **8** 章

**学习目标**

- 数组的操作
- Set、Map 与 ArrayBuffer
- 对象与 JSON 的转换
- 正则表达式

# 8.1  数组

程序中常有收集数据的需求，根据不同需求采用不同的数据结构，对于有序、具索引的需求可以使用数组，本节将介绍数组的静态方法、数组内容变更、查询等。

## 8.1.1  数组静态方法

数组的静态方法，指的是以 Array 为名称空间的 Array.isArray()、Array.of()与 Array.from()方法。

### 1. **Array.isArray()**

Array.isArray()是 ES5 以后提供的方法，用来判断(也是唯一可以判断)是否为原生的"真"数组，也就是说，对象的原型若被修改为 Array.prototype，虽然可以骗过 instanceof，但不会被 Array.isArray()判定为 true。例如：

```
> Array.isArray([])
true
> let o = {}
undefined
> Object.setPrototypeOf(o, Array.prototype)
```

```
Array {}
> o instanceof Array
true
> Array.isArray(o)
false
>
```

若使用类语法继承 Array，子类实例会被 Array.isArray() 判断为 true。例如：

```
> class SubArray extends Array {}
undefined
> let subArray = new SubArray()
undefined
> Array.isArray(subArray)
true
>
```

> **提示 >>>** 在 5.3.3 节提过 "类语法的继承，能够继承标准 API，而且内部实现特性以及特殊行为也会继承"，Array.isArray() 的判定依据，就是数组内部实现特性[[Class]]的值'Array'。

## 2. **Array.of()**

Array.of() 的作用之一是取代 Array 构造函数，至今为止尚未谈到 Array 构造函数，原因之一是数组字面量很方便；另一原因是，Array 构造函数在使用上容易造成混淆。例如：

```
> let a1 = new Array(10)
undefined
> a1
[ <10 empty items> ]
> a1.length
10
> let a2 = new Array(1, 2, 3)
undefined
> a2
[ 1, 2, 3 ]
> a2.length
3
>
```

使用 Array 构造函数时若只指定一个自变量，会是设定数组的 length，而非建立仅含一个元素的数组，这行为跟使用构造函数时指定多个自变量不同，因此**不建议使用 Array 构造函数指定元素来建立数组**，若使用 Array.of() 的话就没问题。例如：

```
> Array.of(10)
[ 10 ]
> Array.of(1, 2, 3)
[ 1, 2, 3 ]
> Array.of(1, 2, 3, undefined, 4)
[ 1, 2, 3, undefined, 4 ]
> Array.of(1, 2, 3, , 4)
```

```
Thrown:
Array.of(1, 2, 3, , 4)
                 ^

SyntaxError: Unexpected token ,
>
```

在这里也看到使用 `Array.of()` 的另一个好处，可避免建立空项目，`[1, 2, 3, , 4]` 的索引 3 会是空项目，但 `Array.of(1, 2, 3, , 4)` 会引发 `SyntaxError`，因为没有这种函数调用语法。

如果使用类语法继承 **Array**，通过子类的 **of()** 方法建立之对象，也会是子类类型。例如：

```
> class SubArray extends Array {}
undefined
> let subs = SubArray.of(1, 2, 3)
undefined
> subs
SubArray [ 1, 2, 3 ]
> subs instanceof SubArray
true
>
```

### 3. `Array.from()`

`Array.from()` 可以接受类数组或可迭代对象，传回的新数组会包含类数组或可迭代对象的元素。例如：

```
> Array.from('Justin')
[ 'J', 'u', 's', 't', 'i', 'n' ]
> Array.from('Justin').map(ch => ch.toUpperCase())
[ 'J', 'U', 'S', 'T', 'I', 'N' ]
> Array.from('Justin', ch => ch.toUpperCase())
[ 'J', 'U', 'S', 'T', 'I', 'N' ]
>
```

因为传回了数组，也就可以使用数组的相关方法，如果后续会进行的是 `map()` 方法调用，也可以直接在 `Array.from()` 的第二个参数指定转换函数。

如果使用类语法继承 `Array`，通过子类的 `from()` 方法建立之对象，也会是子类类型。例如：

```
> class SubArray extends Array {}
undefined
> SubArray.from('Justin')
SubArray [ 'J', 'u', 's', 't', 'i', 'n' ]
>
```

> **提示 >>>** 数组的方法执行后若传回数组，使用类语法继承 Array 的子类型，调用这类方法后传回的对象也会是子类型，这可以借助实现 Symbol.species 协议来控制，细节将在第 9 章讨论。

## 8.1.2　改变数组

数组有许多方法变动自身元素，例如在 3.3.3 节介绍过的 sort() 方法，就是改变数组本身的元素顺序，sort() 方法传回值是原数组，主要是为了可以支持方法链连续操作风格；reverse() 方法是原地反转数组后传回原数组。例如：

```
> let arr = [1, 2, 3]
undefined
> arr.reverse()
[ 3, 2, 1 ]
> arr
[ 3, 2, 1 ]
>
```

如果要用某值填满数组，那么数组的 fill() 方法很方便：

```
> Array(10).fill(0);
[ 0, 0, 0, 0, 0, 0, 0, 0, 0, 0 ]
> [1, 2, 3, 4, 5].fill(0, 2, 4);
[ 1, 2, 0, 0, 5 ]
>
```

数组的 fill() 方法第一个参数接受要填充的值，之后选择性地接受 start 与 end，用来指定填充的索引起始与结束；可以直接使用 call() 或 apply() 方法来指定 fill() 调用时的 this 对象，这在建立类数组对象时很方便。例如：

```
> Array.prototype.fill.call({length: 5}, 10)
{ '0': 10, '1': 10, '2': 10, '3': 10, '4': 10, length: 5 }
>
```

### 1. 实现堆栈

数组的 push() 方法可以接受一个或多个值，依次将值放到数组尾端，调用后传回数组长度，pop() 方法移除并传回数组的最后一个元素，如果结合这两个方法，数组也可以当成先进后出的堆栈数据结构来使用。例如：

```
> let stack = []
undefined
> stack.push(1)
1
> stack.push(2, 3)
3
> stack
[ 1, 2, 3 ]
> stack.pop()
3
> stack
[ 1, 2 ]
>
```

push()、pop() 也可以直接使用 call() 或 apply() 方法来调用，如果想要设计个专用的 Stack 类时可以多用。例如：

array stack.js

```
class Stack {
    empty() {
        return this.length === 0;
    }

    push(...items) {
        return Array.prototype.push.apply(this, items);
    }

    pop() {
        return Array.prototype.pop.call(this);
    }
}

let stack = new Stack();
stack.push(1);
stack.push(2, 3);
console.log(stack);

stack.pop();
console.log(stack);
```

执行结果中可以看到，被指定为 `this` 的对象上，也会维护 `length` 特性。例如：

```
Stack { '0': 1, '1': 2, '2': 3, length: 3 }
Stack { '0': 1, '1': 2, length: 2 }
```

`Array` 没有提供附加数组的方法，不过可以通过 `push()` 来实现。例如：

```
array append.js
```

```
let nums = [1, 2, 3];

Object.defineProperty(nums, 'append', {
    value: function(arr) {
        return Array.prototype.push.apply(this, arr);
    }
})

nums.append([4, 5, 6]);
console.log(nums); // 显示 [1, 2, 3, 4, 5, 6]
```

## 2. 实现队列

如果想在数组的前端插入一个或多个元素，可以使用 `unshift()` 方法，执行后传回数组长度，索引会自动调整；若想将数组前端的第一个元素移除，可以使用 `shift()` 方法，传回值为被移除的元素，索引会自动调整，结合 `unshift()` 与 `shift()`，就可以将数组当成先进先出的队列数据结构来使用。例如：

```
> let queue = []
undefined
> queue.unshift(1)
```

```
1
> queue.unshift(2)
2
> queue.unshift(3)
3
> queue
[ 3, 2, 1 ]
> queue.shift()
3
> queue
[ 2, 1 ]
>
```

　　unshift()、shift()也可以直接使用 call()或 apply()方法来调用，如果想设计个专用的 Queue 类时可以多用。例如：

**array queue.js**

```
class Queue {
    offer(...elems) {
        return return Array.prototype.push.apply(this, elems);
    }

    poll() {
        return Array.prototype.shift.call(this);
    }
}

let queue = new Queue();
queue.offer(1);
queue.offer(2, 3);
console.log(queue);

queue.poll();
console.log(queue);
```

　　执行结果中可以看到，被指定为 this 的对象上，也会维护 length 特性：

```
Queue { '0': 1, '1': 2, '2': 3, length: 3 }
Queue { '0': 2, '1': 3, length: 2 }
```

　　简单来说，**Array.prototype** 定义的方法，都具有通用性，可以对普通的对象进行操作，操作结果会令指定的对象成为类数组，必要时，也可以直接将对象的原型设为 **Array.prototype**。例如：

```
> let o = {}
undefined
> Object.setPrototypeOf(o, Array.prototype)
Array {}
> o.push(3, 1, 2, 5)
4
> o.sort((e1, e2) => e1 - e2)
Array { '0': 1, '1': 2, '2': 3, '3': 5, length: 4 }
>
```

### 8.1.3　函数式风格 API

　　JavaScript 是个支持多范式(Paradigm)的程序语言，除了面向对象范式之外，对函数式 (Functional)的支持，也是特色之一。JavaScript 令函数式程序设计的概念在开发者间耳熟能 详也不为过，接下来要介绍的数组 API，或多或少都有函数式程序设计的概念在其中。

　　例如，收集对象之后，在数组中查找元素是常见需求，若想查找元素所在的索引，可 以使用 indexOf()、lastIndexOf()，前者传回第一个找到的元素索引位置，后者传回最 后一个找到的元素索引位置，如果没有找到元素，两者都是传回-1。

```
> [1, 2, 1, 3, 1].indexOf(1)
0
> [1, 2, 1, 3, 1].lastIndexOf(1)
4
> [1, 2, 1, 3, 1].includes(1)
true
>
```

　　如果只想判断元素是否存在于数组，可以判断 indexOf()、lastIndexOf()传回值是 否为-1；若是支持 ES7 的环境，可以使用 includes()，它会传回 true、false，来表示数 组是否含有指定元素。

　　indexOf()、lastIndexOf()、includes()在比对元素时，使用的是===，还记得 2.3.4 节介绍过 NaN 吗？NaN 不等于任何值，因此数组中若包含 NaN，使用 indexOf()、 lastIndexOf()、includes()都会说找不到，因此，应该避免在数组中存放 **NaN**。

　　如果非不得已，数组中真的存在 **NaN**，此时想寻找 **NaN**，必须自行实现。在 **ES6** 中， 可以使用 **Number.isNaN()**函数。例如：

```
> [2, NaN, 3, NaN, 4].filter(elem => !Number.isNaN(elem))
[ 2, 3, 4 ]
> [2, NaN, 3, NaN, 4].filter(elem => elem === elem)
[ 2, 3, 4 ]
>
```

　　因为 NaN 不等于任何值，也不等于自身，因此上例中第二个 filter()示范，只会保留 非 NaN 的值。

　　不要使用全局的 **isNaN()**函数，该函数传入 NaN 虽然会得到 **true**，但无法转换至数字 的值，也就是给 **Number()**会传回 **NaN** 的值，都会令 **isNaN()**传回 **true**，如非数字格式且 非空的字符串、**undefined** 等。

　　ES6 之前没有 Number.isNaN()，但可以自行实现，因为 NaN 是唯一不等于自身的值。

```
function isRealNaN(value) {
    return value !== value;
}
```

　　indexOf()、lastIndexOf()、includes()在比对元素时，使用的是===。如果想自行 决定相等性的根据呢？可以使用 ES6 提供的 findIndex()、find()，两者都接受回调函数，前者传回第一个符合条件的索引，后者传回第一个符合条件的元素。例如：

```
> [{x: 10, y: 20}, {x: 10, y: 30}].findIndex(o => o.y === 30)
1
> [{x: 10, y: 20}, {x: 10, y: 30}].find(o => o.y === 30)
{ x: 10, y: 30 }
>
```

　　支持函数式范式的语言，特性之一是**具备一级函数**。JavaScript 符合这点，其中许多函数或方法，接受函数、传回函数或两者并具，在 3.3.3 节介绍过的 filter()、map()，以及这里的 findIndex()、find() 就具有函数式 API 的概念。

　　那么 indexOf()、lastIndexOf()、includes() 又如何呢？哪里有函数式设计的影子？想想看，如果想自行实现这 3 个方法，多数开发者直觉上会使用循环。但纯函数式程序语言并**不提供循环语法**，不使用循环怎么实现 indexOf()、lastIndexOf()、includes() 呢？可以的！以 indexOf() 为例：

```
function indexOf(arrays, value, i = 0) {
    if(i === arrays.length) {
        return -1;
    }

    let elem = arrays[i];
    if(elem === value) {
        return i;
    }

    return indexOf(arrays, value, i + 1);
}

console.log(indexOf([1, 2, 1, 5, 1], 5));
```

　　在纯函数式语言中不提供循环语法，因此重复性的任务，会使用递归来解决；JavaScript 不是纯函数式语言，然而想想看，数组的 indexOf()、lastIndexOf()、includes() 等方法，实现细节被隐藏起来了，既然如此，查找元素这类需要重复运算的任务，在运用这类方法的情况下，就不用自行撰写循环来实现。

　　在 3.3.3 节介绍过的 filter()、map() 也具有函数式 API 的概念，这类 API 令开发者从更细维度的重复流程中解放出来。

　　既然如此，那么 sort() 方法算是函数式 API 吗？不算！虽然隐藏了如何实现重复流程的细节，但是 sort() 改变了数组本身的状态。在纯函数式范式中，**没有变量的概念**，也不能改变对象或数据结构的状态，因此 sort() 不算函数式 API。

　　有办法在 JavaScript 中去除变量的概念吗？使用 const 可以令变量值无法修改，这样就相当于仿真了无变量的概念；那么不改变对象或数据结构状态，有办法实现程序设计上的需求吗？有！例如，以下 map() 函数：

```
array map.js
function map(array, mapper) {
    if(array.length === 0) {   ←——  ❶设立边界条件
        return array;
    }

    let head = array[0];          ←——  ❷一次做一件事
    let mapped = mapper(head);
                                  ❸同样还是 map() 操作
    let tail = array.slice(1);     ↓
    return [mapped].concat(map(tail, mapper));
}

let arr = [1, 2, 3];
console.log(map(arr, elem => elem * 10));  // 显示 [ 10, 20, 30 ]
```

又是递归！是的，在函数式程序设计中，使用递归就如同使用循环一样自然，只不过多数开发者并非从函数式开始学习程序设计，但每次遇到递归函数时，又常在递归函数中撰写复杂的程序代码，因此难以掌握。

递归的第一个要点是思考**边界条件**为何，对于 map() 来说，若传入空数组，直接传回原空数组就好了❶。递归的第二个要点是**一次只做一件事**，对于 map() 来说，取得首元素后要做的一件事，就是调用指定的函数，进行值的转换❷。递归的第三个要点是**别管上层递归或下层递归的状态**，对于 map() 来说，只处理传入数组的首元素，不用管后续 map() 调用如何处理子数组，反正相信它会传回结果就行❸。

在 map.js 中使用了数组的 slice() 方法，它可以指定起始与终止索引切割数组，若没有指定终止索引，就是从起始索引至数组尾端切出数组，slice() 方法不改变原数组，只会传回新数组；至于 concat() 方法，也不改变原数组，而是传回串接后的新数组，因此在这个范例中，没有改变任何一个数组的状态。

因此，就算没有变量的概念，不改变对象或数据结构的状态，需求仍旧可以实现。**JavaScript 支持一级函数，若有个重复性任务，有对应的方法在不使用循环、不改变对象状态的情况下完成需求，该方法可以说具有函数式设计的概念**；在上面的范例中，顺便介绍的 slice() 与 concat() 方法，也是具有函数式风格的 API。

就实际来说，若要对数组进行重复性任务，可以先查看数组是否有适用的方法，除了省去自行实现的工夫外，对程序代码阅读也有帮助。例如，想判断数组元素是否都符合某个条件，可以使用 every()，想判断数组是否有某元素符合某条件，可以使用 some()。

```
> [10, 2, 3, 5, 19].every(elem => elem > 10)
false
> [10, 2, 3, 5, 19].every(elem => elem > 0)
true
> [10, 2, 3, 5, 19].some(elem => elem > 0)
true
>
```

如果想指定符号将数组元素串接为字符串，可以使用 join()。

```
> ['x=10','y=20', 'z=30'].join('&')
'x=10&y=20&z=30'
>
```

数组中的元素若也是数组，想摊平元素成为新数组，ES10 以后可以使用 flat()。

```
> [[10, 20], [30, 40]].flat()
[ 10, 20, 30, 40 ]
>
```

如果在摊平过程中，想顺便进行值的对应转换，ES10 以后可以使用 flatMap()。例如：

```
> [[10, 20], [30, 40]].flatMap(arrElem => arrElem.map(elem => elem / 10))
[ 1, 2, 3, 4 ]
>
```

flatMap() 接受的回调函数，执行后的传回值是数组，传回的数组会被摊平，成为最后 flatMap() 结果数组的元素。

如果数组的处理结果是个单一值，可以使用 reduce()。例如，取得数字的求和值：

```
> [1, 2, 3, 4, 5].reduce((accu, elem) => accu + elem)
15
> [1, 2, 3, 4, 5].reduce((accu, elem) => accu + elem, 10)
25
>
```

reduce() 可以指定初值，并逐一迭代元素，若不指定就会使用数组第一个元素作为初值，并从索引 1 开始逐一迭代元素；reduce() 接受的回调函数有两个参数，首次执行回调函数时，第一个参数会设为 reduce() 的初值，之后每次回调函数的传回值，都会被指定给第一个参数；第二个参数都是当次被迭代的元素，最后一次执行回调函数的结果，就是 reduce() 的结果。

因此上面的第一个示范，回调函数执行的是运算是 *1* + 2、*3* + 3、*6* + 4、*10* + 5，斜体字表示 accu 的值，画线字表示 elem 的值，最后 reduce() 传回 15。第二个示范回调函数执行的是运算是 *10* + 1、*11* + 2、*13* + 3、*16* + 4、*20* + 5，最后 reduce() 传回 25。从这个过程也可以看出被命名为 reduce 的原因，reduce() 的计算过程就像逐一削减数组，到最后取得单一值。

reduce() 方法是从左而右迭代元素，如果需要从右而左迭代元素，可以使用 reduceRight()。例如：

```
> ['1', '2', '3', '4', '5'].reduce((acct, elem) => acct + elem)
'12345'
> ['1', '2', '3', '4', '5'].reduceRight((acct, elem) => acct + elem)
'54321'
>
```

以上的需求，也可以分别使用['1', '2', '3', '4', '5'].join('')以及['1', '2',

'3', '4', '5'].reverse().join('')来达成，而就[1, 2, 3, 4, 5].reduce((accu, elem) => accu + elem)来说，其实就是求和数组元素。

接合、求和是最后的目的，过程都是逐一削减数组，因此 reduce()、reduceRight() 可以实现需求，只不过 reduce、reduceRight 名称本身很抽象，建议封装在拥有具体名称的函数之中。例如：

**array sum.js**

```
function sum(...values) {
    return values.reduce((acct, value) => acct + value);
}

console.log(sum(1, 2, 3, 4, 5)); // 显示 15
```

## 8.2 群集

ES6提供了内部元素不重复的Set，以及键值对应的Map，在字节数据的处理上提供ArrayBuffer，以及用来操作ArrayBuffer的各种TypedArray、DataView等接口，

### 8.2.1 Set 与 WeakSet

同样是收集资料，若不想收集重复的值，可以使用 Set。例如，字符串中有许多的英文单词，希望知道不重复的单词有几个，可以如下撰写程序。

```
> let words = new Set('Your right brain has nothing left. You left brain has nothing right'.split(' '))
undefined
> words.size
8
> Array.from(words.values())
[ 'Your', 'right', 'brain', 'has', 'nothing', 'left.', 'You', 'left' ]
> Array.from(words)
[ 'Your', 'right', 'brain', 'has', 'nothing', 'left.', 'You', 'left' ]
>
```

字符串的 split()方法可指定分隔符，进行切割后传回数组；Set 构造函数接受可迭代对象，Set 中元素不会重复，可以通过 size 来取得元素数量，values()方法可以取得元素的迭代器，若想转换为数组，通过 Arrays.from()比较方便，Set 本身也是可迭代对象，因此也可以直接对 Set 实例使用 Arrays.from()。

Set 本身是无序，不具备索引，因此没有直接可取值的 get 之类的方法；可以使用 add() 来逐一加入值，使用 has()查询是否存在指定的值，想删除指定值可以使用 delete()，clear()可用来清空 Set。

```
> let set = new Set()
undefined
> set.add(1)
```

```
Set { 1 }
> set.add(2)
Set { 1, 2 }
> set.has(2)
true
> set.delete(1)
true
> set
Set { 2 }
> set.clear()
undefined
> set
Set {}
>
```

那么问题来了，Set 中判定元素是否重复的依据是什么？**ECMAScript** 对 **Set** 采用 **SameValueZero** 演算，相等比较采用===，然而 **0** 等于**-0**，**NaN** 等于 **NaN**，也就是 Set 中若有 NaN，试图再加入 NaN，Set 中还是只有一个 NaN。例如：

```
> new Set([NaN, NaN, 10, 10, undefined, undefined])
Set { NaN, 10, undefined }
>
```

**提示 >>>** ECMAScript中还规范了SameValue演算，0与-0被视为不相等，其余与SameValueZero相同，采用SameValue演算的有Object.is()、Object.defineProperty()、Object.defineProperties()等API。

Set 中若存放对象，也是使用===来比对，因此独立的两个对象，就算拥有相同的特性，也会被 Set 视为不同。例如：

```
> let o1 = {x: 10}
undefined
> let o2 = {x: 10}
undefined
> let o3 = o2
undefined
> let set = new Set([o1, o2, o3])
undefined
> set
Set { { x: 10 }, { x: 10 } }
>
```

ES6 也提供了 WeakSet，它只能加入对象，不能加入基本类型、undefined、null、NaN；在垃圾收集时不会考虑对象是否被 WeakSet 管理，只要对象没有其他名称参考着，就会回收对象，之后 WeakSet 中也就不存在该对象了，这可以用来避免必须使用 Set 管理对象，之后却忘了从 Set 中清除对象而发生内存泄漏(Memory leak)的问题。

由于对象可能被当垃圾回收，因此不能迭代 WeakSet，没有 size 特性，只有 add()、has()、delete()方法可以使用。

### 8.2.2 **Map 与 WeakMap**

JavaScript 的对象，本身就是键、值的集合体，一直以来，也常被当成字典对象使用，但过去对象的键只能是字符串(ES6 以后可使用 Symbol)，对于想运用字符串以外类型作为键的需求，JavaScript 对象无能为力，因为不管指定什么类型，最终仍是取得字符串作为特性名称。例如：

```
> let o = {x: 10}
undefined
> let map = {
...     [o] : 'foo'
... }
undefined
> for(let p in map) {
...     console.log(p, typeof p)
... }
[object Object] string
undefined
>
```

ES6 提供了 Map 类型，键的部分可以使用基本类型、undefined、NaN、null 与对象，**Map** 对键的唯一性采用的是 **SameValueZero 演算**。来看看以对象作为键的示范：

```
> let o = {x: 10}
undefined
> let map = new Map()
undefined
> map.set(o, 'foo')
Map { { x: 10 } => 'foo' }
> map.set({y : 10}, 'foo2')
Map { { x: 10 } => 'foo', { y: 10 } => 'foo2' }
> for(let [key, value] of map) {
...     console.log(key, value)
... }
{ x: 10 } 'foo'
{ y: 10 } 'foo2'
undefined
> map.get(o)
'foo'
> map.delete(o)
true
> map
Map { { y: 10 } => 'foo2' }
>
```

Map 实例是可迭代对象，使用 for...of 的话，迭代出来的元素会是个包含键与值的数组，使用解构语法就可以分别取得键与值。除了以上示范的方法之外，还可以使用 has() 判定是否具有某个键，clear() 清空 Map，keys() 取得全部的键，values() 取得全部的值，使用 entries() 的同时取得键值，使用 size 取得键值对的数量，也可以使用 forEach() 方法。

在建构 Map 时，可以使用可迭代对象，该对象每次迭代的元素必须是[键, 值]形式，以数组为例。

```
> let map = new Map([['k1', 'v1'], ['k2', 'v2']]);
undefined
> map;
Map { 'k1' => 'v1', 'k2' => 'v2' }
>
```

附带一提，ES10 新增了 `Object.fromEntries()` 函数，可以接受可迭代物作为自变量，该对象迭代出来的每个元素必须是[键, 值]形式，提供 `Object.fromEntries()` 函数建构对象时使用，因此数组或 Map 都可以作为自变量。例如：

```
> Object.fromEntries([['k1', 'v1'], ['k2', 'v2']])
{ k1: 'v1', k2: 'v2' }
> Object.fromEntries(new Map([['k1', 'v1'], ['k2', 'v2']]))
{ k1: 'v1', k2: 'v2' }
>
```

ES6 也提供了 WeakMap，只能使用对象作为键(不能是 null)，垃圾收集时不会考虑对象是否被 WeakMap 当成键，只要对象没有其他名称参考，就会回收对象，WeakMap 中也就不存在该对象作为键，对应值也会自动清除，这可以用来避免必须使用 Map 管理对象与值的对应，之后却忘了从 Map 中清除对象而发生内存泄漏(Memory leak)的问题。

例如，5.3.2 节的 account2.js 范例，曾经实现了私有特性模拟。

```
class Account {
    constructor(name, number, balance) {
        Object.defineProperties(this, {
            __name__ : {
                value: name,
                writable: true
            },
            __number__ : {
                value: number,
                writable: true
            },
            __balance__ : {
                value: balance,
                writable: true
            },
        });
    }
    ...略
```

虽然通过 `Object.defineProperties()` 方法，可将 __name__ 等特性设为不可列举，但是表面上看不到，__name__ 等特性还是可以存取；有了 WeakMap，就可以试着用另一种方式来模拟私有特性。例如：

**collection  account.js**

```
class IllegalArgumentError extends Error {
    ...略
}

class InsufficientException extends Error {
    ...略
}

const privates = new WeakMap();    ◀──── ❶保存对象对应的私有数据

class Account {
    constructor(name, number, balance) {
        privates.set(this, {name, number, balance});
    }
                        ▲
                        ❷以对应对象为键
    get name() {
        return privates.get(this).name;   ◀──── ❸取得对应对象的私有数据
    }

    get number() {
        return privates.get(this).number;
    }

    get balance() {
        return privates.get(this).balance;
    }

    withdraw(money) {
        if(money < 0) {
            throw new IllegalArgumentError('提款金额不得为负');
        }

        let acct = privates.get(this);
        if(money > acct.balance) {
            throw new InsufficientException('余额不足', acct.balance);
        }
        acct.balance -= money;   ◀──── ❹修改对应对象的私有数据
    }

    deposit(money) {
        if(money < 0) {
            throw new IllegalArgumentError('存款金额不得为负');
        }

        let acct = privates.get(this);
        acct.balance += money;
    }

    toString() {
        let acct = privates.get(this);
        return `(${acct.name}, ${acct.number}, ${acct.balance})`;
    }
}

...略
```

为了令 Account 类更有通用性，这个范例同时整合了 7.1.3 节的 account3.js 自定义错误类型的程序代码，在这里建立了 WeakMap 来保存各自对象私有数据❶，键的部分就是实例本身❷，若要取得对应的私有特性，应以实例作为自变量调用 get() 方法，从取得的对象中取出对应特性❸。类似地，要修改对应的私有特性，也是以实例作为自变量调用 get() 方法，取得对象后修改对应特性❹。

因为采用的是 WeakMap，若 Account 实例没有其他名称参考，垃圾回收机制就可以回收对象，WeakMap 中对应的值对象也会被清除。

WeakMap 的键对象可能被回收，因此不能迭代 WeakMap 实例，WeakMap 没有 size 特性，只有 delete()、get()、has()、set() 方法可以使用。

## 8.2.3　**ArrayBuffer**

如果要保存二进制数据，可以使用 **ArrayBuffer**。**ES6** 以后 **ArrayBuffer** 成为标准，在建构 ArrayBuffer 实例时，必须指定位组长度。例如：

```
let buf = new ArrayBuffer(32);        // 32 个字节
console.log(buf.byteLength);          // 显示 32
```

直接面对 ArrayBuffer 实例，可做的事情不多，只能通过 byteLength 特性取得字节数量，或以 slice() 方法指定起始、终止索引切出新的 ArrayBuffer。

若要改变或取得 **ArrayBuffer** 内容，方式之一是通过 **TypedArray** 包裹 **ArrayBuffer** 实例，**TypedArray** 是一组类数组类型的通称，每个类型代表着以什么样的整体观点，来操作底层的 **ArrayBuffer** 实例，如表 **8.1** 所示。

表 8.1 TypedArray

| 符号 | 说明 |
| --- | --- |
| Int8Array | 每个元素为 1 字节，8 位的二补码有号整数 |
| Uint8Array | 每个元素为 1 字节，8 位无号整数 |
| Uint8ClampedArray | 每个元素为 1 字节，8 位无号整数，超出 0～255 的值，会设定为 0 或 255 |
| Int16Array | 每个元素为 2 个字节，16 位的二补码有号整数 |
| Uint16Array | 每个元素为 2 个字节，16 位无号整数 |
| Int32Array | 每个元素为 2 个字节，32 位的二补码有号整数 |
| Uint32Array | 每个元素为 2 个字节，32 位无号整数 |
| Float32Array | 每个元素为 4 个字节，32 位 IEEE 浮点数 |
| Float64Array | 每个元素为 8 个字节，64 位 IEEE 浮点数 |

同一个 ArrayBuffer 实例，在不同的 TypedArray 类型下，每个元素的位组长度不同，因而通过 length 取得元素数量也就不同。例如：

```
let buf = new ArrayBuffer(32);
let i8arr = new Int8Array(buf);
```

```
let i16arr = new Int16Array(buf);
let i32arr = new Int32Array(buf);

console.log(i8arr.length);  // 显示 32
console.log(i16arr.length); // 显示 16
console.log(i32arr.length); // 显示 8
```

在上面的程序片段中，buf 有 32 个字节，也就是 256 个位，就 Int8Array 来说，8 位为一个元素，因此会有 32 个元素，就 Int16Array 来说，16 位为一个元素，因而有 16 个元素，对 Int32Array 来说，则有 8 个元素。

通过 TypedArray 存取 ArrayBuffer 实例的字节数据时，是以元素为单位，例如，通过 Uint8Array 来写入与读出：

```
let buf = new ArrayBuffer(5);
let ui8arr = new Uint8Array(buf);
ui8arr[0] = 72;  // H
ui8arr[1] = 101; // e
ui8arr[2] = 108; // l
ui8arr[3] = 108; // l
ui8arr[4] = 111; // 0

// 显示 Hello
console.log(String.fromCharCode.apply(null, ui8arr));
```

在建构 TypedArray 类型的实例时，也可以使用类数组对象。例如：

```
let ui8arr = new Uint8Array([72, 101, 108, 108, 111]);
// 显示 Hello
console.log(String.fromCharCode.apply(null, ui8arr));
```

TypedArray 的 API，特意设计得与 Array 类似，会操作数组，基本上就会操作 TypedArray，细节可参考 TypedArray[①]的说明。

TypedArray 对待 ArrayBuffer 是采整体观点，也就是对待各元素的观点是一致的，如果想对 **ArrayBuffer** 的各个区段采用不同观点，例如，ArrayBuffer 中想同时包含了 8 位整数与 16 位整数等数据，可以使用 **DataView** 来处理。

```
let buf = new ArrayBuffer(3);
let dataView =  new DataView(buf);

dataView.setInt16(0, 72);
dataView.setInt8(2, 105);

console.log(dataView.getInt16(0));
console.log(dataView.getInt8(2));
```

由于数据长度不固定，在调用 setXXX、getXXX 等方法时，必须指定字节偏移量；也就是说，当 ArrayBuffer 中的数据有特定的结构，就可以使用 DataView 来进行操作。

---

① TypedArray：mzl.la/30WWN8c。

# 8.3  JSON

JSON 是个数据格式，由于易读、易写、易于剖析、可表现阶层性数据，如今已是各应用程序间常用的数据交换格式。实际上，JSON 是参考 JavaScript 对象字面量与数组字面量语法而制定，与 JavaScript 有密切的联系，ECMAScript 就规范了 JSON 处理的相关 API。

## 8.3.1  简介 JSON

JSON 全名 JavaScript Object Notation，为 JavaScript 对象字面量(Object literal)的子集，最早是由 Douglas Crockford 在 2000 年初设计的。2013 年，ECMA-404 与 RFC 7158 标准化，ECMA-404 主要是规范语法，而 RFC 涵盖了一些安全与数据交换上的考虑。

2017 年发布了 JSON 新版规范 ECMA-404[①]第二版与 RFC 8259[②]，后者在语法方面与 ECMA 维持一致，RFC 7158 被废弃，最大的差异是在规范非封闭系统间交换数据时，必须使用 UTF-8。

Douglas Crockford 为 JSON 设立了 www.json.org 网站，其中包含详细的 JSON 格式说明，并列出了各语言中可处理 JSON 的链接库。

**JSON 有两种结构，主要是参考 JavaScript 对象字面量与数组字面量语法而制定：**

- 名称 / 值成对的数据。
- 有序的值清单。

举个例子，以下 JavaScript 程序代码使用对象字面量建立了一个对象：

```
{
    name: 'Justin',
    age: 44,
    childs: [
        {
            name: 'Irene',
            age: 11
        }
    ]
}
```

如果要用 JSON 来表示这个对象中包含的数据，以便在文本文件中保存，可以使用以下的格式：

```
{
    "name": "Justin",
    "age": 44,
    "childs": [
        {
            "name": "Irene",
```

---

① ECMA-404：www.ecma-international.org/publications/standards/Ecma-404.htm.
② RFC 8259：tools.ietf.org/html/rfc8259.

```
            "age": 11
        }
    ]
}
```

看起来非常像原本的对象字面量。在 JSON 的对象格式之中：

- 名称必须用""双引号包括。
- 值可以是""双引号包括的文字，或者是数字、**true**、**false**、**null**、**JavaScript 数组或子 JSON 格式**。

因为 JSON 只是文字格式，也就不支持 JavaScript 表达式，如 new、正则表达式、函数表示等语法之表示。缩排、空白等排版考虑，只是为了人们阅读时的方便，实际上在网络上传输 JSON 数据时，常会去除不必要的空白、缩排等，以节省流量开销。例如：

```
{"name":"Justin","age":44,"childs":[{"name":"Irene","age":11}]}
```

有序清单形式，也是合法的 JSON 格式。例如：

```
[{"name":"Justin","age":44}, {"name":"Irene","age":11}]
```

就如 JavaScript 的数组中可以包含对象，对象的特性值也可以是数组，在 JSON 格式中，两种结构可以递归地彼此包含。

## 8.3.2　JSON.stringify()与JSON.parse()

**ES5**内建**JSON**作为**JSON API**名称空间，提供**JSON.stringify()**与**JSON.parse()**函数，可以将**JavaScript**对象、数组转换为**JSON**格式，也可以将**JSON**数据转换为**JavaScript**对象、数组。

### 1. JSON.stringify()

如果要从对象或数组建立 JSON 格式的字符串，可以使用 JSON.stringify()，若只指定对象或数组作为自变量，会递归地访问可列举特性进行 JSON 格式转换，但不包含符号特性。例如：

**json_dump.js**

```
let obj = {
    name: 'Justin',
    age: 44,
    childs : [ {name: 'Irene', age: 11} ]
};

// {"name":"Justin","age":44,"childs":[{"name":"Irene","age":11}]}
console.log(JSON.stringify(obj));

// {"name":"Justin","age":44}
console.log(JSON.stringify(obj, ['name', 'age']));
```

　　如果在转换过程中遇到值为 `undefined`、函数、符号等 JSON 不支持的格式，会自动略过，`Infinity`、`NaN` 会被转换为 `null`。

　　`JSON.stringify()` 可以接受第二个自变量，若指定数组，只会针对该数组指定的特性名称转换 JSON 字符串，若指定回调函数，该函数可接受对象的特性名称与值，用于自行决定如何转换为 JSON 字符串；因为是递归地走访，首次调用回调函数时，特性为空字符串，值是 `JSON.stringify()` 的第一个自变量，也就是对象本身。

　　回调函数的传回值若是数字、字符串、布尔值，就会被加入 JSON 字符串，如果传回对象或数组，会加入递归调用以进行转换，若传回 `undefined`，该特性就不会被加入 JSON 字符串。例如，前面的 `obj` 在转换为 JSON 字符串时，如果不想要 `age` 特性，可以如下：

**json dump2.js**

```
let obj = {
    name: 'Justin',
    age: 44,
    childs: [ {name: 'Irene', age: 11} ]
};

let json = JSON.stringify(obj,
    (key, value) => key === 'age' ? undefined : value
);

// {"name":"Justin","childs":[{"name":"Irene"}]}
console.log(json);
```

　　`JSON.stringify()` 产生的 JSON 字符串，默认不会有空白、缩排，若要考虑 JSON 格式的可读性，可以指定第三个自变量，如果是 1～10 的数字，会自动换行并以指定数字作为缩排层次，如果指定字符串，会用字符串来进行缩排。例如，刚才的范例若指定 `JSON.stringify()` 第三个自变量为 2，则：

```
...略
let json = JSON.stringify(obj,
    (key, value) => key === 'age' ? undefined : value,
    2
);
...略
```

　　产生的 JSON 字符串就会换行并使用两个空白作为缩排：

```
{
  "name": "Justin",
  "childs": [
    {
      "name": "Irene"
    }
  ]
}
```

如果对象本身定义了 `toJSON()` 方法，`JSON.stringify()` 会使用 `toJSON()` 传回的对象进行 JSON 转换。例如：

```
json dump3.js

let obj = {
    name: 'Justin',
    age: 44,
    toJSON() {
        return {
            name : this.name.toUpperCase(),
            age  : this.age
        };
    }
};

// {"name":"JUSTIN","age":44}
console.log(JSON.stringify(obj));
```

提示 >>>
ECMAScript 内建的 Date 就定义了 `toJSON()` 方法，传回值与 `toISOString()` 相同，因此，`JSON.stringify(new Date())` 的字符串会像是 `'"2019-07-29T07:15:41. 508Z"'`。

### 2. `JSON.parse()`

如果要将 JSON 字符串剖析为 JavaScript 对象，可以使用 `JSON.parse()`。例如：

```
> let json = '{"name":"Justin","age":44,"childs":[{"name":"Irene","age":11}]}'
undefined
> let obj = JSON.parse(json)
undefined
> obj.name
'Justin'
> obj.childs
[ { name: 'Irene', age: 11 } ]
>
```

`JSON.parse()` 接受回调函数作为第二个自变量，函数可以有两个参数，被剖析的键值会传入回调函数，函数的传回值决定了结果对象的特性值，如果传回 `undefined`，就不会包括该特性。例如：

```
json load.js

let json = '{"name":"Justin","age":44,"childs":[{"name":"Irene","age":11}]}';

let obj = JSON.parse(json,
    (key, value) => key === 'age' ? undefined : value
);

console.log(obj); // { name: 'Justin', childs: [ { name: 'Irene' } ] }
```

# 8.4　正则表达式

正则表达式(Regular expression)最早是由数学家 Stephen Kleene 于 1956 年提出，主要用于文字格式比对，后来在信息领域广为应用。ECMAScript 提供支持正则表达式操作的标准 API，以下将从如何定义正则表达式开始介绍。

## 8.4.1　JavaSript 与正则表达式

如果有个字符串，想根据某字符串切割，可以使用 String 的 split()方法，它可以接受字符串作为切割依据，传回切割后各子字符串组成的 Array。例如：

```
> 'Justin,Monica,Irene'.split(',')
[ 'Justin', 'Monica', 'Irene' ]
> 'JustinOrzMonicaOrzIrene'.split('Orz')
[ 'Justin', 'Monica', 'Irene' ]
> 'Justin\tMonica\tIrene'.split('\t')
[ 'Justin', 'Monica', 'Irene' ]
>
```

如果切割字符串的依据不单是某个字符串，而是任意数字呢？例如，想要将 'Justin1Monica2Irene'根据数字切割呢？String 的 split()方法也接受代表着正则表达式的 **RegExp** 实例。

```
> 'Justin1Monica2Irene'.split(/\d/)
[ 'Justin', 'Monica', 'Irene' ]
```

正则表达式是一套语言，在正则表达式\d 表示符合一个数字，JavaScript 支持**正则表达式字面量(Regular expression literal)**，也就是可以使用/regex/来撰写正则表达式，regex 就是想符合的文字规则，正则表达式字面量会建立 RegExp 实例，若正则表达式为固定形式，建议使用/regex/写法。

当然，必要时也可以用 new 来建立 RegExp 实例，这时必须使用字符串来指定。例如：

```
> 'Justin1Monica2Irene'.split(new RegExp('\\d'))
[ 'Justin', 'Monica', 'Irene' ]
>
```

**不要把正则表达式与字符串搞混了**，正则表达式是一套语言，在 **JavaScript** 中可以使用字符串来表示正则表达式，因为正则表达式\d 中包含\，使用字符串表示时，不能撰写 '\'，而是要写为'\\'；虽然转译(Escape)很麻烦，但是 JavaScript 可用+串接字符串，也就可以定义流程来决定最后的字符串组合，因此会用 new 来建立 RegExp 实例，主要是用在需要动态地建立正则表达式的场合。

## 8.4.2　简介正则表达式

因为正则表达式是一套语言，想要善用它来处理文字，就必须对这套语言有进一步的认识，因此接下来先聊聊 JavaScript 支持的正则表达式。正则表达式基本上包括两种字符：**字面字符(Literals)与诠译字符(Metacharacters)**。

字面字符是指按照字面意义比对的字符，如刚才在范例中指定的 Orz，指的是 3 个字面字符 O、r、z 的规则。

诠译字符不按照字面比对，在不同情境会有不同意义，例如^是诠译字符，正则表达式^Orz 是指行首立即出现 Orz 的情况，也就是此时^表示一行的开头，但正则表达式[^Orz]是指不包括 O 或 r 或 z 的比对，也就是在[]的情境，^表示"非"之后几个字符的情况。诠译字符就像程序语言中的控制结构之类的语法，**理解诠译字符在不同情境中想诠译的概念，对于正则表达式的阅读非常重要**。

## 1. 字符表示

字母和数字在正则表达式中，都是按照字面意义比对，有些字符之前加上了\之后，会被当作诠译字符，例如\t 代表按下 Tab 键的字符，如表 8.2 所示列出正则表达式常用的字符表示。

表 8.2　字符表示

| 字符 | 说明 |
|---|---|
| 字母或数字 | 比对字母或数字 |
| \\ | 比对\字符 |
| \xhh | 以 2 位数十六进制数字指定字符编码 |
| \uhhhh | 以 4 位数十六进制数字指定"码元" |
| \n | 换行(\u000A) |
| \v | 垂直定位(\u000B) |
| \f | 换页(\u000C) |
| \r | 返回(\u000D) |
| \b | 退格(\u0008) |
| \t | Tab(\u0009) |

诠译字符在正则表达式中有特殊意义，例如! $ ^ * ( ) + = { } [ ] | \ : . ? 等，若要比对这些字符，必须加上转译符号，例如要比对!，则必须使用\!，要比对$字符，则必须使用\$。如果不确定哪些标点符号字符要加上转译符号，可以在标点符号前加上\，例如比对逗号也可以写\,。

如果正则表达式为XY，那么表示比对"X 之后要跟随着 Y"，如果想表示"X 或 Y"，可以使用 X|Y，如果有多个字符要以"或"的方式表示，例如"X 或 Y 或 Z"，可以使用稍后会介绍的字符类表示为[XYZ]。

## 2. 字符类

在正则表达式中，多个字符可以归类在一起，成为一个字符类(Character class)，字符类会比对文字中是否有"任一个"字符，符合字符类中某个字符。正则表达式中被放在[]中的字符就成为一个字符类。若字符串为'Justin1Monica2Irene3Bush'，想要依 1 或 2 或 3 切割字符串，正则表达式可撰写为[123]：

```
> 'Justin1Monica2Irene3Bush'.split(/[123]/)
[ 'Justin', 'Monica', 'Irene', 'Bush' ]
>
```

正则表达式 123 连续出现字符 1、2、3，然而[]中的字符是"或"的概念，也就是[123]表示"1 或 2 或 3"，|在字符类中只是个普通字符，不会被当作"或"来表示。

字符类中可以使用连字符-作为字符类诠译字符，表示一段文字范围，例如要比对文字中是否有 1~5 任一数字出现，正则表达式为[1-5]，要比对文字中是否有 a 到 z 任一字母出现，正则表达式为[a-z]，要比对文字中是否有 1~5、a~z、M~W 任一字符出现，正则表达式可以写为[1-5a-zM-W]。**字符类中可以使用^作为字符类诠译字符，[^]则为反字符类(Negated character class)**。例如[^abc]会比对 a、b、c 以外的字符。表 8.3 所示为字符类范例列表。

表 8.3　字符类

| 字符类 | 说明 |
|---|---|
| [abc] | a 或 b 或 c 任一字符 |
| [^abc] | a、b、c 以外的任一字符 |
| [a-zA-Z] | a~z 或 A~Z 任一字符 |
| [a-d[m-p]] | a~d 或 m~p 任一字符(联集)，等于[a-dm-p] |
| [a-z&&[def]] | a~z 且是 d、e、f 的任一字符(交集)，等于[def] |
| [a-z&&[^bc]] | a~z 且不是 b 或 c 的任一字符(减集)，等于[ad-z] |
| [a-z&&[^m-p]] | a~z 且不是 m~p 的任一字符，等于[a-lq-z] |

可以看到，字符类中可以再有字符类，把正则表达式想成是语言的话，字符类就像是其中独立的子语言。

有些字符类很常用，例如经常会比对是否为 0~9 的数字，虽然可以撰写为[0-9]，但是撰写为\d 更为方便，这类字符被称为**字符类缩写**或**预定义字符类(Predefined character class)**，它们不用被包括在[]之中，如表 8.4 列出可用的预定义字符类。

表 8.4　预定义字符类

| 预定义字符类 | 说明 |
|---|---|
| . | 任一字符 |
| \d | 比对任一数字字符，即[0-9] |
| \D | 比对任一非数字字符，即[^0-9] |
| \s | 比对任一空格符 |
| \S | 比对任一非空格符，即[^\s] |
| \w | 比对任一 ASCII 字符，即[a-zA-Z0-9_] |
| \W | 比对任一非 ASCII 字符，即[^\w] |

提示 ▶▶ JavaScript 中正则表达式的\s，可以比对的空白有\u0020(半角空白)、\f\n\r\t\v\
u00a0\u1680\u180e 、 \u2000-\u200a ， 以 及 \u2028\u2029\u202f\u205f\u3000\
\ufeff，比其他语言要来得多，若发现\s 可以符合全角空白\u3000 也就不要太诧异了。

### 3. 贪婪、逐步量词

如果想判断手机号码格式是否为 XXXX-XXXXXXX，其中 X 为数字，虽然正则表达式可以
使用\d\d\d\d-\d\d\d\d\d\d，不过更简单的写法是\d{4}-\d{6}。其中，{n}是贪婪量词
(Greedy quantifier)表示法的一种，表示前面的项目出现 n 次。表 8.5 列出可用的贪婪量词。

表 8.5　贪婪量词

| 贪婪量词 | 说明 |
| --- | --- |
| X? | X 项目出现一次或没有 |
| X* | X 项目出现零次或多次 |
| X+ | X 项目出现一次或多次 |
| X{n} | X 项目出现 n 次 |
| X{n,} | X 项目至少出现 n 次 |
| X{n,m} | X 项目出现 n 次但不超过 m 次 |

贪婪量词之所以贪婪，是因为正则表达式的比对器(Matcher)在看到贪婪量词时，会把
剩余文字整个吃掉，再吐出(back-off)文字比对，看看是否符合贪婪量词后的正则表达式，
如果吐出的部分符合，而吃下的部分也符合贪婪量词就比对成功，结果就是**贪婪量词会尽
可能地找出最长的符合文字**。

例如文字 xfooxxxxxxfoo，若使用正则表达式.*foo 比对，比对器会先吃掉整个
xfooxxxxxxfoo，在吐出 foo 后符合了 foo，而剩下的 xfooxxxxxx 符合.*，最后得到的符合
字符串就是整个 xfooxxxxxxfoo。

如果在贪婪量词表示法后加上?，会成为**逐步量词(Reluctant quantifier)**，又可称为**懒
惰量词**，或非贪婪**(non-greedy)量词**(相对于贪婪量词来说)，比对器看到逐步量词时，会一
边吃掉剩余文字，一边看看吃下的文字是否符合正则表达式，结果就是**逐步量词会尽可能
地找出长度最短的符合文字**。

例如文字 xfooxxxxxxfoo 若用正则表达式.*?foo 比对，比对器在吃掉 xfoo 后发现符合
*?foo，接着继续吃掉 xxxxxxfoo 发现符合，因此 xfoo 与 xxxxxxfoo 都符合正则表达式。

可以使用 String 模块的 match()来实际看看两个量词的差别：

```
> 'xfooxxxxxxfoo'.match(/.*foo/g)
[ 'xfooxxxxxxfoo' ]
> 'xfooxxxxxxfoo'.match(/.*?foo/g)
[ 'xfoo', 'xxxxxxfoo' ]
>
```

match()方法默认只会在找到首个匹配时传回结果，若要找出全部符合的文字，在

JavaScript 中可以附加旗标 g，表示全局匹配，这时 match() 方法会传回数组，元素为符合的文字；有关旗标设置，稍后还会有详细的介绍。

## 4. 边界比对

如果有个文字 Justin dog Monica doggie Irene，想根据当中单字 dog 切出前后两个子字符串，也就是 Justin 与 Monica doggie Irene 两个部分，那么以下结果会让你失望。

```
> 'Justin dog Monica doggie Irene'.split(/dog/)
[ 'Justin ', ' Monica ', 'gie Irene' ]
>
```

在程序中，doggie 因为包含 dog 子字符串，也被当作切割的依据，才会有这样的结果。可以使用\b 标出单字边界，例如\bdog\b，这样只会比对出 dog 单字。例如：

```
> 'Justin dog Monica doggie Irene'.split(/\bdog\b/)
[ 'Justin ', ' Monica doggie Irene' ]
>
```

边界比对用来表示文字必须符合指定的边界条件，也就是定位点，因此这类表示式也称为**锚点(Anchor)**。表 8.6 列出正则表达式中可用的边界比对。

表 8.6　边界比对

| 边界比对 | 说明 |
| --- | --- |
| ^ | 一行开头 |
| $ | 一行结尾 |
| \b | 单字边界 |
| \B | 非单字边界 |
| \A | 输入开头 |
| \G | 前一个符合项目结尾 |
| \Z | 非最后终端机(final terminator)的输入结尾 |
| \z | 输入结尾 |

## 5. 分组与参考

可以使用() 为正则表达式分组，除了作为子正则表达式之外，还可以搭配量词使用。例如想要验证电子邮件格式，允许使用者名称开头必须是大小写英文字符，之后可搭配数字，正则表达式可写为^[a-zA-Z]+\d*，因为@后域名可以有数层，必须是大小写英文字符或数字，正则表达式可以写为([a-zA-Z0-9]+\.)+，其中使用() 群组了正则表达式，之后的+表示这个群组的表示式符合一次或多次，最后是 com 结尾，整个结合起来的正则表达式就是^[a-zA-Z]+\d*@([a-zA-Z0-9]+\.)+com。

若有字符串符合了正则表达式分组，字符串会被捕捉(Capture)，以便在稍后回头参考**(Back reference)**。为了可以回头参考分组，必须知道分组计数，如果有个正则表达式

((A)(B(C)))，其中有 4 个分组，这是以遇到的左括号来计数，所以 4 个分组分别是：((A)(B(C)))、(A)、(B(C))和(C)。

回头参考分组时，是在\后加上分组计数，表示参考第几个分组的比对结果。例如，\d\d 要求比对两个数字，(\d\d)\1 的话，表示要输入 4 个数字，输入的前 2 个数字与后 2 个数字必须相同，例如输入 1212 会符合，12 因为符合(\d\d)而被捕捉至分组 1，\1 要求接下来输入也要是分组 1 的内容，也就是 12；若输入 1234 则不符合，因为 12 虽然符合(\d\d) 而被捕捉，但是\1 要求接下来的输入也要是 12，然而接下来的数字是 34，因而不符合。

再来看个实用的例子，["'][^"']*["']比对单引号或双引号中 0 或多个字符，但没有比对两个都要是单引号或双引号，(["'])[^"']*\1 则比对出前后引号必须一致。

## 6. 扩充标记

正则表达式中的(?...) 代表扩充标记(Extension notation)，括号中首个字符必须是?，而这之后的字符(也就是...的部分)，进一步决定了正则表达式的组成意义。

举例来说，刚才谈过可以使用()分组，默认会对()分组计数，若不需要分组计数，只是想使用()来定义某个子规则，**可以使用(?:...)来表示不捕捉分组**。例如，若只想比对邮件地址格式，不打算捕捉分组，可以使用^[a-zA-Z]+\d*@(?:[a-zA-Z0-9]+ \.)+com。

在正则表达式复杂之时，多用(?:...)来避免不必要的捕捉分组，对于效能也会有很大的改进。

有时要捕捉的分组数量众多时，以号码来区别分组也不方便，这时**可以使用(?<name>...) 来为分组命名**，在同一个正则表达式中使用\k<name>取用分组。例如前面讲到的(\d\d)\1 是使用号码取用分组，若想以名称取用分组，也可以使用(?<**tens**>\d\d)\k<**tens**>，当分组众多时，适时为分组命名，就不用为了分组计数而烦恼了，ECMAScript 在 ES9 以后正式支持分组命名。

如果想比对出的对象，之后必须跟随或没有跟随着特定文字，可以使用**(?=…)** 或 **(?!…)**，分别称为 Lookahead 与 Negative lookahead。例如，分别比对出来的名称最后必须有或没有'Lin'。

```
> 'Justin Lin, Monica Huang, Irene Lin'.match(/\w+ (?=Lin)/g)
[ 'Justin ', 'Irene ' ]
> 'Justin Lin, Monica Huang, Irene Lin'.match(/\w+ (?!Lin)/g)
[ 'Monica ' ]
>
```

相对地，**如果想比对出的对象，前面必须有或没有着特定文字，可以使用(?<=…)** 或 **(?<!…)**，分别称为 Lookbehind 与 Negative lookbehind，ECMAScript 在 ES9 以后支援。例如，分别比对出来的文字前必须有或没有'data'：

```
> 'data-h1,cust-address,data-pre'.match(/(?<=data)-\w+/g)
[ '-h1', '-pre' ]
> 'data-h1,cust-address,data-pre'.match(/(?<!data)-\w+/g)
```

```
[ '-address' ]
>
```

**提示》》》** 不同程序语言支持的正则表达式有差异，有兴趣的读者可以参考笔者整理的 Regex[①]文件，其中有 Java、JavaScript、Python 对正则表达式的支持介绍。

## 8.4.3　**String** 与正则表达式

JavaScript 支持正则表达式字面字面量，可以使用/regex/来撰写正则表达式，必要时也可以用 new 来建立 RegExp 实例。

### 1. **search()**、**replace()**

String 实例上有一些方法，可以接受 RegExp 实例，如 split()方法，之前已经看过几个范例；search()方法也可以使用正则表达式，若找到第一个符合的字符串，会传回索引值，否则传回-1：

```
> 'your right brain has nothing "left" and your left has nothing
"right"'.search(/(["'])[^"']*\1/)
29
>
```

String 的 replace()方法可以使用正则表达式，例如：

```
> 'xfooxxxxxxfoo'.replace(/.*?foo/, 'Orz')
'Orzxxxxxxfoo'
```

这里只取代了第一个。如果要全局取代的话，可以使用旗标 **g**。例如：

```
> 'xfooxxxxxxfoo'.replace(/.*?foo/g, 'Orz')
'OrzOrz'
```

像 g 这类旗标并不是正则表达式本身的语法，而是 JavaScript 额外提供的标识，用来提示相关 API 做些进阶处理。目前 JavaScript 可以使用的旗标如表 8.7 所示。

表 8.7　正则表达式旗标

| 旗标 | 说明 |
| --- | --- |
| i | 忽略大小写 |
| g | 全局匹配 |
| m | 允许对多行文字匹配 |
| u | ES6 以后提供，启用 Unicode 模式 |
| y | ES6 以后提供，支持黏性匹配(Sticky match) |
| s | ES9 以后提供，“.” 将会符合包含换行在内的全部字符 |

---

① Regex：openhome.cc/Gossip/Regex/.

除了 u 与 y 之外，应该都可以从说明中明了旗标设置的意义，u 旗标与 Unicode 处理相关，稍后再来说明，这里先谈黏性匹配，设置 y 旗目标话，会以 RegExp 实例的 lastIndex 值作为索引，从字符串该索引后进行匹配。下面是个黏性匹配的例子。

```
> let re = /.*?foo/y;
undefined
> re.lastIndex = 4;
4
> 'xfooxxxxxxfoo'.replace(re, 'Orz')
'xfooOrz'
```

可以同时指定多个旗标，例如想忽略大小写、全局匹配的话，可以写成 /regex/ig。可以通过 RegExp 实例的 flags、global、ignoreCase、multiline、sticky、unicode、dotAll 等特性，得知被设定的旗标信息。

如果正则表达式中有分组设定，在使用 replace() 时，可以使用 $n 来捕捉被分组匹配的文字，n 表示第几个分组，或者是使用 $& 表示整个符合的字符串。例如，以下示范如何将用户邮件地址从.com 取代为.cc。

```
> 'caterpillar@openhome.com'.replace(/(^[a-zA-Z]+\d*)@([a-z]+?.)com/, '$1@$2cc')
'caterpillar@openhome.cc'
>
```

replace() 的第二个参数也可以是函数，该函数第一个参数接受符合的字符串，之后的参数接受分组捕捉的字符串，倒数第二个参数是符合的字符串在原始字符串中的偏移值，最后一个参数是原始字符串，函数的传回值是 replace() 的传回值。

例如，前面的例子也可以改用函数：

```
> 'caterpillar@openhome.com'.replace(/(^[a-zA-Z]+\d*)@([a-z]+?.)com/, (match, g1,
g2) => `${g1}@${g2}cc`)
'caterpillar@openhome.cc'
```

ES9 以后正式支持命名分组，在使用 replace() 方法时也可以结合命名分组，指定命名时是使用 $<name> 的形式。例如：

```
> let re = /(?<user>^[a-zA-Z]+\d*)@(?<domain>[a-z]+?.)com/
undefined
> 'caterpillar@openhome.com'.replace(re, '$<user>@$<domain>cc')
'caterpillar@openhome.cc'
>
```

## 2. match()、matchAll()

String 的 match() 可以指定正则表达式，若没有打开 g 旗标，只会试着匹配第一个字符串，这时 match() 会传回数组，没有符合的字符串就传回 null，第一个位置(索引 0)是符合的字符串，而各分组捕捉到的值，逐一放在后续索引处。

```
> '0970-666888'.match(/(?<fst>\d{4})-(?<lst>\d{6})/)
```

```
[
  '0970-666888',
  '0970',
  '666888',
  index: 0,
  input: '0970-666888',
  groups: [Object: null prototype] { fst: '0970', lst: '666888' }
]
>
```

　　在上面的结果显示中，出现了 `index`、`input`、`groups` 等特性，这些是传回的数组对象上附加的特性，分别代表匹配的索引处、被比对的输入字符串以及命名群组的结果，如果没有命名群组，`groups` 会是 `undefined`。

　　如果分组使用了 `(?:…)` 就不会捕捉，传回的数组中也就不会有该分组的值。例如：

```
> '0970-666888'.match(/(?:\d{4})-(?:\d{6})/)
[ '0970-666888', index: 0, input: '0970-666888', groups: undefined ]
>
```

　　如果加上了全局旗标，那么 `match()` 会进行全局比对，而传回的数组，只会是符合表示式的值，不会有分组的部分。例如：

```
> '0970-666888, 0970-168168'.match(/((\d{4})-(\d{6}))/g)
[ '0970-666888', '0970-168168' ]
>
```

　　如果想要全局比对，又想要传回的结果包含分组部分呢？ES11 以后有个 `matchAll()` 方法，它会传回迭代器，可以迭代出各个比对结果。例如：

```
> let matched = '0970-666888, 0970-168168'.matchAll(/((\d{4})-(\d{6}))/g)
undefined
> Array.from(matched)
[
  [
    '0970-666888',
    '0970-666888',
    '0970',
    '666888',
    index: 0,
    input: '0970-666888, 0970-168168',
    groups: undefined
  ],
  [
    '0970-168168',
    '0970-168168',
    '0970',
    '168168',
    index: 13,
    input: '0970-666888, 0970-168168',
    groups: undefined
  ]
]
>
```

那么在 ES11 之前该怎么办呢？需要直接操作 RegExp 实例的 exec() 方法，来逐一取得比对结果，RegExp 就是接下来要说明的内容。

## 8.4.4 使用 RegExp

正则表达式字面量会生成 RegExp 实例，必要时也可以自行建构 RegExp 实例，建构时可以指定 RegExp 实例或字符串。例如：

```
> 'Justin1Monica2Irene'.split(new RegExp(/\d/))
[ 'Justin', 'Monica', 'Irene' ]
> 'Justin1Monica2Irene'.split(new RegExp('\\d'))
[ 'Justin', 'Monica', 'Irene' ]
>
```

### 1. 建构 RegExp 实例

如果能事先决定表示式内容，使用字面量比较方便，**若必须动态地、根据需求建立最后的正则表达式，可以使用字符串方式来组合**；若要使用字符串来表示正则表达式，需针对正则表达式中的特定字符进行转译。

例如，若有个字符串是 'Justin+Monica+Irene'，想使用 split() 方法根据 '+' 切割，要使用的正则表达式是 \+，要将 \+ 放至 '' 之间时，必须忽略 \+ 的 \，因而要撰写为 '\\+'.

```
> 'Justin+Monica+Irene'.split(new RegExp('\\+'))
[ 'Justin', 'Monica', 'Irene' ]
```

类似地，如果有个字符串是 'Justin||Monica||Irene'，想使用 split() 方法依 '||' 切割，要使用的正则表达式是 \|\|，要将 \|\| 放至 '' 之间时，必须忽略 \| 的 \，就必须撰写为 '\\|\\|'：

```
> 'Justin||Monica||Irene'.split(new RegExp('\\|\\|'))
[ 'Justin', 'Monica', 'Irene' ]
```

如果有个字符串是 'Justin\\Monica\\Irene'，也就是原始文字是 Justin\Monica\Irene 的字符串表示，若想使用 split() 方法根据 \ 切割，要使用的正则表达式是 \\，那就得如下撰写。

```
> 'Justin\\Monica\\Irene'.split(new RegExp('\\\\'))
[ 'Justin', 'Monica', 'Irene' ]
```

在使用构造函数 RegExp 时，可以在第二个参数处指定旗标。例如：

```
> 'xfooxxxxxxfoo'.replace(new RegExp('.*?foo', 'g'), 'Orz')
'OrzOrz'
```

在建构 RegExp 时，也可以指定既有的 RegExp 实例。例如：

```
let regex = new RegExp(/.*?foo/g); // 相当于 new RegExp('.*?foo', 'g')
```

在 ES6 以后还可以使用下面的方式：

```
let regex = new RegExp(/.*?foo/, 'g');
```

## 2. 操作 RegExp 方法

RegExp 的 `test()` 方法，可用来搜寻、测试字符串中是否有符合正则表达式的子字符串。例如：

```
> let regex1 = /foo*/
undefined
> regex1.test('table football')
true
>
```

建立 RegExp 需要经过剖析、转换至内部呈现格式等多个阶段，你或许会为了效率考虑，重用已建立的 RegExp，此时要注意的是，**RegExp 实例状态是可变的(Muttable)**，例如，在 8.4.3 节就看过可修改 `lastIndex` 的值(为了示范黏性匹配)。

**若正则表达式被设置了全局旗标，RegExp 实例的 `lastIndex` 就会有作用**，默认值是 0，`test()` 方法这时会以 `lastIndex` 作为测试起点，如果比对到字符串，`lastIndex` 就会设为被匹配字符串之后的索引，以作为下个测试起点，如果没有符合的字符串，`lastIndex` 会回到 0。

因此，这就会有以下的结果，明明就是相同字符串，一个显示 `true`，下一个却显示 `false`。

```
> let regex1 = new RegExp('foo*', 'g')
undefined
> regex1.test('table football')
true
> regex1.test('table football')
false
>
```

RegExp 有个 `exec()` 方法，用来比对字符串，如果有符合的字符串，会传回一个数组(否则传回 null)，第一个位置(索引 0)是符合的字符串，而各分组捕捉到的值，逐一放在后续索引处。

如果分组使用了`(?:…)`就不会捕捉，传回的数组中也就不会有该分组的值。

```
> /(\d{4})-(\d{6})/.exec('0970-666888')
[ input: '0970-666888',
  '0970-666888',ned
  '0970',
  '666888',
  index: 0,
  input: '0970-666888',
  groups: undefined
]
> /(?:\d{4})-(?:\d{6})/.exec('0970-666888')
[ '0970-666888', index: 0, input: '0970-666888', groups: undefined ]
```

```
> /(?:(\d{4})-(\d{6}))/.exec('0970-666888')
[
  '0970-666888',
  '0970',
  '666888',
  index: 0,
  input: '0970-666888',
  groups: undefined
]
>
```

如果加上了全局旗标，每调用一次 exec()，传回的数组会是当次符合的结果，最后没有符合结果时传回 null。

```
> let regex1 = /((\d{4})-(\d{6}))/g
undefined
> regex1.exec('0970-666888, 0970-168168')
[
  '0970-666888',
  '0970-666888',
  '0970',
  '666888',
  index: 0,
  input: '0970-666888, 0970-168168',
  groups: undefined
]
> regex1.exec('0970-666888, 0970-168168')
[
  '0970-168168',
  '0970-168168',
  '0970',
  '168168',
  index: 13,
  input: '0970-666888, 0970-168168',
  groups: undefined
]
> regex1.exec('0970-666888, 0970-168168')
null
>
```

当启用了全局旗标，lastIndex 会在比对到字符串时变动，以作为下个比对时的索引起点，因此，使用 exec() 找出字符串中符合正则表达式的子字符串，通常会结合循环。例如：

**regex  match-all.js**

```
let regex = /((\d{4})-(\d{6}))/g;

let matched;
while((matched = regex.exec('0970-666888, 0970-168168')) != null) {
    console.log(matched);
}
```

在还没有 matchAll() 方法可以使用之前，就是采用以上方式来获取全部比对的结果。

### 3. 正则表达式协议

String 有 split()、search()、replace()、match() 以及 ES11 以后增加的 matchAll() 方法，RegExp 也有定义有这些方法，不过是以符号 Symbol.split、Symbol.search、Symbol.replace、Symbol.match 定义，ES11 后还多了个 Symbol.matchAll。

这表示，对于下面这类调用字符串方法的例子：

```
> 'Justin1Monica2Irene'.split(/\d/)
[ 'Justin', 'Monica', 'Irene' ]
>
```

也可以使用下面的方式：

```
> /\d/[Symbol.split]('Justin1Monica2Irene')
[ 'Justin', 'Monica', 'Irene' ]
>
```

在 ES6 以后，切割、搜寻等与正则表达式相关的职责，集中在 RegExp 上了，而 String 的 split()、search() 等方法，会将比对的工作委托给 RegExp 实例上对应的协议，这么一来，必要时可以继承 RegExp 来重新定义相关的方法，修正或增强 String 的 split()、search() 等方法的功能。

例如，令 String 的 match() 方法在打开全局旗标时也可以取得分组匹配结果。

**regex  xre.js**

```
class Xre extends RegExp {
    [Symbol.match](str) {      ◀── ❶重新定义 Symbol.match 方法
        if(this.global) {      ◀── ❷是否设置全局旗标
            let result = [];
            result.matchedAll = [];
            let matched;
            while((matched = this.exec(str)) != null) {
                result.push(matched[0]);      ◀── ❸收集匹配的字符串
                result.matchedAll.push(matched);   ◀── ❹收集全部的匹配结果
            }
            return result.length === 0 ? null : result;
        }
        else {
            return super[Symbol.match](str);   ◀── ❺调用父类方法就可以了
        }
    }
}

let regex = new Xre(/((\d{4})-(\d{6}))/g);
let matched = '0970-666888, 0970-168168'.match(regex);
console.log(matched.matchedAll);   ◀── ❻存取扩充的特性
```

Xre 类重新定义了 RegExp 的 Symbol.match 方法❶，方法中检查 RegExp 实例是否有设定全局旗标❷，如果有，在 result 中收集匹配的字符串❸，这是因为**继承之后若重新定义父类方法时，一个重要的原则是，不要改变父类既有行为。**这里 RegExp 原本的 Symbol.match 方法传回什么结果，Xre 在重新定义时就要遵守；然而，继承的目的是扩充，

这里扩充了特性 `matchedAll` 来收集全部的匹配结果❹；至于未打开全局旗目标情况下，直接调用父类方法就可以了❺。

因此，既有的程序代码若使用了 `String` 的 `match()`，现在就算传入了 `Xre` 实例，程序行为也不会受到影响；至于新撰写的程序代码，若要使用扩充特性的时候，就可以使用 `matchedAll` 特性❻。范例的执行结果如下：

```
[
  [
    '0970-666888',
    '0970-666888',
    '0970',
    '666888',
    index: 0,
    input: '0970-666888, 0970-168168',
    groups: undefined
  ],
  [
    '0970-168168',
    '0970-168168',
    '0970',
    '168168',
    index: 13,
    input: '0970-666888, 0970-168168',
    groups: undefined
  ]
]
```

由于 JavaScript 是动态类型语言，因此在执行 `String` 的 `split()`、`search()`、`replace()`、`match()` 等方法时，不一定要传入 `RegExp` 实例，只要是具有 `Symbol.split`、`Symbol.search`、`Symbol.replace`、`Symbol.match` 等协议的对象就可以了。

这表示你可以利用这些协议，自行实现正则表达式引擎，或者包裹第三方正则表达式链接库，以安插至 `String` 的正则表达式相关操作，获得 ECMAScript 标准以外的正则表达式功能。

**提示 >>>** 在《RegExp 的 Symbol 协定》[①]中，笔者提供了结合第三方程式库 XregExp 的简单示范，有兴趣的读者可以参考一下。

## 8.4.5 Unicode 正则表达式

在表 8.2 的正则表达式中，`\uhhhh` 是以 4 位数十六进制数字指定 "码元"(而不是码点)，如果字符在 U+0000 至 U+FFFF 以内，例如 "林" 的码点 U+6797，在正则表达式比对时可以使用 `\u6797` 来指定。

```
> 'xyz 林 123'.search(/\u6797/)
```

---

① 《RegExp 的 Symbol 协定》：openhome.cc/Gossip/Regex/RegExpSymbol.html.

```
3
>
```

但有些字符超出了 U+0000 至 U+FFFF 以外，例如高音谱记号 🎼 的 Unicode 码点为
U+1D11E，JavaScript 会使用代理对，以两个码元来实现，在 ES5 以前，可以使用
'\uD834\uDD1E'来表示' 🎼 '字符串，而使用正则表达式比对时必须指定两个码元。

```
> 'Treble clef: \uD834\uDD1E'.search(/\uD834\uDD1E/)
13
>
```

也就是说在 ES6 之前，正则表达式中若使用\uhhhh，就是指定要比对的码元，因此对
于高音谱记号 🎼 ，必须使用\uD834\uDD1E 才能比对成功。

Unicode 字符集为世界大部分文字系统做了整理，正则表达式是为了比对文字，两者相
遇就产生了更多的需求；为了能令正则表达式支持 Unicode，Unicode 组织在 UNICODE
REGULAR EXPRESSIONS[①]做了规范；JavaScript 对 Unicode 正则表达式，从 ES6 开始逐步
支持，想运用的话，必须打开 u 旗标采用 Unicode 模式。

### 1. Unicode 模式

从 ES6 开始，正则表达式启用 u 旗标，代表着启用 Unicode 模式，目的之一是支持\u{…}
的写法。例如，ES6 以后'\uD834\uDD1E'可以使用'\u{1D11E}'来表示；若要在正则表达
式使用\u{…}，必须打开 u 旗标。

```
> 'Treble clef: \uD834\uDD1E'.search(/\u{1D11E}/)
-1
> 'Treble clef: \uD834\uDD1E'.search(/\u{1D11E}/u)
13
>
```

在启用 Unicode 模式的情况下，既有的\uhhhh 写法就是指定"码点"(而不是码元)，
也就是说，若\uhhhh 指定的码点处实际上没有定义 Unicode 字符，就不会比对成功。例如：

```
> let trebleClef = '\u{1D11E}'
undefined
> /\uD834/.test(trebleClef)
true
> /\uD834/u.test(trebleClef)
false
>
```

在没有打开 u 旗目标情况下，test()方法会在字符串索引 0 处找到相符的码元；然而，
在打开 Unicode 模式后，\uD834 就是指 Unicode 码点 U+D834，然而该码点处未定义字符，
test()就因搜寻失败而传回 false。

---

[①] *UNICODE REGULAR EXPRESSIONS*：www.unicode.org/reports/tr18/.

在启用 Unicode 模式后，对于 0xFFFF 以外的字符，才会进行正确的辨识，这会影响预定义字符类、量词等的判断。

例如，未启用 Unicode 模式前，预定义字符类\S 表示非空格符，然而，对 0xFFFF 以外的字符会误判，只有在加上 u 旗目标情况下才会正确比对；类似地，\W、"."也只有在启用 Unicode 模式下，才能正确比对 0xFFFF 以外的字符。

```
> /^\S$/.test('\u{1D11E}')
false
> /^\S$/u.test('\u{1D11E}')
true
> /^\W$/.test('\u{1D11E}')
false
> /^\W$/u.test('\u{1D11E}')
true
> /^.$/.test('\u{1D11E}')
false
> /^.$/u.test('\u{1D11E}')
true
>
```

### 2. Unicode 特性转义

ES9 以后支持正则表达式的 Unicode 特性转义(Unicode property escapes)，为了能运用这个新功能，必须认识 Unicode 规范中的分类(Category)、文字(Script)。

在 Unicode 的规范中，每个 Unicode 字符隶属于某个分类，在 General Category Property[①]中可以看到 Letter、Uppercase Letter 等一般分类，每个分类也给予了 L、Lu 等缩写名称。

举例来说，隶属于 Letter 分类的字符都是字母，a~z 和 A~Z、全角的 a~z 和 A~Z 都在 Letter 分类中，除了英文字母之外，其他如希腊字母 α 、 β 、 γ 等，也都隶属于 Letter 分类。

ES9 以后，若用 u 旗标打开 Unicode 模式，可以通过\p{General_Category= Letter}、\p{gc=Letter}、\p{Letter}、\p{L}等方式来指定分类，若分类名称有两个字，要使用_相连，这样在使用正则表达式判断字母、数字等，就非常方便了。例如：

```
> /\p{General_Category=Letter}/u.test('α')
true
> /\p{gc=Letter}/u.test('α')
true
> /\p{Uppercase_Letter}/u.test('α')
false
> /\p{Ll}/u.test('α')
true
> /\p{Number}/u.test('1')
true
> /\p{Number}/u.test('１')
```

---

① General Category Property：www.unicode.org/reports/tr18/#General_Category_Property.

```
true
>
```

　　\p{…}的相反就是\P{…}：

```
> /\p{Number}/u.test('1')
true
> /\P{Number}/u.test('1')
false
>
```

　　来个有趣的测试吧！**1**　**2**　**3**　4　5　6　7　8　9　**0**　**1**　**2**　**3**　4　5　6　都是十进制数：

```
> /^\p{Decimal_Number}+$/u.test('1 2 3 4 5 6 7 8 9 0 1 2 3 4 5 6 ')



true
>
```

　　数字² ³ ¹ ¼ ½ ¾**1**　**2**　**3**　4　5　6　7　8　9　**0**　**1**　**2**　**3**　4　5　6　㉛㉜㉝ Ⅰ Ⅱ ⅢⅣ Ⅴ ⅥⅦⅧⅨ Ⅹ ⅪⅫ L C D M ⅰ ⅱ ⅲⅳ ⅴ ⅵⅶⅷⅸ ⅹ ⅺⅻ ｌ ｃ ｄｍ也都是：

```
> /^\p{Number}+$/u.test('² ³ ¹ ¼ ½ ¾1 2 3 4 1 2 3 4 ◆◆◆8 9    1 2 ㉛㉛㉜㉜㉝㉝ Ⅰ Ⅱ ⅢⅣⅤ

ⅥⅦⅧⅨ Ⅹ ⅪⅫ L C D M ⅰ ⅱ ⅲⅳ ⅴ ⅵⅶⅷⅸ ⅹ ⅺⅻ ｌ ｃ ｄｍ')
true
>
```

　　Unicode 将希腊文、汉字等组织为文字(Script)特性，可参考 UNICODE SCRIPT PROPERTY[①]。例如，如果想在正则表达式中以文字特性比对，可以使用\p{Script=Greek}、\p{Script_Extensions=Greek}、\p{sc=Han}、\p{scx=Han}的写法(Han 包含了繁体中文、简体中文，以及日、韩、越南文的全部汉字)。例如：

```
> /\p{Script=Greek}/u.test('a')
false
> /\p{Script_Extensions=Greek}/u.test('α')
true
> /\p{sc=Greek}/u.test('α')
true
> /\p{sc=Han}/u.test('林')
true
>
```

　　另外还有一些二元特性，如 ASCII、Alphabetic、Lowercase、Emoji 等，直接写在\p{..}里就可以了。例如：

---

① UNICODE SCRIPT PROPERTY：www.unicode.org/reports/tr24/.

```
> /\p{Emoji}/u.test('😊')
true
>
```

如果想取得\p{..}中可以使用的特性名称等列表，可以查阅 ECMAScript 规格书 UnicodeMatchProperty[①]与 UnicodeMatchPropertyValue[②]内容。

**提示 >>>** 想对 JavaScript 中的正则表达式支持，进行更多认识的话，可以参考 MDN 上的 Regular Expressions[③]。

# 8.5　重点复习

# 8.6　课后练习

1. 如果有个字符串数组如下：

```
['RADAR', 'WARTER START', 'MILK KLIM', 'RESERVED','IWI', "ABBA"]
```

请撰写程序，判断字符串数组中有哪些字符串是回文(Palindrome)，也就是从左念到右或从右念到左，字符的排列顺序都一样。

2. 尝试写个 MultiMap 类，行为上像个 Map，不过若指定的键已存在，值将会保存在一个集合中，而不是直接覆盖既有的对应值。例如要有以下的行为：

```
let multiMap = new MultiMap([
    ['A', 'Justin'],
    ['B', 'Monica'],
    ['B', 'Irene']
]);
multiMap.set('C', 'Irene');

/*
显示
MultiMap [Map] {
  'A' => Set { 'Justin' },
  'B' => Set { 'Monica', 'Irene' },
  'C' => Set { 'Irene' }
}
```

---

① UnicodeMatchProperty：bit.ly/2M0lbTh.

② UnicodeMatchPropertyValue：bit.ly/316wdcW.

③ Regular Expressions：mzl.la/2Ycmepw.

```
*/
console.log(multiMap);

// 显示 Set { 'Monica', 'Irene' }
console.log(multiMap.get('B'))
```

3. 请设计 isLittleEndian()、isBigEndian()函数，可以接受文件名，判断该文件是 UTF-16LE 或是 UTF-16BE 编码。

4. 如果有个 HTML 文件，其中有许多 img 标签，而每个 img 卷标都被 a 卷标给包裹住。例如：

```
<a href="images/EssentialJavaScript-1-1.png" target="_blank"><img
src="images/EssentialJavaScript-1-1.png" alt="测试 node 指令"
style="max-width:100%;"></a>
```

请撰写程序读取指定的 HTML 文件名，将包裹 img 卷标的 a 卷标去除之后存回原文件，也就是执行程序过后，文件中如上的 HTML 要变为：

```
<img src="images/EssentialJavaScript-1-1.png" alt="测试 node 指令"
style="max-width:100%;">
```

meta-programming | 第 **9** 章

- 探索对象特性
- 判断对象类型
- 认识 Reflect API
- 结合 Proxy 与 Reflect API

## 9.1 探索对象

对于 meta-programming，并没有严谨的定义，为了便于讨论本章的内容，在这里做个适用于本章内容的定义。

就字面来看，meta 前置词源于希腊文，原本相当于之后(After)、超越(Beyond)之意，后续衍生出许多意义，如关于(About)。例如 *metadata* 是"与数据相关的数据"(*data* about data)，如数据库表格用以保存数据，而表格中各字段是何种类型等描述，就称为 metadata。

就此来看，***meta-programming*** 可以对比为"与程序设计相关的程序设计"(***programming*** about programming)，meta-programming 就是在从事程序设计，然而不同于静态的 data，programming 是动态的，"**meta-programming 从事的程序设计，会影响另一个程序设计**"。

就 JavaScript 而言，之前有些章节就是在进行 meta-programming 了。例如，在程序的某角落替换对象方法、为对象定义设值、取值函数、修改对象原型等。其他部分的程序行为就会受到影响。另一方面，在想改变程序的行为前，必须先能查看程序的行为，因此之前章节在进行对象特性检测、列举等动作，也是在进行 meta-programming。

总结来说，meta-programming 是指"**查看程序行为、修改程序行为，甚至是修改语言默认行为等，可以令程序受到影响的程序设计**"。既然本章名为 meta-programming，表示接下来要介绍的都是 JavaScript 中进行 meta-programming 时可用的进阶技巧。

## 9.1.1　对象特性

meta-programming 从事的程序设计中，会查看程序行为，而查看对象特性是查看程序行为的一环，至于该采用哪种方式，必须得先厘清自身需求，看看要从哪个角度来查看对象。

### 1. 特性检测

在说到检测对象是否具有某特性时，大多数情况下指的是这个对象本身或者是原型链上，是否具有某个特性。

最常见手法之一是运用 2.3.5 节介绍过的 Falsy family，以及 3.3.2 节介绍过的 "试图存取对象上不存在的特性时，会传回 undefined"，这经常运用在修补 API 上，例如 8.4.3 节介绍过，ES11 以后有个 matchAll() 方法，你希望在支持 ES11 的环境下使用原生的方法，否则就使用自行实现的方法，针对这个需求可如下实现。

`object match-all.js`

```javascript
if(!String.prototype.matchAll) {
    Object.defineProperty(String.prototype, 'matchAll', {
        value: function(regex) {
            let allMatched = [];
            let matched;
            while((matched = regex.exec(this)) != null) {
                allMatched.push(matched);
            }
            return allMatched;
        },
        writable: true,
        configurable: true
    });
}

let matched = '0970-666888, 0970-168168'.matchAll(/((\d{4})-(\d{6}))/g);
console.log(Array.from(matched));
```

然而，要运用这种手法，必须是特性值不会被设为 Falsy family 成员的情况，如果无法避免这类情况，必须做更严格的检查。例如运用 4.1.1 节介绍过的 has() 函数：

`object match-all2.js`

```javascript
function has(obj, name) {
    return typeof obj[name] !== 'undefined';
}

if(!has(String.prototype, 'matchAll')) {
    Object.defineProperty(String.prototype, 'matchAll', {
```

```
        ...略
    });
}

let matched = '0970-666888, 0970-168168'.matchAll(/((\d{4})-(\d{6}))/g);
console.log(Array.from(matched));
```

由于符号也是通过[]存取，因此上面的 has()也可以用来检测符号定义的特性；如果遵守 4.1.1 节的建议**"避免将对象的特性值设为 undefined"**，可以使用 in 运算符来实现 has()函数，in 也可以用来检测符号定义的特性。

```
function has(obj, name) {
    return name in obj;
}
```

> **提示 ≫** 在前面的章节中也介绍过探索对象的一些方式，为了避免内容重复，本章针对前面章节讲过的内容只做些摘要整理，如果对这些内容印象薄弱了，或者读者是直接翻阅这一章，记得回顾一下文中提到的相关章节。

上面的特性检测手法，在特性不存在于实例本身时，都会查找原型链，如果想确定特性是否存在于实例本身，可以使用 **hasOwnProperty()**方法，此方法也可以用来检测符号定义的特性。例如：

```
> [].hasOwnProperty('length')
true
> [].hasOwnProperty('toString')
false
> Array.prototype.hasOwnProperty(Symbol.iterator)
true
>
```

## 2. 特性／值清单

有时候需要取得对象的"特性／值"清单，通常这个需求不会包含符号定义的特性。

不少开发者会想到 for...in 语法，不过在 3.2.4 节介绍过，**for...in** 针对的是实例本身以及继承而来的可列举**(Emnuerable)**特性。"列举"在 JavaScript 中有特定意义，也就是 5.1.3 节介绍过的，特性的 enumerable 属性被设为 true，才能被列举。

想要知道特性可否列举，可以使用 **propertyIsEnumerable()**方法。例如：

```
> [].propertyIsEnumerable('length')
false
> ({x: 10}).propertyIsEnumerable('x')
true
>
```

JavaScript 内建语法与 API，不提供取得实例本身以及继承而来的全部特性名称(包含不可列举)，因为结果会是个庞大清单，从这点来看，for...in 只考虑可列举特性，也是合情合理。

针对实例本身的可列举特性，可以使用 **Object.keys()** 来取得名称数组，**Object.values()** 可取得值数组，**Object.entries()** 传回[名称,值]为元素的数组。例如：

```
> let obj = {x: 10, y: 20}
undefined
> Object.keys(obj)
[ 'x', 'y' ]
> Object.values(obj)
[ 10, 20 ]
> Object.entries(obj)
[ [ 'x', 10 ], [ 'y', 20 ] ]
>
```

如果想针对实例本身的全部特性(包含不可列举)，可以使用 **Object.getOwnPropertyNames()**。例如，Object.getOwnPropertyNames([])的结果会包含length特性。

```
> Object.getOwnPropertyNames([])
[ 'length' ]
> Object.keys([])
[]
>
```

符号定义的特性不包含在上面的清单中，这是因为符号特性列表，必须使用 **Object.getOwnPropertySymbols()** 来取得，无论可否列举。

```
> Object.getOwnPropertySymbols(Array.prototype)
[ Symbol(Symbol.iterator), Symbol(Symbol.unscopables) ]
>
```

## 3. 特性顺序

既然介绍到了如何取得特性清单，自然就会考虑到排列顺序的问题，ECMAScript 规范了 EnumerateObjectProperties[①]，只从实例本身以及原型链取得可列举特性，for...in 就是实现之一，然而**没有规范顺序排列问题，因此 for in 列举的特性顺序因不同引擎实现而有所差别。**

在 ECMAScript 规范了**[[OwnPropertyKeys]]**[②]，除了规范如何取得自身特性，也定义了顺序，会先考虑数字索引，以数字递增方式取得，接着是特性被建立的顺序，然后才是符号被建立的顺序；采用**[[OwnPropertyKeys]]**运算的函数有**Object.getOwnPropertyNames()**、**Object.getOwnPropertySymbols()**以及**9.2**节要介绍的**Reflect.ownKeys()**。

要想列举实例本身特性又要保证顺序，可以通过 Object.getOwnPropertyNames()、Object.getOwnPropertySymbols() 等，在取得列表之后，结合对象的 propertyIsEnumerable() 方法来进行过滤。

---

① EnumerateObjectProperties：bit.ly/2YK7rxK.
② [[OwnPropertyKeys]]：bit.ly/2YOxjsj.

## 9.1.2 对象类型

对于动态类型语言，基本上建议针对行为来撰写程序，使用 JavaScript 时若要检测 API，建议使用 9.1.1 节介绍的特性检测(Feature detection)而不是判断类型；但在某些场合，确实需要检测类型，根据检查对象的不同，以及需求的简单或复杂，采用的方式也不尽相同。

### 1. **typeof**、**instanceof** 运算符

对于基本类型、函数、**undefined**、**Function** 实例，许多场合会使用 **typeof**，对于其他的对象类型，typeof 使不上力。

如果想判断对象是否属于某个继承关系，常见使用 instanceof，不过**在没有进一步定义下，instanceof 的判断依据是原型链**，而不是对象从哪个构造函数或类创建而来，例如，若类数组对象的原型设为 Array.prototype, arrayLike instanceof Array 也会认为 ArrayLike 是 Array 实例。

在 **ES6** 之后定义类时，可以使用 **Symbol.hasInstance** 定义静态方法，方法传回值决定了在使用 **instanceof** 判断时，受测实例是否被视为此类类型。例如，以下是定义类数组的类型。

**object arraylike.js**

```js
class ArrayLike {
    constructor() {
        Object.defineProperty(this, 'length', {
            value: 0,
            writable: true
        });
    }

    static [Symbol.hasInstance](instance) {
        return 'length' in instance;
    }
}

console.log((new ArrayLike()) instanceof ArrayLike); // true
console.log({length: 0} instanceof ArrayLike);       // true
console.log([] instanceof ArrayLike);                // true
```

在 ES6 以后，instanceof 会调用 Symbol.hasInstance 静态方法，将左操作数传入；如果定义构造函数或类时，没有自定义 Symbol.hasInstance 静态方法，会使用继承而来的 Function.prototype[Symbol.hasInstance]函数，行为默认为原型链查找，以符合 instanceof 传统的行为。

### 2. **constructor** 特性

5.1.1节介绍过，每个对象都是某构造函数的实例，基本上可以从对象的constructor特性得知实例的构造函数，从类创建出来的实例，也可以存取constructor特性，实际上

constructor不是个别实例拥有，而是构造函数或类prototype上的特性。

**constructor** 特性也常见作为类型检测的依据，**constructor** 可以修改，事实上在使用原型链实现继承时，也建议设定 **constructor** 指向子构造函数；在使用类语言定义子类时，会自动设定 **constructor** 特性。

## 3. `Object.prototype.toString()`

**ECMAScript** 规范要求在 **`Object.prototype.toString()`**调用后，必须传回`'[object class]'`格式的字符串，对于内建标准类型，`Object` 实例会传回`'[object Object]'`、数组会传回`'[object Array]'`、函数会传回`'[object Function]'`等。例如：

```
> Object.prototype.toString.call({})
'[object Object]'
> Object.prototype.toString.call([])
'[object Array]'
> Object.prototype.toString.call(function() {})
'[object Function]'
>
```

基于对标准的支持，不少链接库也会使用这个来作为标准内建类型的判断依据。 在 ES5 以前没有方式可以调整`'[object class]'`格式中`'class'`的部分，因为 `Object.prototype.toString()`实际上是取得引擎内部实现[[Class]]的信息。

在 **ES6** 以后定义构造函数或类时，可以定义 **`Symbol.toStringTag`** 特性，来决定`'[object class]'`格式中`'class'`的部分。以构造函数为例：

```
> function Foo(value) {
...     this.value = value;
... }
undefined
>
> Foo.prototype[Symbol.toStringTag] = 'Foo';
'Foo'
>
> Object.prototype.toString.call(new Foo())
'[object Foo]'
>
```

在这里定义了 `Foo` 构造函数，并在 `Foo.prototype` 定义了 `Symbol.toStringTag` 特性，值为`'Foo'`，这个值决定了 `Object.prototype.toString()` 的调用结果。若是定义类的话，代码如下(改写自 5.1.3 节的 immutable.js)。

object immutable.js

```
class ImmutableList {
    constructor(...elems) {
        elems.forEach((elem, idx) => {
            Object.defineProperty(this, idx, {
                value: elem,
                enumerable: true
```

```
        });
    });

    Object.defineProperty(this, 'length', {
        value: elems.length
    });

    Object.preventExtensions(this);
    }

    get [Symbol.toStringTag]() {
        return this.constructor.name;
    }
}

let lt = new ImmutableList(1, 2, 3);
// 显示 [object ImmutableList]
console.log(Object.prototype.toString.call(lt));
```

## 4. "真" 数组

5.3.3 节提过 "类语法的继承，能够继承标准 API，而且内部实现特性以及特殊行为也会继承"，而 8.1.1 节介绍过 Array.isArray()，可用来判断(也是唯一可以判断)是否为原生的 "真" 数组，事实上，Array.isArray()，就是根据内部实现特性[[Class]]的值'Array'。

在 ES5 刚发布的那个年代，若想修补 Array.isArray() 该怎么做呢？Object.prototype.toString() 传回的字符串中，'class'的部分其实是根据[[Class]]，因为 ES5 时没有标准方式可以干涉 JavaScript 引擎实现的[[Class]]，但是也只有数组实例的[[Class]]才会是'Array'，这就有了个变通的修补方式。

```
if(!('isArray' in Array)) {
    Object.defineProperty(Array, 'isArray', {
        value: function(obj) {
            return Object.prototype.toString.call(obj) === '[object Array]';
        },
        writable: true,
        configurable: true
    });
}
```

真正的 Array.isArray() 看的是[[Class]]，不是依照 Object.prototype.toString() 的结果，上面只是 ES5 时变通的修补方式。

## 5. Symbol.species

数组的方法执行后若传回数组，使用类语法继承 Array 的子类型，调用这类方法后传回的对象也会是子类型，在大部分情况下，这是你想要的结果，不过可以借助实现 **Symbol.species** 协议，指定子类要使用哪个类来创建实例。例如：

```
class MyArray1 extends Array {
```

```
}

class MyArray2 extends Array {
    static get [Symbol.species]() { return Array; }
}

let arr1 = new MyArray1(1, 2, 3);
let arr2 = new MyArray2(4, 5, 6);
console.log(arr1.map(elem => elem)); // MyArray1 [ 1, 2, 3 ]
console.log(arr2.map(elem => elem)); // [ 4, 5, 6 ]
```

如果在自定义类时想要有类似的功能，也可以自行实现。下面改写一下之前的
immutable.js。

**object immutable2.js**

```
class ImmutableList {
    ...同 immutable.js...略

    static get [Symbol.species]() {    ◀——— ❶ 指定类本身
        return this;
    }

    slice(begin, end) {
        let sliced = Array.from(this).slice(begin, end);
        return new this.constructor[Symbol.species](...sliced);
    }
}
                              ❷ 使用 Symbol.species 指定的类来建构实例

class SubImmutableList1 extends ImmutableList {
}

class SubImmutableList2 extends ImmutableList {
    static get [Symbol.species]() {
        return ImmutableList;    ◀——— ❸ 指定建构实例用的类
    }
}

let lt1 = new SubImmutableList1(1, 2, 3);
let lt2 = new SubImmutableList2(1, 2, 3);

// 显示 SubImmutableList1 { '0': 2, '1': 3 }
console.log(lt1.slice(1));
// 显示 ImmutableList { '0': 2, '1': 3 }
console.log(lt2.slice(1));
```

在这个范例中，ImmutableList 中的 Symbol.species 传回 this，因为 static 方法
中 this 代表类本身❶，因此子类中若取用 Symbol.species，获得的就会是子类自身；在
定义 slice() 方法时，并不直接 new ImmutableList()，而是通过 Symbol.species 取得
类❷，因此若是在 SubImmutableList1 中，就会使用 SubImmutableList1 来创建实例。

然而，SubImmutableList2 定义了 Symbol.species，指定为 ImmutableList❸，因
此 SubImmutableList2 的 slice() 传回的实例是以 ImmutableList 来创建的。

### 9.1.3 对象相等性

在 **JavaScript** 中要比较相等有哪些方式呢？有 4 种，除了 **==**、**===**，还有 8.2 节中 Set 元素与 Map 的键采用的 **SameValueZero** 运算，以及 **SameValue** 运算。但是，==会有类型转换难以掌握的问题，请忘了它，不要使用它。

3.2.3 节介绍过 switch 的 case 比对依据是===，因为 NaN===NaN 的结果会是 false，因此千万不要在 case 比对中使用 NaN；8.1.3 节则提到，indexOf()、lastIndexOf()、includes()在比对元素时，使用的也是===，因此数组中若包含 NaN，使用 indexOf()、lastIndexOf()、includes()就会有问题，应该避免在数组中存放 NaN。

Set 元素、Map 的键在比较相等性时，使用 SameValueZero 运算，采用===，然而 NaN 等于 NaN，0 等于-0。

至于 SameValue 运算，与 SameValueZero 运算不同的地方只在于，0 不等于-0，采用 SameValue 运算的 API 之一是 **Object.is()** 函数。

```
> let o = {}
undefined
> Object.is(o, o)
true
> Object.is(NaN, NaN)
true
> Object.is(0, -0)
false
>
```

另外就是使用 **Object.defineProperty()**、**Object.defineProperties()** 函数，在特性描述器的 value 判断上，也是使用 SameValue 运算。接续上例，输入以下程序代码。

```
> Object.defineProperty(o, 'READONLY_N', {value: 0})
{}
> Object.defineProperty(o, 'READONLY_N', {value: 0})
{}
> Object.defineProperty(o, 'READONLY_N', {value: 10})
Thrown:
TypeError: Cannot redefine property: READONLY_N
    at Function.defineProperty (<anonymous>)
> Object.defineProperty(o, 'READONLY_N', {value: -0})
Thrown:
TypeError: Cannot redefine property: READONLY_N
    at Function.defineProperty (<anonymous>)
>
```

o 的 READONLY_N 被设为 0，writable 默认为 false，因此不可以修改值，在第二次输入也指定 value 为 0，值相同就不会修改，因此没发生错误；然而第三次输入时试图修改 value 为 10，就会抛出 TypeError；类似地，输入-0，由于采用 SameValue 运算，0 不等于-0，被认为试图修改值，也是抛出 TypeError。

虽然看起来有点麻烦，不过只要记得，**多数 API 基本上采用===就好了；如果真的不能避免 NaN，或者必须区分 0 与-0，就要留意 SameValueZero 与 SameValue 的差别。**

# 9.2　Reflect 与 Proxy

ECMAScript 规范了[[GetPrototypeOf]]、[[SetPrototypeOf]]、[[IsExtensible]]等运算，在实现 JavaScript 引擎时，这类运算实现为引擎的内部方法(Internal method)[①]，9.1.1 节介绍过的[[OwnPropertyKeys]]，就是其中之一。

在 ES5 时，可以存取内部方法的 API，随意地配置为 Object 的函数；但 **ES6 以后，提供了 Reflect API 作为存取内部方法的统一管道，并提供更多的控制细节；ES6 以后也新增 Proxy API，提供了干涉内部方法的时机点**，可干涉的点与 Reflect API 一对一对应，通过 Proxy 与 Reflect 的各种结合，就可为 meta-programming 提供诸多的可能性。

## 9.2.1　Reflect API

ES6 以后的 Reflect API，为存取内部方法提供了统一的管道，想了解 Reflect API 可以从几个方向下手：取代 Object 存取内部方法的函数、进阶函数控制，以及运算符的对应函数。

### 1. Object 被取代的函数

在 ES5 时，存取 JavaScript 引擎内部方法的 API，随意地配置为 Object 的函数。在 ES6 以后，这些函数做了些调整并以 Reflect 作为名称空间。

- Reflect.getPrototypeOf()
- Reflect.setPrototypeOf()
- Reflect.isExtensible()
- Reflect.preventExtensions()
- Reflect.defineProperty()
- Reflect.getOwnPropertyDescriptor()

这些函数与 Object 上相对应的函数，功能上基本相同，略作调整的地方在于，Object 有些对应的函数执行完会传回对象本身，而 Reflect 会传回布尔值；Object 对应的函数 target 参数若是基本类型，会使用对应的类实例来包裹基本类型值，Reflect 在此时会抛出 TypeError。例如：

```
> Object.getOwnPropertyDescriptor('justin', 'length')
{ value: 0, writable: false, enumerable: false, configurable: false }
> Reflect.getOwnPropertyDescriptor('justin', 'length')
Thrown:
TypeError: Reflect.getOwnPropertyDescriptor called on non-object
    at Object.getOwnPropertyDescriptor (<anonymous>)
>
```

---

[①] Ordinary Object Internal Methods and Internal Slots：bit.ly/2KAhTms.

在 **ES6** 以后，建议使用 **Reflect** 的这些方法，来取代 **Object** 对应的方法，未来与内部方法存取相关的函数，只会在 `Reflect` 上配置。例如，`Object` 上没有可以取得全部特性 (无论可否列举、是否为符号)的函数，ES6 在 `Reflect` 上提供了函数可达到此目的，也就是 **Reflect.ownKeys()**。

```
> Reflect.ownKeys(RegExp.prototype)
[
  'constructor',
  'exec',
  'dotAll',
  'flags',
  'global',
  'ignoreCase',
  'multiline',
  'source',
  'sticky',
  'unicode',
  'compile',
  'toString',
  'test',
  Symbol(Symbol.match),
  Symbol(Symbol.replace),
  Symbol(Symbol.search),
  Symbol(Symbol.split),
  Symbol(Symbol.matchAll)
]
>
```

`Reflect.ownKeys()` 的结果，相当于 `Object.getOwnPropertyNames()` 与 `Object.getOwnPropertySymbols()` 串接后的清单，遵照 9.1.1 节介绍过的[[OwnPropertyKeys]]顺序。

## 2. 进阶函数控制

前面章节提过，若想控制函数中的 `this` 对象，可以使用函数实例的 `apply()` 与 `call()` 方法，更精确来地说，是使用 `Function.prototype` 定义的 `apply()` 与 `call()` 函数，也就是说，`func.apply(self, args)`这类调用，隐含地假设 `func` 实例本身没有定义 `apply()` 方法，会循着原型使用 `Function.prototype` 定义的 `apply()`。

熟悉 JavaScript 的开发者，应该会避免在函数实例上定义 `apply()` 方法，不过事情无绝对，若不想发生同名问题，方式之一是使用 `Function.prototype.apply.apply(func, [self, args])`，但就程序代码阅读上显然难以理解。

在 ES6 以后，可以使用 **Reflect.apply()** 达到相同目的，以上述需求来说，只要撰写 `Reflect.apply(func, self, args)`，程序代码上简洁许多，也就是第一个自变量是函数实例，第二个是函数中的 `this` 对象，接着是自变量数组。

在建立对象时，可以定义取值函数或设值函数，既然是函数，其中就可以有 `this`，如果想控制 `this` 的对象呢？在 ES5 时，必须取得特性描述器，从中取得 `get`、`set` 特性，才能取得取值函数、设值函数，接着运用 `apply()` 方法。

```
> let o = {
...     x: 10,
...     get doubledX() {
...         return this.x * 2;
...     }
... }
undefined
> o.doubledX
20
> let getter = Object.getOwnPropertyDescriptor(o, 'doubledX').get
undefined
> getter.apply({x: 20})
40
>
```

在 ES6 以后，可以使用 **Reflect.get()** 或 **Reflect.set()**。例如：

```
> let o = {
...     x: 10,
...     get doubledX() {
...         return this.x * 2;
...     }
... }
undefined
> o.doubledX
20
> Reflect.get(o, 'doubledX')
20
> Reflect.get(o, 'doubledX', {x: 20})
40
>
```

Reflect.get() 或 Reflect.set() 的最后一个参数 receiver 是可选的，这个参数代表着信息(Message)的接收者，对 Reflect API 来说，若取值或设值函数中有 this，receiver 就是用来指定 this 实际的对象。

**提示 ▶▶▶**　在面向对象的概念中，方法与对象的关系，可以理解为信息与接收者的对应，以 JavaScript 来说，obj.prop 的操作，默认是将 prop 信息对应至 obj 接收者；但 JavaScript 中 this 是可以变换的，也就是说，prop 信息的信息接收者是可以指定的。

在没有指定 receiver 的情况下，取值或设值函数中的 this，会是 Reflect.get() 或 Reflect.set() 第一个自变量；如果指定 receiver，取值或设值函数中的 this 就与 receiver 相同。

实际上，Reflect.get() 或 Reflect.set() 并非只用在取值、设值函数，Reflect API 是用来存取内部方法的管道，而 Reflect.get() 或 Reflect.set() 存取的是[[GET]]、[[SET]] 内部方法，纯粹用来当成存取特性值也是可行的。例如：

```
> Reflect.get(Array.prototype, 'forEach')
[Function: forEach]
> Reflect.get(Array, 'of')
[Function: of]
>
```

### 3. 运算符的对应函数

JavaScript 中 in、delete、new 运算符会使用到内部方法，Reflect 有这类运算符的对应函数 **Reflect.has()**、**Reflect.deleteProperty()**、**Reflect.construct()**。

在 9.1.1 节中曾经看过使用 in 运算符实现了 has() 函数，有了 Reflect.has()，直接使用就可以了。例如实现 API 修补时：

```
if(!Reflect.has(String.prototype, 'matchAll')) {
    ...略
}

let matched = '0970-666888, 0970-168168'.matchAll(/((\d{4})-(\d{6}))/g);
console.log(Array.from(matched));
```

在 2.3.2 节谈过，对象可以使用 delete 来删除特性，成功的话会传回 true；在非严格模式下，对于不可组态的特性，delete 删除失败会传回 false，若是严格模式，删除失败会引发 TypeError。

Reflect.deleteProperty() 是 delete 运算符的对应函数；但行为上略有不同，成功的话会传回 true，删除失败会传回 false。例如：

```
C:\Users\Justin>node --use_strict
Welcome to Node.js v12.4.0.
Type ".help" for more information.
> delete [].length
Thrown:
TypeError: Cannot delete property 'length' of [object Array]
> Reflect.deleteProperty([], 'length')
false
>
```

Reflect 的一些函数，如 defineProperty()、preventExtensions()、set() 等，操作成功与否都是传回布尔值，基于 Reflect API 的一致性 Reflect.deleteProperty() 也是传回布尔值；从另一个角度来看，对于严格模式中删除对象特性，现在有了两种选择，想实现速错(Fail fast)，可以使用 delete 运算符，想要检查删除结果，可以使用 Reflect.deleteProperty()。

> **提示 >>>** ESLint 是 JavaScript 程序代码的质量分析工具，在 prefer-reflect[①] 有建议，可以使用 Reflect.deleteProperty() 来取代 delete，实际上不少开发者对此有不同意见，笔者认为应按照需求决定，毕竟 ESLint 只是建议。

在创建对象时会使用 new 运算符，Reflect.construct() 是对应的函数，第一个自变量指定构造函数或类，第二个自变量使用数组来指定构造函数的自变量：

```
> class Foo {
...     constructor(p1, p2) {
...         console.log(p1, p2);
```

---

① prefer-reflect：bit.ly/2ZxcuCY.

```
...        }
... }
undefined
> new Foo(1, 2)
1 2
Foo {}
> Reflect.construct(Foo, [1, 2])
1 2
Foo {}
>
```

感觉好像没什么，其实 Reflect.construct() 能做的事远比 new 还多，因为可以指定构造函数中 new.target 的实际构造函数或类。例如：

```
> function C1() {
...        console.log(new.target);
... }
undefined
> function C2() {}
undefined
> let a = Reflect.construct(C1, [])
[Function: C1]
undefined
> let b = Reflect.construct(C1, [], C2)
[Function: C2]
undefined
> a.__proto__
C1 {}
> b.__proto__
C2 {}
>
```

new.target 代表构造函数，构造函数的 prototype，会成为实例的原型，这令创建实例时更有弹性。例如，9.1.2 节 arraylike.js 中的 ArrayLike 实例，直接以 Array.prototype 作为原型。

**reflect_arraylike.js**

```
class ArrayLike {
    constructor() {
        Object.defineProperty(this, 'length', {
            value: 0,
            writable: true
        });
    }

    static [Symbol.hasInstance](instance) {
        return 'length' in instance;
    }
}

let arrayLike = Reflect.construct(ArrayLike, [], Array);
arrayLike.push(1, 2, 3)
// 显示 Array { '0': 1, '1': 2, '2': 3 }
console.log(arrayLike);

let arrayLike2 = Object.create(Array.prototype);
```

```
arrayLike2.push(1, 2, 3)
// 显示 Array { '0': 1, '1': 2, '2': 3, length: 3 }
console.log(arrayLike2);
```

乍看 `Object.create(Array.prototype)` 也可以达到相同效果，然而有所不同，因为 `Reflect.construct()` 会确实执行第一个自变量指定的构造函数，设定 `new.target`，最后将实例的原型设为 `new.target` 的 `prototype`，而 `Object.create(Array.prototype)` 只是单纯地建立 `Object` 实例，然后改变其原型。

### 9.2.2　Proxy API

如果现在有个需求，希望能在存取对象特性时进行 `console.log()`，记录有哪些特性被存取了，虽然可以为对象定义取值、设值函数，然而这种方式不是每次都行得通，理由之一是对象建立的控制权可能不在你手上(如来自不可随意变更其原始码的链接库)，另一方面，若之后不打算记录这些信息，还得拿掉 `console.log()` 相关程序代码，这也代表了，记录特性存取的相关程序代码也难以重用，有没有好方式可以解决这需求呢？

#### 1. Proxy 与处理器

ES6 以后可以建立 `Proxy` 实例，创建时可指定目标对象与处理器，操作 `Proxy` 实例时若存取特定内部方法时，`Proxy` 实例会捕捉(Trap)并调用处理器上定义的对应方法。例如，来实现一下刚才提到的需求。

**proxy get-set.js**

```
let array = [1, 2, 3];

let proxy = new Proxy(array, {
    get(target, prop, receiver) {                    ←— ❶ 捕捉[[GET]]内部操作
        console.log('get on', target, prop);
        return Reflect.get(target, prop, receiver);
    },

    set(target, prop, value, receiver) {             ←— ❷ 捕捉[[SET]]内部操作
        console.log('set on', target, prop, value);
        return Reflect.set(target, prop, value, receiver);
    }
});

proxy[0];
console.log();

proxy[1] = 20;
console.log();

proxy.push(1);
console.log();
```

在上例中，操作 `Proxy` 实例若存取[[GET]]内部方法时，会调用处理器的 `get()` 方法❶，

这时会传入 3 个自变量，分别是目标对象、存取的特性，以及接收者，处理器的接收者默认 Proxy 实例，如果 Proxy 实例被 Reflect.get() 操作，并且指定了接收者，处理器的 get() 方法中，接收者就会是 Reflect.get() 操作时指定的接收者。

为了做具体的控制，Proxy API 经常与 Reflect API 搭配使用，在这个范例中只是用 console.log() 显示了目标对象与存取的特性名称，最后用 Reflect.get() 取回对应的特性。类似地，若操作 Proxy 实例存取[[SET]]内部方法时，会调用处理器的 set() 方法❷，set() 方法最后必须传回布尔值，表示设值成功或失败，若传回 false，会引发 TypeError。

范例的执行结果如下，可以看到在执行 push() 方法时，push() 内部还会存取 length 特性。

```
get on [ 1, 2, 3 ] 0

set on [ 1, 2, 3 ] 1 20

get on [ 1, 20, 3 ] push
get on [ 1, 20, 3 ] length
set on [ 1, 20, 3 ] 3 1
```

## 2. 代理模式

Reflect 的函数，与 Proxy 处理器可设定的捕捉方法是一对一对应的，也就是说，**Proxy 实例可捕捉内部方法被操作的时机，在处理器中 Reflect 用来存取内部方法，两者结合就成了 meta-progamming 的重量级武器。**

既然名为 Proxy，暗喻着 Proxy API 主要是用来实现代理模式①，简单来说，实现上提供代理对象给客户端操作，代理对象具有与目标对象相同接口，在客户端对实现毫不知情下，不会意识到正在操作的是代理对象，而代理对象可以单纯地将任务转发给目标对象，或者是在这前后附加额外的逻辑。

因此 Proxy 与 Reflect 结合时，虽然可以实现出许多神奇的功能，然而实现代理模式的基本原则是"在客户端对实现毫不知情下，不会意识到正在操作的是代理对象"，**JavaScript** 为此提供了一定程度的检测，若明显地违反对象既有的协议，试图实现代理会抛出 **TypeError**。

例如，刚才看到处理器的 set() 方法必须传回布尔值，Reflect 上的函数若操作后传回布尔值，Proxy 处理器对应的方法也要传回布尔值；然而，对于一个不可组态的特性，Proxy 实例的处理器 deleteProperty() 传回 true 会如何呢？

**proxy  delete-demo.js**

```
let proxy = new Proxy([], {
    deleteProperty(target, prop) {
        Reflect.deleteProperty(target, prop);
```

---

① 代理模式：bit.ly/2YXq2uk.

```
        return true;
    }
});

Reflect.deleteProperty(proxy, '0');
Reflect.deleteProperty(proxy, 'length');
```

因为处理器的 `deleteProperty()` 最后传回 `true`，通过 `Proxy` 实例在删除 `length` 特性时会发生 `TypeError`。

```
Reflect.deleteProperty(proxy, 'length');
        ^

TypeError: 'deleteProperty' on proxy: trap returned truish for property 'length' which
is non-configurable in the proxy target
    ...略
```

若该行换为 `delete proxy.length` 也是 `TypeError`，从错误信息中可以看到，原因在于试图通过 `Proxy` 实例删除不可组态特性时，处理器却传回 `true` 表示成功，这就矛盾了，JavaScript 认为这是个错误，因此抛出 `TypeError`。

那么接下来这个例子，读者能看出哪里有错吗？

**proxy pi.js**
```
let XMath = {};
Reflect.defineProperty(XMath, 'PI', {
    value: 3.14
});

let proxy = new Proxy(XMath, {
    get(target, prop, receiver) {
        if(prop === 'PI') {
            return 3.14159;
        }
        return Reflect.get(target, prop, receiver);
    }
});

console.log(proxy.PI);
```

执行结果会显示：

```
console.log(proxy.PI);
        ^

TypeError: 'get' on proxy: property 'PI' is a read-only and non-configurable data
property on the proxy target but the proxy did not return its actual value (expected
'3.14' but got '3.14159')
    ...略
```

在定义 PI 特性时，只定义了 `value` 属性，这表示其他属性默认为 `false`，包含 `writable` 与 `configurable` 属性，而对于一个 `writable` 与 `configurable` 都是 `false` 的特性，不能修改也不能删除，那 PI 不就是个常数吗？`Proxy` 实例试图传回的值与原本 PI 的值不同，抵触了常数的规范，因此就抛出 TypeError。

**注意>>>** 在 MDN 的 Proxy[①] 文件中，可以查询到处理器各方法的捕捉触发时机，以及哪些情况下会违反代理规则而抛出 TypeError。

### 3. `this` 又是谁

　　如果目标对象上定义了方法，而方法中有 `this`，通过 Proxy 实例代理目标对象时，方法中的 `this` 默认会是 Proxy 实例。例如：

```
> let obj = {
...     isSelf(obj) {
...         return obj === this;
...     }
... }
undefined
> let proxy = new Proxy(obj, {});
undefined
> obj.isSelf(obj)
true
> proxy.isSelf(obj)
false
> proxy.isSelf(proxy)
true
>
```

　　如果 Proxy 实例的处理器，没有定义对应的捕捉方法，那么默认就是委托给 Reflect 对应的函数来处理，这时目标对象与接收者是同一个实例，因此大部分的情况下，通过 Proxy 实例代理目标对象时，`this` 默认会是 Proxy 实例并没有什么太大的问题。

　　然而，如果程序中会使用 `this` 作为取得另一数据的依据时就要小心了，例如，在 8.2.2 节中曾经看过的 account.js，如果使用代理的话会如何呢？

**proxy account.js**

```
...略

const privates = new WeakMap();

class Account {
    constructor(name, number, balance) {
        privates.set(this, {name, number, balance});
    }

    get name() {
        return privates.get(this).name;
    }

    get number() {
```

---

① Proxy: mzl.la/2KG7zJo.

```
        return privates.get(this).number;
    }

    get balance() {
        return privates.get(this).balance;
    }

    withdraw(money) {
        if(money < 0) {
            throw new IllegalArgumentError('提款金额不得为负');
        }

        let acct = privates.get(this);
        if(money > acct.balance) {
            throw new InsufficientException('余额不足', acct.balance);
        }
        acct.balance -= money;
    }

    deposit(money) {
        if(money < 0) {
            throw new IllegalArgumentError('存款金额不得为负');
        }

        let acct = privates.get(this);
        acct.balance += money;
    }

    toString() {
        let acct = privates.get(this);
        return `(${acct.name}, ${acct.number}, ${acct.balance})`;
    }
}

let acct = new Account('Justin Lin', '123-4567', 1000);
let proxy = new Proxy(acct, {});
proxy.deposit(1000);
```

执行结果会发生 TypeError，你知道原因吗？

```
    acct.balance += money;
    ^

TypeError: Cannot read property 'balance' of undefined
    ...略
```

这是因为在创建实例时，构造函数中的 this 是目标对象，也就是与 acct 参考的是同一实例，然而，通过 Proxy 实例操作 deposit() 方法时，this 会是 Proxy 实例，原本 privates 的键没有 Proxy 实例，也就不可能取得对应的数据，因此发生错误。

该怎么解决 this 的问题，基本上是看需求，以上例来说，是绑定 this 为目标对象。例如：

**proxy account2.js**

...略

```
let acct = new Account('Justin Lin', '123-4567', 1000);
let proxy = new Proxy(acct, {
    get(target, prop, receiver) {
        let propValue = Reflect.get(target, prop, receiver);
        if(propValue instanceof Function) {
            return propValue.bind(target);
        }
        return propValue;
    }
});
proxy.deposit(1000);
proxy.withdraw(500);
console.log(proxy.toString());
```

在这里若取得的特性值是个函数，就通过 `bind()` 方法将函数调用时的 `this` 绑定为目标对象，这样，相关方法就都是使用目标对象作为键，从 `privates` 中取得对应的数据了，执行结果如下：

```
(Justin Lin, 123-4567, 1500)
```

## 4. Proxy.revocable()

直接使用 `new` 建立的 Proxy 实例，只要持有 Proxy 实例，就可以一直代理目标对象，如果想要有个可撤销的(Revocable)的 Proxy 实例，可以使用 **Proxy.revocable()** 函数。

`Proxy.revocable()` 函数接受目标对象与处理器，传回的对象会有 `proxy` 与 `revoke` 特性，`proxy` 特性是 `new Proxy(target, handler)` 建立的实例，而调用 `revoke()` 的话，就可以撤销 `proxy` 的代理。如下改写前面的 get-set.js。

**proxy get-set2.js**

```
let array = [1, 2, 3];

let revocable = Proxy.revocable(array, {
    get(target, prop, receiver) {
        console.log('get on', target, prop);
        return Reflect.get(target, prop, receiver);
    },

    set(target, prop, value, receiver) {
        console.log('set on', target, prop, value);
        return Reflect.set(target, prop, value, receiver);
    }
});

let proxy = revocable.proxy;

proxy[0];
console.log();
```

```
proxy[1] = 20;
console.log();

proxy.push(1);
console.log();

revocable.revoke();

proxy.push(2);
```

在调用了 revocable.revoke()之后，proxy 就被撤销代理能力了，后续的 push()操作会引发 TypeError：

```
get on [ 1, 2, 3 ] 0

set on [ 1, 2, 3 ] 1 20

get on [ 1, 20, 3 ] push
get on [ 1, 20, 3 ] length

TypeError: Cannot perform 'get' on a proxy that has been revoked
    ...略
```

# 9.3  重点复习

# 9.4  课后练习

1. 尝试写个 KeyRetriever，拥有以下函数。

- ownSymbols(obj)：取得实例本身的符号特性。
- ownNonSymbols(obj)：取得实例本身的非符号特性。
- ownEnumerables(obj)：取得实例本身的可列举特性。
- ownNonEnumerables(obj)：取得实例本身的不可列举特性。
- ownKeys(obj[, predicate])：取得实例本身的全部特性，可选择性地使用函数指定过滤条件。
- allKeys(obj[, predicate])：取得实例本身与继承而来的全部特性，可选择性地使用函数指定过滤条件。

2. 请设计一个 MethodInterceptor，可以拦截方法操作，调用指定的函数传入目标对象、方法实例、调用方法的自变量以及接收者。例如：

```
let proxy = new Proxy([1, 2, 3], new MethodInterceptor(
    function(target, method, args, receiver) {
        console.log('Target:', target);
        console.log('Method:', method);
        console.log('Arguments:', args);
        console.log('Receiver:', receiver);
        return Reflect.apply(method, target, args);
    }
));

/*
    显示:
Target: [ 1, 2, 3 ]
Method: [Function: push]
Arguments: [ 4, 5, 6 ]
Receiver: [ 1, 2, 3 ]
6
*/
console.log(proxy.push(1, 2, 3));
```

3. 请设计一个 `NegativeIndexHandler`，可以作为 `Proxy` 的处理器，当目标对象为数组时，可以使用处理负索引的指定。例如:

```
let proxy = new Proxy([1, 2, 3], NegativeIndexHandler);
console.log(proxy[-2]);  // 显示 2
proxy[-2] = 20;
console.log(proxy);       // 显示 [ 1, 20, 3 ]
```

4. 请设计一个 `rangeClosed()` 函数，传回的对象具有以下的行为:

```
let r = new rangeClosed(10, 100);
console.log(10 in r);   // 显示 true
console.log(50.5 in r); // 显示 true
console.log(100 in r);   // 显示 true
```

进入浏览器 第 10 章

- script 标签基本特性
- 认识 async 与 defer
- 初探同源策略与 CORS
- 认识 ES6 前的模块管理
- 使用 ECMAScript 模块

## 10.1　浏览器与 JavaScript

　　JavaScript 在 1995 年为浏览器而生，在 2005 年以后逐渐走红，Web 应用程序的形态因此多样化，技术层面上的需求也跟着多而复杂起来，就连要在浏览器中嵌入 JavaScript 这件事，也必须了解诸多细节，这一节将从 script 标签的基本特性开始介绍，逐渐勾勒出模块的需求。

### 10.1.1　初探 script 标签

　　要在浏览器中执行 JavaScript 是件简单的事，只要在 HTML 文件中撰写 **<script></script>**，并在标签间撰写 JavaScript 程序代码。例如：

script-tag hello.html

```
<script>
    let name = prompt('Input your name');
    alert(`Hello! ${name}!`);
</script>
```

　　若是现代浏览器，像这样没有自定义 html、head、body 等标签的情况下，也会自动将撰写的内容放在`<body>`与`</body>`之间，也就是相当于：

```
<html><head><script>
    let name = prompt('Input your name');
    alert(`Hello! ${name}!`);
</script></head><body></body></html>
```

`prompt()`与 `alert()`是浏览器上全局对象提供的函数，**在浏览器中，全局对象就是 Window 对象，代表浏览器窗口，为 Window 的实例**，这类 API 不是由 ECMAScript 规范，而是由浏览器提供。

接着使用浏览器来打开这个 HTML 文件，在 Windows 中，可以在文件上右键单击执行"打开文件"命令，选择惯用的浏览器。以 Chrome 为例，打开范例网页之后会显示输入提示框如图 10.1 所示。

输入名称后单击"确定"按钮，就会以警告框显示指定的信息，如图 10.2 所示。

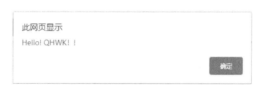

图 10.1　浏览器提示框　　　　　　　　　　　图 10.2　浏览器警告框

**提示 》》**　有些浏览器默认会阻止本地来源的.js 文件，例如 Internet Explorer，必须单击"允许阻止的内容"按钮才能执行。

如果想在 JavaScript 程序代码中撰写中文呢？**现代的 Web 应用程序，建议使用 UTF-8 编码**，若要撰写中文，要将 HTML 文件保存为 UTF-8，例如：

```
script-tag hello2.html

<!DOCTYPE html>
<html>
<head>
    <meta charset="utf-8">
</head>
<body>
    <script>
        let name = prompt('输入你的名称');
        alert(`哈啰! ${name}! `);
    </script>
</body>
</html>
```

如果使用 UTF-8 作为 HTML 文件编码，`<meta charset="utf-8">`不是必要的，因为现代浏览器默认会使用 UTF-8 来读取文件，浏览器也会假设 script 标签中使用的是 JavaScript 语言，不过也可以使用`<meta>`来指定：

```
<meta http-equiv="Content-Script-Type" content="text/javascript">
```

HTML4 规范了 **script** 卷标的 **type** 属性，必须设定它的值；然而，**type** 在 **HTML5** 中为选用，若没有指定，默认为 **text/javascript**。若要指定 type，可以如下：

```
<script type="text/javascript">
    // 你的程序代码
</script>
```

script 卷标的 type 属性，可以视需求指定其他值。例如：

- **"module"**。
- "text/jscript"。
- "text/vbscript"。
- 其他自定义值。

指定为"module"时，表示 JavaScript 程序代码内容是 ECMAScript 模块；type 属性可以指定其他自定义值，通常这是为了嵌入自定义的脚本语言。

## 10.1.2  文件解析与 **script** 标签

在浏览器加载 HTML 文件后，必须先解析所有 HTML 标签，过程中会按照页面中定义的信息下载资源，建立各标签对应的 DOM(Document Object Model)对象并组成 DOM 树，最后依 DOM 树结构来呈现画面(本书会在第 11 章介绍 DOM 的操作)。

**提示 >>>** 接下来的内容假设读者对 HTML 有基本认识，若否，w3schools 的 HTML5 Introduction[①]是不错的入门文件，足以应付阅读本书必要的 HTML 基础。

**默认情况下，浏览器在遇到 script 标签时，会停止文件解析，先执行完标签间定义的 JavaScript，再继续之后的文件解析。**例如：

**script-tag hello3.html**

```
<!DOCTYPE html>
<html>
<head>
    <meta charset="utf-8">
</head>
<body>
    执行 JavaScript 前 … <br>
    <script>
        let name = prompt('输入你的名称');
        document.write(`哈啰! ${name}! `);
    </script><br>
    执行 JavaScript 后 …
</body>
</html>
```

---

① HTML5 Introduction：www.w3schools.com/html/html5_intro.asp.

document 是 window 全局对象上的特性，代表整份 HTML 文件，为 Document 的实例。如果 script 写在 body 标签中，执行 document 的 write()方法，会在目前文件解析点输出指定文字，执行完 JavaScript 后，才继续之后的文件解析，因此若输入了 Justin，结果相当于产生了以下的 HTML。

```
<!DOCTYPE html>
<html><head>
    <meta charset="utf-8">
</head>
<body>
    执行 JavaScript 前 … <br>
    <script>
        let name = prompt('输入你的名称');
        document.write(`哈啰! ${name}! `);
    </script>哈啰! Justin! <br>
    执行 JavaScript 后 …
</body>
</html>
```

粗体字就是 document.write()的输出结果，就浏览器最后呈现的画面来说，会看到以下的文字顺序：

```
执行 JavaScript 前 …
哈啰! 良葛格!
执行 JavaScript 后 …
```

在过去，JavaScript 程序代码经常将 script 放在 head 标签之间。例如：

script-tag hello4.html

```
<!DOCTYPE html>
<html>
<head>
    <meta charset="utf-8">
    <script>
        let name = prompt('输入你的名称');
        document.write(`哈啰! ${name}! `);
    </script>
</head>
<body>
</body>
</html>
```

如果 JavaScript 程序代码没有操作任何 DOM 对象，这种写法没有问题，然而务必记得，浏览器处理 head 间的 JavaScript 时，还没有解析 body 标签，试图操作 body 中卷标对应的 DOM 对象就会出错。例如：

script-tag hello5.html

```
<!DOCTYPE html>
<html>
<head>
```

```
    <meta charset="utf-8">
    <script>
        let welcome = document.getElementById('welcome');
        let name = prompt('输入你的名称');
        welcome.innerHTML = `哈啰! ${name}! `;
    </script>
</head>
<body>
    <span id="welcome"></span>
</body>
</html>
```

范例中出现了 DOM API，这里先简略说明一下，document 的 getElementById()，可以根据卷标 id 属性值取得对应的 DOM 对象，innerHTML 可用来设定实例的 HTML 内容。

在执行上例的 JavaScript 时，body 间的标签还没开始解析，span 对应的 DOM 对象还不存在，因此 welcome 变量的值会是 null，也就无从设定 innerHTML，程序因此出错而没有显示任何内容。

**如果 JavaScript 程序代码与操作 DOM 有关，若想确定 DOM 树已生成，可以将 script 标签放在整份 HTML 文件之后，</body>之前，**因为 HTML 文件此时已经加载、解析完成，卷标对应的 DOM 对象已经产生，若 JavaScript 必须操作 DOM 元素，此时可以放心地进行操作。例如：

**script-tag hello6.html**

```
<!DOCTYPE html>
<html>
<head>
    <meta charset="utf-8">
</head>
<body>
    <span id="welcome"></span>
    <script>
        let welcome = document.getElementById('welcome');
        let name = prompt('输入你的名称');
        welcome.innerHTML = `哈啰! ${name}! `;
    </script>
</body>
</html>
```

这个 HTML 中的 JavaScript 程序代码可以顺利执行，结果是在网页中显示输入的名称。

HTML 网页借助浏览器呈现画面，使用者操作画面，操作画面往往与事件处理有关，事件处理会在 11.2 节介绍，但这里要先谈谈 window.onload 事件，在 HTML 网页的"全部资源"载入后会发生此事件，过去想在 head 间放 script，又要能操作 body 间对应卷标的 DOM 对象，经常可见以下模式。

**script-tag hello7.html**

```
<!DOCTYPE html>
<html>
<head>
```

```
<meta charset="utf-8">
<script>
    window.onload = function() {
        var welcome = document.getElementById('welcome');
        var name = prompt('输入你的名称');
        welcome.innerHTML = `哈啰! ${name}! `;
    };
</script>
</head>
<body>
    <span id="welcome"></span>
</body>
</html>
```

在解析 body 卷标前，script 卷标间的程序代码确实先执行了，只不过任务是在 window.onload特性指定函数，这是传统事件注册方式；在 HTML网页定义的"全部资源" 加载后会发生 onload 事件，这时就会调用 window.onload 指定的函数。

"**全部资源**"加载不单只是 **DOM 树建立完成**，还包含了 **HTML 页面链接的 CSS、图片等都加载完成**，此时操作 DOM 对象当然就没问题；不过，若需要下载的资源很多，或者是网络速度不佳，在用户可以操作画面前，等待的时间可能过长，这会造成用户对应用程序的体验不佳。

提示 》》　HTML5 标准化了 DOMContentLoaded 事件，会在 DOM 树建立之后就触发。

## 10.1.3　开发人员工具

在 10.1.2 节的 hello5.html 会发生错误，怎么没看到错误信息呢？在过去要除错浏览器中的 JavaScript 程序代码是件苦差事；幸而现代浏览器都会配备开发人员工具，而且功能强大，以 Chrome 为例，可以按快捷组合键 Ctrl+Shift+I 来打开，如图 10.3 所示。

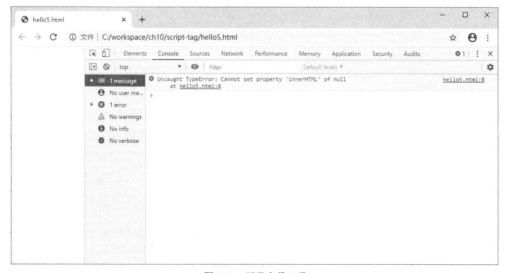

图 10.3　开发人员工具

默认会打开 Console 页签，也就是控制台，若有错误信息马上就会看到，浏览器中的错误信息默认会送到控制台，如果使用 console.log()，信息也是送到这里，如果撰写的程序代码看似没有执行，或者是页面操作后没有任何反应，一定要先到控制台查看。

开发人员工具功能很多，后续会在适当时机提示使用方式，这里可以先切到 Sources 页签，这是查看相关原始码的地方，如图 10.4 所示。

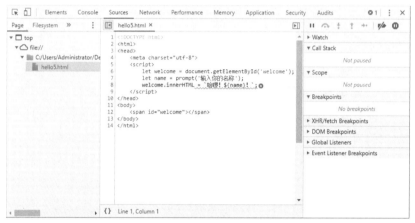

图 10.4　原始码查看、除错

图 10.4 的画面是切换到 Sources 页签，单击左方 hello5.html 打开文件，在其中设定了断点，并重载页面后的画面，接下来，就可以使用右边的除错器，看看程序是哪里出错了，在 Sources 页签中，也可以显示控制台信息，原始码中也会显示错误点，如图 10.5 所示。

图 10.5　查看错误

## 10.1.4　引用.js 原始码

在之前各章中，JavaScript 程序代码都写在.js 文件，若想在浏览器中执行这些文件，可以在 HTML 文件中使用 script 卷标的 src 属性指定文件名，如果 script 的 type 是 "text/javascript"的话，src 引用的.js 文件来源也可以是其他网站。例如写个 hello8.js：

```
script-tag/js hello8.js
let welcome = document.getElementById('welcome');
let name = prompt('输入你的名称');
welcome.innerHTML = `哈啰! ${name}! `;
```

如果 hello8.js 文件放在 js 子文件夹中，可以在 HTML 网页如下引用：

```
script-tag hello8.html
<!DOCTYPE html>
<html>
<head>
    <meta charset="utf-8">
</head>
<body>
    <span id="welcome"></span>
    <script src="js/hello8.js"></script>
</body>
</html>
```

虽然程序都在.js 中，但`<script></script>`还是要成对出现，对于具有 `src` 属性的 `script` 卷标来说，`<script></script>`间的程序代码会被忽略。

浏览器会加载.js 文件，若 `src` 是相对路径，浏览器从 HTTP 服务器下载 hello8.html，遇到 `script` 标签时，也会从同一来源下载 js 文件夹中 hello8.js；为了更贴近下载的情境，也为了更便于讨论接下来的内容，笔者提供了个简单的 HTTP 服务器，可以将本书附上的范例文件 samples\ch10 复制至 C:\workspace，然后在文本模式下进入 C:\workspace\ch10，执行 `node http-server.js 8080`，这会在启动一个 HTTP 服务器，并在端口 8080 接受请求(按 Ctrl+C 快捷组合键的话可以中断程序)。

```
C:\workspace\ch10> node http-server.js 8080
Start a http server on 8080.
```

## 1. 查看网络请求

因为 ch10 文件夹包含了本章范例文件，这时可以使用浏览器请求 localhost:8080/script-tag/hello8.html，以载入 HTML 与.js 文件，也可以打开开发人员工具，切换到 Network 页签，如图 10.6 所示。

开发人员工具的 Network 页签用来查看浏览器发出的网络请求，就这里来说，HTML 与.js 文件是否正确下载都可以一目了然。如果请求 Web 应用程序后没有正确地呈现出预期效果，也有可能是资源下载有问题，也要查看 Network 页签。

浏览器可能缓存下载后的资源，如果你修改了文件，但浏览器还是使用缓存里的旧文件，除错时就会很麻烦，为了避免这类问题，使用开发者工具时，勾选 Network 页签里的 Disable cache 选项，确保必然下载最新的文件。

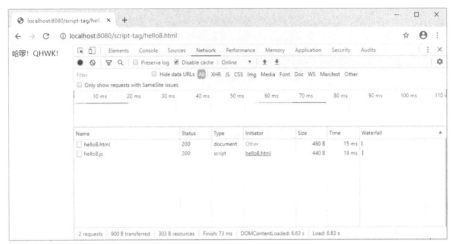

图 10.6　查看网络请求

## 2. 原始码编码

如果不想在网页中遇到乱码或其他编码问题，**请保持.js 原始码编码与 HTML 文件的编码一致**，如果 HTML 是 UTF-8，那么.js 文件也应该设为 UTF-8，浏览器会假设 HTML 与.js 编码两者是一致的。

在过去，确实有 charset 作为 script 卷标的属性，用来决定加载.js 时使用的编码。例如，.js 是 Big5 编码，而网页是 UTF-8 编码，可以在 script 使用 charset 指定.js 的编码为 Big5：

```
<script type="text/javascript" charset="Big5" src="xxx.js"></script>
```

但是，现在不建议使用 charset，HTML 与.js 的编码不同本身就是个问题来源。另一方面，如果浏览器 ECMAScript 模块，script 的 type 属性可以设定为"module"，这个时候 charset 属性是没作用的。

**提示 >>>** UTF-8 是现在应用程序开发时建议的编码，若没有遗留系统方面的维护需求，建议采用 UTF-8。

## 3. noscript 标签

虽然说现在不支持 JavaScript 的浏览器几乎不存在，但是浏览器上的 JavaScript 仍可能因一些限制无法使用(例如防病毒软件、安全机制等级、用户禁用 JavaScript 等)。

若想在不支持 JavaScript 的情境下仍可呈现基本画面或信息，可以使用 noscript 卷标，在<noscript></noscript>中的内容会在无法执行 JavaScript 时出现，提供替代的页面内容。

不过，在不支持 JavaScript 的情境下，script 标签的内容，可能会直接呈现出来，此时会使用<!--与-->批注，让浏览器看不到 JavaScript 程序代码：

```
<script>
<!--

    // 你的程序...

//-->
</script>
```

对浏览器来说，`script` 标签中的`<!--`作用如同 JavaScript 的`//`单行批注，因而`<!--`不会发生执行错误，而`-->`前的`//`因为是单行批注，浏览器也就看不到之后的`-->`了。

## 10.1.5　async 与 defer

对于内嵌在`<script></script>`的原始码，浏览器遇上 `script` 后，就是暂停页面解析，执行程序代码后再继续页面解析，若页面中有多个 `script` 标签，就是根据遇上的顺序来暂停页面解析、执行完程序代码后再继续页面解析。

如果 `script` 通过 `src` 引用外部`.js`文件，浏览器会暂停页面解析、"同步地"下载`.js`文件，下载完成后执行程序代码，执行完成后再继续页面解析，也就是说，后续的程序执行、页面解析、资源下载就会被阻断，若网络速度不良，就会造成使用者的体验不佳。

为了能进一步控制`.js`的下载与执行顺序，**HTML5 为 script 卷标增加 async 与 defer 属性，这两个属性只在通过 src 引用.js 文件才有作用**，传统内嵌程序代码的 `script` 标签，会忽略 `async`、`defer` 属性，依旧根据页面的出现顺序执行。

### 1. async 属性

想要启用 `async` 的功能，不用为 `async` 加上任何值，只要出现 `async` 属性就可以了。例如：

```
<script async src="xxx.js"></script>
```

若 **script** 卷标加上 **async** 属性，在浏览器遇到 **script** 时，会"异步地"下载**.js** 文件(使用浏览器的线程)。下载完成前，不会阻断后续资源的下载与页面解析；然而一旦被标示为 `async` 的**.js** 下载完成，浏览器就会暂停页面解析，**JavaScript** 引擎执行**.js** 的程序代码后，再继续处理页面解析。

如果有多个 `async` 属性的`.js`，先下载完的就会先执行，然而因为文件大小不一，网络状况也不同，`.js` 下载完成的顺序是无法预测的，因此 **async 属性的 script 在执行顺序也就无法预测**。

如果链接库文件容量比较大，然而与初始网页处理没有立即相关性，顶层程序代码不多或执行迅速，与其他链接库也没有相依性，就可以试着在 `script` 卷标上设置 `async` 属性，看看效果是否符合需求。

### 2. defer 属性

想要启用 defer 的功能，不用为 defer 加上任何值，只要出现这个属性就可以了。例如：

```
<script defer src="xxx.js"></script>
```

若 **script** 卷标加上 **defer** 属性，浏览器会"异步地"下载.js 文件，不会阻断后续资源下载与页面解析，下载完成后也不会马上执行程序代码，而是在 **DOM** 树生成、其他非 **defer** 的.js 执行完后，才执行被加上 **defer** 属性的.js，如果有多个 **defer** 属性的.js，会按照"页面上出现的顺序"执行。

如果链接库文件容量比较大，必须在解析完 DOM 之后执行，与其他程序代码间有顺序上的相依性，(在缺少模块管理程序下)必须亲自安排顺序来依序执行，就可以试着在 script 卷标上设置 defer 属性，看看效果是否符合需求。

## 10.1.6 初探安全

在各式系统入侵事件频传的这个年代，不用太多强调，每个人都知道系统必须在安全这块予以重视，就现在来说，不注重安全而带来的损失不单是经济层面，也会面临法律问题，不注重安全不单是危及商誉的问题，也有可能阻碍政府政策的推动，甚至牵动国家安全等问题。

安全是个复杂的议题，最好的方式是有专责部门、专职人员、专门流程、专业工具，以及时时实施安全教育训练等，虽说如此，在学习程序设计，特别是 Web 网站相关技术时，若能一并留意基本的安全观念，在实际撰写应用程序时避免显而易见的安全漏洞，对于应用程序的整体安全来说，也是不无小补。

有些安全观念真的就是基本观念，只是开发者毫无自觉罢了，既然 JavaScript 执行于浏览器方式，那就来略为探讨吧！

### 1. 原始码中的敏感信息

浏览器会解析 HTML 文件来呈现画面，有些数据可以藏在 HTML 中，便于后续应用程序执行某些任务。例如，在设计多页问卷时，可以将 input 的 type 设为 hidden，用来记录上一页问卷的答案，下一次的窗体发送，会一并发送隐藏域[①]的值，而使用者不会在浏览器画面中看到该字段，不会对操作造成妨碍。

使用者不会在浏览器画面看到 JavaScript 程序代码，在一些应用中，后端可以动态地产生 JavaScript 程序代码，其中包含前端浏览器需要的数据，例如选单后续的可选项目，这样就不用每次都通过网络跟后端请求，节省网络方面的开销。

---

① 隐藏域：openhome.cc/Gossip/ServletJSP/HiddenField.html.

只要不涉及敏感信息，这类隐藏在 HTML 或 JavaScript 原始码中的数据，都是合理应用；然而有些开发者却误以为，只要浏览器不在画面上呈现给用户观看的数据，就可以放到 HTML 或 JavaScript 原始码中，甚至将密码都放进去了；这跟技术没有直接的关系，纯粹就是观念问题，**敏感信息永远都不该放到 HTML 或 JavaScript 原始码中**。

**提示 >>>** *密码会被放到前端往往也意味着，密码是以明码保存，这也是不对的，这类与缺少基本安全观念相关的实例不少，有兴趣的读者可以看看《网站系统安全及数据保护设计认知》[①]。*

## 2. XSS

如果 **Web** 应用程序的输出中，会包含用户的输入字符串，永远都要假设使用者并不会输入你期望的格式。例如，请求 10.1.5 节中的 hello8.html，输入 `Name: <input>` 会如何呢？

竟然凭空出现了个输入框，如图 10.7 所示。然而原理很简单，从图中开发者工具的 Elements 页签也可以看到，输入的文字成为 HTML 的一部分，Elements 可以动态地呈现 DOM 元素的状态，是个观察画面变化的好工具。

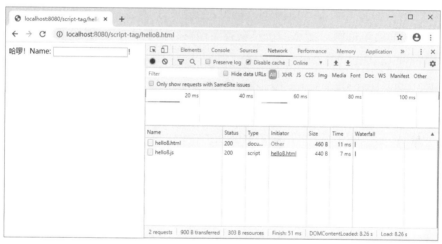

图 10.7 改写画面了

因为通过 `innerHTML` 设定的字符串，会被浏览器解析，若是标签就会建立对应的 DOM 元素，最后附加在原本的 DOM 树上，浏览器会根据新的 DOM 树重绘，因而就出现了输入框。

这时有心人士就会想了，如果输入 `script` 标签与相关程序代码，会不会执行呢？为了安全起见，**HTML5 规定，`innerHTML` 被指定的字符串若有 `script` 卷标，不会被执行**。但能够改写画面就已经很危险了，视 Web 应用程序如何撰写，这类的弱点可能被拿来作为钓鱼式攻击(Phishing[②])之用。

---

① 《网站系统安全及数据保护设计认知》：www.slideshare.net/JustinSDK/security-2019.
② Phishing：en.wikipedia.org/wiki/Phishing.

10.1.2 节 的 hello3.html 并 不 是 利 用 `innerHTML`， 若 是 在 输 入 框 中 输 入
`<script>alert('Hello, XSS')</script>`会如何呢？如图 10.8 所示。

图 10.8　XSS 的简单例子

类似地，输入的文字成为 HTML 的一部分，`script` 标签被解析并执行，这是 XSS(Cross
Site Scripting[1])的简单范例。显然，在开发者非预期的情况下，执行了(恶意)使用者指定的
程序代码。

提示 >>>　若要细分的话，这里示范的是 DOM-based XSS 的概念，因为整个过程不涉及后端，纯粹是操作
前端来注入程序代码；XSS 另外还有 Reflected XSS、Stored/Persistent XSS 等形式。

当然，本书的范例很简单，构成不了什么大伤害。然而，视 Web 应用程序如何撰写，
XSS 之类的弱点可能被拿来利用，造成严重的后果，例如 Twitter 在 2010 年发生的蠕虫攻
击就是一个案例[2]。

想避免 XSS 这类问题，原则就是 "永远都要假设使用者不会输入你期望的格式"，采
黑名单法替换使用者输入中有疑虑的字符、采白名单法只允许特定字符等是基本出发点，
不过做来并不容易，最好是有专门工具、链接库、人员、部门，甚至是安全顾问公司来从
事这类检查。

## 3. 认识安全弱点

就开发者而言，要培养安全的观念，只能多做多看，想要认识基本的安全弱点从何产
生，可以从 **OWASP TOP 10**[3]出发，这是由 OWASP(Open Web Application Security Project)
发起的计划之一，于 2002 年发起，针对 Web 应用程序最重大的 10 个弱点进行排行，首次

---

① Cross-site scripting：en.wikipedia.org/wiki/Cross-site_scripting.

② Twitter 跨站脚本漏洞：www.ithome.com.tw/node/63493.

③ OWASP TOP 10：www.owasp.org/index.php/Category:OWASP_Top_Ten_Project.

OWASP Top 10 于 2003 发布，2004 年做了更新，之后每 3 年改版一次，就撰写这段文字的时间点来说，**最新版的 OWASP Top 10 于 2017 年 11 月正式发布。**

如果对 Web 应用程序设计有基本认识，查看 2013 年与 2017 年的十大弱点内容(见图 10.9)时就会发现，在产生弱点的原因中，有些异常简单，像是未经验证的输入就能导致各式的注入攻击，未经过滤的输出就可能引发 XSS 攻击等，若能在撰写程序时多一份留意，至少能让 Web 网站不致赤裸裸地暴露出这些弱点。

| OWASP Top 10 - 2013 | → | OWASP Top 10 - 2017 |
|---|---|---|
| A1 – Injection | → | A1:2017-Injection |
| A2 – Broken Authentication and Session Management | → | A2:2017-Broken Authentication |
| A3 – Cross-Site Scripting (XSS) | ↘ | A3:2017-Sensitive Data Exposure |
| A4 – Insecure Direct Object References [Merged+A7] | ∪ | A4:2017-XML External Entities (XXE) [NEW] |
| A5 – Security Misconfiguration | ↘ | A5:2017-Broken Access Control [Merged] |
| A6 – Sensitive Data Exposure | ↗ | A6:2017-Security Misconfiguration |
| A7 – Missing Function Level Access Contr [Merged+A4] | ∪ | A7:2017-Cross-Site Scripting (XSS) |
| A8 – Cross-Site Request Forgery (CSRF) | ☒ | A8:2017-Insecure Deserialization [NEW, Community] |
| A9 – Using Components with Known Vulnerabilities | → | A9:2017-Using Components with Known Vulnerabilities |
| A10 – Unvalidated Redirects and Forwards | ☒ | A10:2017-Insufficient Logging&Monitoring [NEW,Comm.] |

图 10.9　OWASP TOP 10 中 2013 年与 2017 年十大弱点比较

从 OWASP TOP 10 作为起点，进一步地可以留意 **CWE**[①]**(Common Weakness Enumeration)**弱点列表，这列表始于 2005 年，收集了近千个通用的软件弱点；另一方面，针对特定软件漏洞，可以查看 **CVE**[②]**(Common Vulnerabilities and Exposures)**数据库，CVE 会就特定软件发生的安全问题给予 CVE-YYYY-NNNN 形式的编号，以便于通报、查询、交流等。如 2017 年底的 CPU "推测执行"(Speculative execution)安全漏洞，就发出了 CVE-2017-5754、CVE-2017-5753 与 CVE-2017-5715 变种漏洞的 CVE 通报。

## 10.1.7　同源策略与 CORS

当 JavaScript 原始码来自网络时，与其直接相关的安全议题之一是**同源策略 (Same-origin policy)**，同源指的是请求的资源与目前文件来源，具有相同的协议、端口号以及位置，例如若目前文件来源的协议、端口号以及位置为 http://caterpillar.onlyfun.net/，那么以下协议、端口号以及位置的资源就不是同源：

- **https://**caterpillar.onlyfun.net
  http 与 https 视为不同的协议。

---

① CWE: cwe.mitre.org。

② CVE: cve.mitre.org。

- http://openhome.cc
  位置名称不同，视为不同位置(就算实体机器是同一台)。
- http://192.168.0.1
  位置名称不同，视为不同位置(就算实体机器是同一台)。

- http://caterpillar.onlyfun.net:**8080**
  在没有指定端口号下，默认端口号是 80，这里却指定 8080，因此是非同源。

## 1. 同源策略

如果有份 HTML 网页来自 http://caterpillar.onlyfun.net/，其中的 JavaScript 程序代码无法取得 src 为非同源的 iframe 相关信息，默认也无法以 XMLHttpRequest 或 Fetch API 等(第 12 章会介绍)，请求非同源的资源，浏览器会禁止 JavaScript 取得结果。

子域的资源,默认视为非同源,不过 JavaScript 在浏览器中,可以通过 document.domain 设定子域为同源，document.domain 默认为文件来源。

以刚才的 http://caterpillar.onlyfun.net/来源的 HTML 网页为例，若其中使用 JavaScript 程序代码取得 **document.domain**，值就是'caterpillar.onlyfun.net'，这时无法使用 XMLHttpRequest 或 Fetch API 等请求 sub1.onlyfun.net、sub2.onlyfun.net 等子域下的资源。

然而，可以将 document.domain 设定为'onlyfun.net'，这时来自 sub1.onlyfun.net、sub2.onlyfun.net 的资源就会视为同源，若要让子域可以请求顶级域，需要同时改变子、顶级域的 document.domain 为相同值；document.domain 可以设为顶级域，然而不能设其他网域。

script 标签的 src 可以引用外部.js 文件，如果 type 是"text/javascript"的话，不限于同源的.js，非同源的.js 也可以引用，然而**不同来源的.js 文件在 HTML 页面中执行时，是以该 HTML 页面来源作为同源依据。**

例如 http://caterpillar.onlyfun.net/index.html 中的 script 标签，若 src 引用了 http://openhome.cc/foo.js，程序代码运行时，同源依据是 index.html 的来源 http://caterpillar.onlyfun.net/，而不是 http://openhome.cc/。

## 2. 简介 CORS

如果你经常使用一些 Web 网络服务，看到这里应该会疑惑，因为有些网络服务确实请求了来自不同网站的资源？处理这类跨域请求的方式之一，就是实现 CORS[1](Cross-Origin Resource Sharing)，这是基于 HTTP 标头的跨来源资源共享协议。

若要遵照CORS,以最简单的情境来说,浏览器在发出非同源的跨域请求时,会附上HTTP 标头 **Origin**，告知服务器端目前文件来源，服务器端若同意跨域请求，响应中要包含

---

① CORS：developer.mozilla.org/zh-TW/docs/Web/HTTP/CORS.

**Access-Control-Allow-Origin** 标头，值可以是*(表示不管哪个来源都接受)或某一域名。浏览器在收到回应时，若回应中没有 Access-Control-Allow-Origin 标头，或者它的值既非*也不符合目前文件来源，浏览器就不会交出收到的资源。

> **提示>>>** 请求还是会发出，视服务器端设计而定，服务器端或许也会响应资源，只不过若 Access-Control-Allow-Origin 标头值对不上的话，浏览器会让你拿不到资源。

在第 12 章将会看到，XMLHttpRequest 或 Fetch API 支持 CORS，只要非同源的服务器端允许，XMLHttpRequest 或 Fetch API 可以根据以上的原理取得非同源的资源。

稍后介绍 ECMAScript 模块时也会谈到，模块的汇入必须遵守 CORS，script 标签的 type 设定为"module"时，在 src 引用的若是非同源的.js 文件，或者是在模块原始码中 import 非同源的模块，请求.js 文件时会附上 Origin 标头，若服务器端没有实现 CORS 响应，浏览器就不会解析、执行模块。

script 标签的 type 是"text/javascript"的话，src 引用的.js 文件，请求、回应并不遵照 CORS。但 **HTML5 提供了 crossorigin 属性，script 卷标若设定 crossorigin 属性，对.js 的请求就要遵照 CORS**，服务器端必须响应 Access-Control-Allow-Origin 标头与合法的值，否则就无法引用.js 文件。

**若服务器端支持 CORS，在 script 标签的 type 是"text/javascript"的情况下，设定 crossorigin 属性的好处是，如果引用的非同源.js 发生错误，可以取得更详细的错误信息。**

这跟 window 的 error 事件有关，如果浏览器中的.js 程序代码发生错误且没有被捕捉处理，最后会触发 window 的 error 事件，可以针对事件注册处理器，在事件发生时会予以调用。例如：

```
window.onerror = function(message, source, lineno, colno, error) {
    console.log('错误信息', message);
    console.log('程序代码来源', source);
    console.log('错误发生点的行数', lineno);
    console.log('错误发生点的列数', colno);
    console.log('Error 实例', error);
};
```

就算是.js 的 JavaScript 语法错误而引发的 SyntaxError，也能触发 window 的 error 事件，在同源的情况下，message、source、lineno、colno、error 都可以取得对应的信息。如图 10.10 所示。

然而，在非同源的情况下，第一个 message 只会收到'Script error'，其他参数收到的信息毫无用处。例如，可以在第 10 章范例文件夹中，执行 **node cors-server.js 8081**，这会在 8081 端口启动另一个 HTTP 服务器，则其如图 10.11 所示请求。

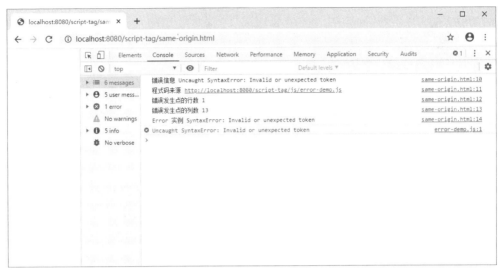

图 10.10　同源下 window.onerror 捕捉的信息

图 10.11　非同源下 window.onerror 捕捉的信息

图 10.11 中请求的 http://localhost:8080/script-tag/same-origin2.html，其中的 script 是这么写的：

```
<script src="http://localhost:8081/script-tag/js/error-demo.js"></script>
```

可以看到引用的.js 因端口号不同而视为非同源，此时取得的错误信息没什么作用。在8081 端口启动的 HTTP 服务器支持 CORS，并在 script 卷标加上 crossorigin 属性，如图 10.12 所示。

same-origin3.html 的 script 标签加注了 crossorigin，就可以取得详细的错误信息了，如果切换至开发人员工具的 Network 页签，单击 error-demo.js，可以看到请求中有 Origin 标头，而响应中的 Access-Control-Allow-Origin 标头，如图 10.13 所示。

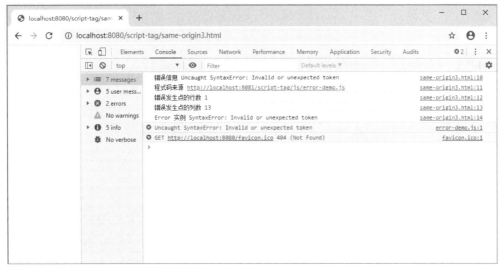

图 10.12　加上 crossorigin，非同源下 window.onerror 捕捉的信息

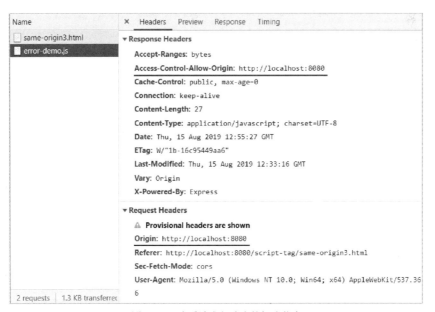

图 10.13　查看请求与响应的标头信息

现在有些链接库，若要非同源地引用官方提供的.js 文件，官方会建议在 `script` 标签加注 `crossorigin`，以便链接库提供详细的错误信息，原因就在于此，这也表示官方提供.js 的服务器端也实现了 CORS 的支持。

提示 >>> `script` 标签非同源引用.js 时，限制 `window.onerror` 的错误信息提供，是为了避免泄漏敏感信息，有兴趣的读者，可以参考 Cryptic "Script Error."[①]。

---

① Cryptic "Script Error.": bit.ly/2OXBBOw.

浏览器也可以在 JavaScript 的控制下发出各种请求方法(例如第 12 章要谈到的 `XMLHttpRequest`、`Fetch` 等),有些 HTTP 方法,例如 PUT、DELETE、PATCH 等方法会改变服务器状态,跨域请求时若是使用了这类方法,或是设定了某些请求标头[①],为了让服务器端能先检查请求,以免非预期状态下就改变了服务器的状态,浏览器会先使用 OPTIONS 预请求(Preflight request),服务器端必须能接受 OPTIONS 请求并响应正确的标头,浏览器才会发出正式请求。

# 10.2　从名称空间到模块

当 script 卷标的 type 属性为"text/javascript"时,无论是内嵌或外部引用.js,程序代码最后就像是合并在一起执行,只要是位于程序代码顶层的名称,都是全局名称,这是因为在 ES6 之前,JavaScript 本身没有名称空间或模块管理的机制。

即便如此,JavaScript 开发者还是发挥了各式各样的创意,想出各种名称空间或模块管理的方式。这一节就要来介绍,ES6 之前,开发者如何克服名称空间与模块管理的问题。

## 10.2.1　名称空间管理

在 ES6 以后才有了模块语法,在这之前,JavaScript 没有名称空间管理的机制,更别说是模块管理了,因此只要程序稍有规模,或者引用了其他的链接库,就容易发生名称冲突问题。

举例来说,写了个 validate()函数,假以时日别人接手你的程序,然后在文件中某处又定义了另一个 validate()函数:

```
function validate(data) {
    //... 你定义的函数
}
// 很长很长的程序...
// 某年某月的某一天...
function validate(data) {
    //... 别人定义的函数
}
```

由于名称发生冲突,之后的 validate()函数定义会覆盖前一函数,原本依赖在前一函数定义的其他程序代码,可能就无法运行了。

### 1. 对象名称空间

想要避免这类问题,就是减少全局名称的使用,最基本的方式之一,就是将函数定义为对象的特性,该对象被某个有意义的名称参考(如组织、单位或链接库等名称)。例如:

---

① What requests use CORS?: mzl.la/2lxWykF.

```
var openhome = {};        // 作为函数的名称空间
function validate(data) {
    //... 你定义的函数
}
openhome.validate = validate;
```

其他人想要取用你定义的 `validate()` 函数，可以通过 `openhome` 名称：

```
openhome.validate(data);
```

其他开发者在定义函数时，也可以作类似考虑。例如他也许在同一个或是另一个.js 如下定义：

```
var caterpillar = {};        // 作为名称空间
function validate(data) {
    //... 别人定义的函数
}
caterpillar.validate = validate;
```

调用时就使用：

```
caterpillar.validate(data);
```

相关的名称可以集中在各自的对象上作为特性存在，占用全局名称的情况可以减少，也就减少了名称冲突的机会。

## 2. 运用 IIFE

前面的例子还是在全局占用了 `validate` 名称，虽然可以使用匿名函数解决：

```
var openhome = {};
openhome.validate = function(data) {
    // 你定义的函数
};
```

但如果此函数在链接库中，也想要运用的话，每次都通过 `openhome.validate()` 并不方便，这时通过 3.3.4 节介绍过的 IIFE 解决。例如：

```
var openhome = (function() {
    function validate(data) {
        // 作些验证
    }

    function format(data) {
        // 作些格式化
    }

    // ... 其他...可以直接调用 validate()、format() 函数

    return {
        validate: validate,
        format: format
    };
```

```
})();
```

在匿名函数中建立的名称，都是匿名函数的局部变量，不会污染全局名称空间，而且读者可以在匿名函数中直接使用 validate()、format() 函数，IIFE 执行后，最后 return 的对象，就是 openhome 变量参考的对象。

将以上的程序代码，撰写在 openhome.js 文件之中，在 JavaScript 的惯例中，视这样的.js 原始码为一个模块，如果想要扩充模块的功能，可以在另一个 .js 文件。例如在 openhome-foo-ext.js 文件中如下撰写。

```
(function(openhome) {
    function find() {
        // ...找些东西
    }

    function map() {
        // ... 作些对应
    }

    // ... 其他

    openhome.find = find;
    openhome.map = map;
})(openhome);
```

这么一来，在网页中就可以依序撰写底下的程序代码：

```
<script type="text/javascript" src="openhome.js"></script>
<script type="text/javascript" src="openhome-foo-ext.js"></script>
<script type="text/javascript">
(function(openhome) {
    // 应用程序流程
    openhome.validate(data); // 原本的 openhome 模块功能
    openhome.find();          // 扩充的功能

})(openhome);
</script>
```

因为先引用了 openhome.js，全局名称中会有 openhome；接着引用 openhome-foo-ext.js 执行时，openhome 会作为自变量传入 openhome-foo-ext.js 定义的 IIFE，接着就根据其中定义的流程进行对象上的特性扩充；最后执行内嵌的程序代码时，openhome 参考的对象就可以使用既有或扩充后的模块功能。

## 3. 名称管理程序

现在的问题在于，如果连 openhome 这样的名称都不想占用呢？那么就需要有个专用的名称空间管理程序，负责管理模块名称。以下是一个最简单的实现。

```
mod-abc/js require.js
```

```javascript
var define, require;

(function() {
    var modules = {};

    define = function(name, callback) {
        modules[name] = callback();
    };

    require = function(name, callback) {
        callback(modules[name]);
    };
})();
```

在这个 require.js 中，直接定义了 define、require 两个全局名称，这两个名称是必要之恶，目的是希望除了这两个名称之外，开发者不用再增加其他的全局名称。

接下来，若要定义一个模块，例如，openhome 模块，就可以使用 define() 函数。例如：

```
mod-abc/js openhome.js
```

```javascript
define('openhome', function() {
    function validate() {
        console.log('validate');
    }

    function format() {
        console.log('format');
    }

    return {
        validate: validate,
        format: format
    };
});
```

显然，这里没有建立任何的全局名称，由于 define() 会执行其第二个自变量传入的函数，因此 openhome 这名称，会是 define() 形成的 Closure 中 modules 对象的特性名称，特性值是上例中最后 return 的对象。若现在想扩充 openhome 模块，可以使用 require() 函数。

```
mod-abc/js openhome-foo-ext.js
```

```javascript
require('openhome', function(openhome) {
    function find() {
        console.log('find');
    }

    function map() {
        console.log('map');
    }
```

```
    openhome.find = find;
    openhome.map = map;
});
```

require()会依照指定的名称，在其形成的 Closure 中 modules 对象上找到对应的特性，接着使用取得的特性值，执行 require()的第二个自变量传入之函数，因而就可以通过上例中 openhome 参数来操作传入的对象。同样地，过程中没有建立任何的全局名称。

如果要使用 openhome.js 与 openhome-foo.ext.js 定义的功能，可以如下：

**mod-abc openhome-demo.html**

```html
<!DOCTYPE html>
<html>
<head>
    <meta charset="utf-8">
</head>
<body>
    <script type="text/javascript" src="js/require.js"></script>
    <script type="text/javascript" src="js/openhome.js"></script>
    <script type="text/javascript" src="js/openhome-foo-ext.js"></script>
    <script type="text/javascript">
        // 会在控制台显示相关信息
        require('openhome', function(openhome) {
            openhome.validate();
            openhome.format();
            openhome.find();
            openhome.map();
        });
    </script>
</body>
</html>
```

如果需要多个模块呢？这就需要修改一下 require()的定义方式，令其可以接受模块名称列表，并将之映像为模块对象列表，传入 callback()接受的函数之中。例如：

**mod-abc/js require2.js**

```javascript
var define, require;

(function() {
    var modules = {};

    define = function(name, callback) {
        modules[name] = callback();
    };

    require = function(names, callback) {
        var dependencies = names.map(function(name) {
            return modules[name];
        });

        callback.apply(undefined, dependencies);
    };
})();
```

因为并没有修改 define() 的定义，因此定义模块的方式跟前面的 openhome.js 相同；若撰写程序需要依赖在某些模块时，可以使用数组来指定模块列表。例如：

mod-abc require2-demo.html

```
<!DOCTYPE html>
<html>
<head>
    <meta charset="utf-8">
</head>
<body>
    <script type="text/javascript" src="js/require2.js"></script>
    <script type="text/javascript" src="js/openhome.js"></script>
    <script type="text/javascript" src="js/caterpillar.js"></script>
    <script type="text/javascript">
        require(['openhome', 'caterpillar'], function(openhome, caterpillar) {
            openhome.validate();
            openhome.format();
            caterpillar.validate();
        });
    </script>
</body>
</html>
```

就以上的范例来说，从头到尾都没有增加任何的全局名称。目前这个范例，只说得上是名称管理程序，还谈不上模块管理程序。

模块管理程序不只有管理名称，它还肩负着模块与模块之间的相依性管理，若程序主流程依赖在 A 模块，而 A 模块依赖在 B 模块……像这类的模块相依性，模块管理程序应该要能主动发掘相依性、建立模块图、自动下载必要的模块。

当然，这需要知道更多的技巧才能实现，已经超出了本书设定的范围；有些开放原始码链接库专门提供模块管理，例如 RequireJS[①]。实际上，之前的范例就是模仿 RequireJS 而来的。

提示 >>> 基于以上的范例，笔者进一步实现出可以自动发掘模块相依性、下载模块文件的 RequireJS-Toy[②]，读者有兴趣可以参考看看。

## 10.2.2 从 CommonJS 到 AMD

名称空间管理原理，实际上是众多名称管理实现的方式之一。回顾历史，自 2005 年 JavaScript 逐渐被人们广为应用之后，当年仓促定义的语言特性也因而暴露出许多缺点，在避免全局名称这方面，也发展出对象阶层、IIFE 等各种模式，过去许多链接库上，如 Dojo、YUI、jQuery 等，都可见不同名称空间管理模式之实现。

---

① RequireJS：requirejs.org。

② RequireJS-Toy：github.com/JustinSDK/RequireJS-Toy。

> **提示 >>>** 若有兴趣回顾各种模式的实现原理，可以参考 JavaScript Module Pattern: In-Depth[1]的内容。

在浏览器端，各家链接库各自实着现各自的模块方案，而为了在浏览器环境之外构筑出 JavaScript 生态系，2009 年 1 月，Mozilla 的开发者 Kevin Dangoor 发起了 ServerJS 项目，在 What Server Side JavaScript needs[2]中提到，JavaScript 必须得有个模块的标准规范，同年 9 月，项目更名为 CommonJS，显示其不想仅局促于服务器端的意图。

Node.js 曾经遵循着 CommonJS 来实现模块管理，然而后来逐渐自成一套，不再遵守 CommonJS (某些核心开发者认为 Node.js 就是服务器端 JavaScript 业界标准了)，不过，不少地方还是有 CommonJS 的影子，因而许多开发者仍视 Node.js 为 CommonJS 的实现代表。

就 Node.js 来说，一个.js 就是一个模块，模块中的名称仅限模块内可见，可以通过 `module.exports` 来公开模块的功能性。例如，有个 hello.js 模块：

```
function sayTo(name) {
    console.log('Hello', name);
}

module.exports.sayTo = sayTo;
```

在另一个模块中，若需要 hello.js 模块，可以使用 `require()` 函数：

```
let hello = require('./hello');
hello.sayTo('Justin');  // 显示 Hello Justin
```

由于 Node.js 在后端广为 JavaScript 开发者接受，有人试图将 CommonJS 的模块规范往前端推进，希望能一统前端模块管理的混乱；不过，虽然 Node.js 的主打特性是异步，`require()` 函数在加载模块时却是同步的，这意味着 `require()` 某模块时，会阻断浏览器对后续页面的处理。

10.1.5 节介绍过的 `async`、`defer` 是为了摆说同步加载、执行.js 而来，想也知道，`require()` 的同步特性，在要将 CommonJS 推至浏览器成为前端模块规范时，必然成为一大阻碍，如何能让 CommonJS 也能适用于浏览器，造成了演化 CommonJS 模块规范时的分歧。

后来胜出的一派认为，浏览器有其特性，不应直接采用原本为服务器端而生的 CommonJS，因此他们独立建立了异步模块定义 **AMD(Asynchronous Module Definition)**，定义模块时使用 `define()`，加载模块时虽然也采用 `require()`，然而为了不影响页面的后续处理，**加载过程是异步**，在模块加载完成之后，才执行 `require()` 时指定的回调函数，而 AMD 最为人所知的实现之一，正是 RequireJS。

CommonJS 与 AMD 是 JavaScript 模块演化史中，最广为人知的两个模块定义，实际上还有其他模块定义的出现，这里就不多做介绍了，对前端来说，这一节的目的是认识 ES6

---

① JavaScript Module Pattern: In-Depth：goo.gl/ccs2ZX.

② What Server Side JavaScript needs：goo.gl/Vhp5cq.

之前模块管理的基本原理，在某些场合，需要进一步审阅模块管理程序的原始码时，才能
有个出发点。

# 10.3　ECMAScript 模块

ES6 纳入了模块规范，试图解决前端因各式各样的模块方案而带来的混乱，目前主流
浏览器都已支持，也开始广为开发者接受，不少链接库也都有对 ECMAScript 模块友善支
持的版本，既然 ECMAScript 是标准规范，为了增加链接库之间的互操作性，在定义模块
时，应该优先考虑采用 ECMAScript 标准模块方案。

## 10.3.1　`script` 卷标与模块

网页通过 `script` 标签来定义 JavaScript 程序代码，若浏览器支持，可以将 **type** 属性
设定为**"module"**，表示内嵌或引用的**.js** 程序代码是 **ES6 模块**。例如：

```
mod-es hello.html
```

```html
<!DOCTYPE html>
<html>
<head>
    <meta charset="utf-8">
    <script type="module">
        let welcome = document.getElementById('welcome');
        let name = prompt('输入你的名称');
        welcome.innerHTML = `哈啰! ${name}! `;
    </script>
</head>
<body>
    <span id="welcome"></span>
</body>
</html>
```

当 `type` 设定为"module"时，`script` 内嵌或通过 `src` 引用.js 时，**默认具有 defer 的特
性**，也就是.js 会以异步方式下载，并在 DOM 树生成与其他非 `defer` 的.js 执行完后，才根
据页面出现顺序执行 `defer` 的程序代码，因此，上例的 `script` 虽然写在 head 标签中，也
是在 DOM 树生成后执行。

当 `type` 设定为"module"时，`src` 引用的.js 就视为模块，例如，hello2.js 如下定义。

```
mod-es/mods hello2.js
```

```javascript
let welcome = document.getElementById('welcome');
let name = prompt('输入你的名称');
welcome.innerHTML = `哈啰! ${name}! `;
```

**引用模块时，.js 不能来自本机**，因此得启动一个 **HTTP 服务器**(参考 10.1.4 节)，才能
如下引用模块：

```
mod-es hello2.html
```

```
<!DOCTYPE html>
<html>
<head>
    <meta charset="utf-8">
    <script type="module" src="mods/hello2.js"></script>
</head>
<body>
    <span id="welcome"></span>
</body>
</html>
```

每个模块中的定义的名称，仅在模块内可见(稍后就会介绍，如何公开模块功能)，`script` 卷标的 `type` 设为"module"时，就代表着一个模块，内嵌的程序代码也是一个模块，其他 `script` 看不到其中的名称。例如以下会发生错误：

```
<script type="module">
    // hello 仅在此模块可见
    function hello(name) {
        return `Hello! ${name}!`;
    }
</script>
<script type="text/javascript">
    console.log(hello('Justin')); // ReferenceError
</script>
```

就算两个 `script` 标签的 `type` 设为"module"时，各自的名称也是互不相见，以下也会发生错误：

```
<script type="module">
    // hello 仅在此模块可见
    function hello(name) {
        return `Hello! ${name}!`;
    }
</script>
<script type="module">
    console.log(hello('Justin')); // ReferenceError
</script>
```

标签的 **type** 设为"module"并引用外部模块时，可以附加 **async** 属性，此时会异步下载.js 文件，先下载完成就先执行。

10.1.7 节介绍过同源策略，如果引用的模块非同源，就会遵守 **CORS**，浏览器请求模块时会附上 Origin 标头，若服务器端没有实现 CORS 响应，浏览器就不会解析、执行模块，并会抛出错误，如图 10.14 所示。

其中，8080 端口请求的 cors.html 中，引用了 8081 端口模块：

```
<script type="module" src="http://localhost:8081/mods/cors.js"></script>
```

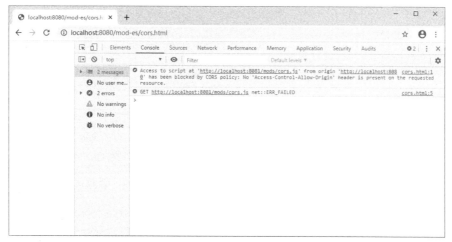

图 10.14　非同源模块必须遵守 CORS

然而在 8081 端口倾听请求的 HTTP 服务器，并没有响应 `Access-Control-Allow-Origin` 标头，因此就发生了图 10.14 的错误；读者可以参考 10.1.7 节的内容，在 8081 端口启动一个支持 CORS 的 HTTP 服务器，就可以取得模块。

支持模块的浏览器，会忽略`<script `**`nomodule`**`></script>`，因此对于打算提供降级处理的情境，可以如下撰写：

```
<script type="module" src="mods/util.js"></script>
<script nomodule src="js/util_fallback.js"></script>
```

支持 ES6 模块的浏览器会使用 util.js，忽略`<script nomodule></script>`；不支持模块的浏览器，本来就不理会 `type` 设为 `module` 的 `script` 标签，因此会使用 util_fallback.js。

## 10.3.2　模块语法入门

一个.js 文件是一个模块，模块中定义的名称，作用范围局促于模块之中，若要公开名称，必须使用 **`export`**。例如，定义 math.js 作为模块，想要公开 `max`、`min`、`PI`、`E` 等名称，则：

mod-es/mods math.js

```
const MODULE_NAME = 'math';

console.log(`执行 ${MODULE_NAME} 模块顶层程序代码`);

function max(a, b) {
    return a > b ? a : b;
}

function min(a, b) {
    return a < b ? a : b;
}

function sum(...numbers) {
```

```
        return numbers.reduce((acc, value) => acc + value);
}

const PI = 3.141592653589793;
const E = 2.718281828459045;

export {max, min, sum, PI, E};
```

就这个 math 模块来说，被 export 公开的只有 max、min、sum、PI、E 这些名称，
MODULE_NAME 名称没有被公开，仅在 math 中可用，是 math 模块内的私有变量。

> **提示 >>>** 在撰写本书的时候，TC39 有个处于阶段三的 import.meta[①]方案，在模块中有个 import.meta 对象，该对象的 url 特性可以取得模块的来源位置。

若打算在另一模块使用 math 模块，可以使用 **import from** 语法，只能汇入模块被公
开的名称，例如：

```
<!DOCTYPE html>
<html>
<head>
    <meta charset="utf-8">
    <script type="module">
        import {max, sum, PI} from './mods/math.js';
        console.log(max(10, 5));        // 10
        console.log(sum(1, 2, 3, 4, 5)); // 15
        console.log(PI);                 // 3.141592653589793
    </script>
</head>
<body>
    <span id="welcome"></span>
</body>
</html>
```

虽然 math 模块中 export 了 5 个名称，然而，只有被 import 至目前模块的名称才能
使用；在浏览器中，**import** 的来源可以使用./开头指定相对路径，或者是以/开头指定绝对
路径，也可以是 **http://、https://**开头，对于非同源的模块来源，必须遵循 **CORS**。

被汇入的模块在解析后，会执行其顶层程序代码，同一模块无论 import 几次，都只
会下载、解析、执行一次，不会重复汇入。若必要，也可以为 import 的名称取个别名：

```
import {max as maximum} from './mods/math.js';
```

为了避免名称冲突，建议只针对必要的名称进行 import，或者使用 as 取别名，或者
是将模块公开的名称作为模块对象的特性：

```
import * as math from './mods/math.js';
console.log(math.max(10, 5));        // 10
```

---

① import.meta: github.com/tc39/proposal-import-meta.

```
console.log(math.sum(1, 2, 3, 4, 5));  // 15
console.log(math.PI);
```

在上例中，math 会是 **Module** 的实例，模块公开的名称，都会是 Module 对象上的只读特性，重新指定特性值会引发 TypeError：

```
import * as math from './mods/math.js';
math.PI = 3.14; // TypeError: Cannot assign to read only property 'a' ..
```

类似地，**import** 时指定的名称，相当于 **const** 声明的名称，试图重新指定值给它，会引发 TypeError：

```
import {max} from './math';
max = function() {};  // TypeError: Assignment to constant variable.
```

在模块中，定义名称时可以同时进行 export：

```
export function max(a, b) {
    return a > b ? a : b;
}

export function min(a, b) {
    return a < b ? a : b;
}

export function sum(...numbers) {
    return numbers.reduce((acc, value) => acc + value);
}

export const PI = 3.141592653589793;
export const E = 2.718281828459045;
```

也可以为既有的名称取个别名再 export：

```
function max(a, b) {
    return a > b ? a : b;
}

function min(a, b) {
    return a < b ? a : b;
}

function sum(...numbers) {
    return numbers.reduce((acc, value) => acc + value);
}

const PI = 3.141592653589793;
const E = 2.718281828459045;

export {max as maximum, min as minimum, sum, PI, E};
```

import 或 export 是静态语句，必须是撰写在模块的顶层，不能在 if...else 等语句或者是函数中放 import 或 export，不过，**ES11** 纳入了 **import()** 函数，可以用来动态加载模块，该函数执行后会传回 **Promise**，任务成功的达成值是 **Module** 实例。例如：

**mod-es import-func.html**

```html
<!DOCTYPE html>
<html>
<head>
    <meta charset="utf-8">
    <script type="module">
        (async function() {
            let moduleName = prompt('加载 a 或 b 模块? ');
            let mod;
            switch(moduleName) {
                case 'a':
                    mod = await import('./mods/mod-a.js');
                    break;
                case 'b':
                    mod = await import('./mods/mod-b.js');
                    break;
            }
            mod.hello('Justin');
        })();
    </script>
</head>
<body>
    <span id="welcome"></span>
</body>
</html>
```

### 10.3.3  `export` 与 `export default`

前面谈过，模块若要公开"名称"，可以使用 export，此时要公开的名称必须使用{}包含，就算只有一个名称也是如此，例如：

```
let a = 10;
export {a};
```

相对地，在 import 时必须使用{}表示要汇入的是名称，只汇入一个名称也是如此：

```
import {a} from './mods/foo.js';
```

更具体地说，**export** 的是变量，不是被 **export** 时当时参考的值，因此若名称稍后被指定了新值，另一个模块汇入后，取得的值也会是新值。例如，有个 foo 模块如下：

```
let a = 10;
export {a};
a = 20;
```

另一个模块若汇入 foo 模块，那么结果会显示 20：

```
import {a} from './mods/foo.js';
console.log(a); // 显示 20
```

　　从某模块汇入的名称，范围限于目前模块，开发人员可能会想从某模块汇入名称之后，在目前模块直接公开，例如：

```
import {a, b} from './mods/foo.js';
export {a, b};
```

　　可能这么做的原因之一，是要隐藏 foo 模块的存在，一个更方便的写法是：

```
export {a, b} from './mods/foo.js';
```

　　若打算在公开名称时改名也是可以的：

```
export {a as x, b as y} from './mods/foo.js';
```

　　如果要公开的是全部的名称，可以使用*：

```
export * from './mods/foo.js';
```

　　**如果打算提供模块的默认公开"值"，可以使用 export default**。例如：

```
...模块实现
export default function(data) {
    console.log(data);
};
```

　　另一模块要汇入被公开的默认值，必须指定给一个变量。例如：

```
import proxy from './mods/proxy.js';
proxy('proxy me'); // 显示 proxy me
```

　　import proxy from './mods/proxy.js'这种写法，对应于定义了 export default 的情况，相当于把 export default 的值指定给 proxy 变量，模块如果没有定义 export default，就不能使用这种写法。

　　由于 export default 公开的是值，因此以下的范例：

```
let x = 10;
export default x;
x = 20;
```

　　被 export default 的是 x 的值 10，因而后续将 x 设为 20，汇入此模块的另一模块，得到的值并不会是 20。一个模块可以有多个 **export**，但是只能有一个 **export default**。

　　**export default** 可以让模块的客户端，在不知道模块中导出了哪些名称的情况下，**就能取用模块功能**，例如，可以通过 export default 公开一个函数，之后使用该函数来取用模块名称。以下是结合 9.2 节介绍过的 Proxy API。

Lab▪

**mod-es/mods interceptor.js**

```
class AroundMethodInterceptor {
    constructor(intercepter) {
        this.intercepter = intercepter;
    }
```

```
    get(target, prop, receiver) {
        let propValue = Reflect.get(target, prop, receiver);
        if(propValue instanceof Function) {
            return (...args) =>
                this.intercepter(target, propValue, args, receiver);
        }
        return propValue;
    }
}

class BeforeMethodInterceptor extends AroundMethodInterceptor {
    constructor(before) {
        super(function(target, method, args, receiver) {
            before(target, method, args, receiver);
            return Reflect.apply(method, target, args);
        });
    }
}

class AfterMethodInterceptor extends AroundMethodInterceptor {
    constructor(after) {
        super(function(target, method, args, receiver) {
            let result = Reflect.apply(method, target, args);
            return after(target, method, args, receiver, result);
        });
    }
}

const Interceptors = {
    'before': BeforeMethodInterceptor,
    'around': AroundMethodInterceptor,
    'after': AfterMethodInterceptor
};

export default function(adviceName, target, intercepter) {
    let Intercepter = Interceptors[adviceName];
    return new Proxy(target, new Intercepter(intercepter));
};
```

这个 interceptor 模块只公开了个函数值，通过此函数，可以指定想建立的 Proxy 处理器，而使用此模块的客户端无须知道处理器细节。例如：

**mod-es interceptor.html**

```html
<!DOCTYPE html>
<html>
<head>
    <meta charset="utf-8">
    <script type="module">
        import interceptor from './mods/interceptor.js';

        let target = {
            doIt(data) {
                return data.toUpperCase();
            }
```

```
        };

        let proxy = interceptor('after', target,
            function(target, method, args, receiver, result) {
                console.log('Target:', target);
                console.log('Method:', method)
                console.log('Arguments:', args);
                console.log('Receiver:', receiver);
                console.log('Result:', result);
                return result;
            }
        );

        proxy.doIt('process it');
    </script>
</head>
<body>
</body>
</html>
```

也许读者会想到，export default 一个对象，让该对象作为名称空间。例如：

```
function max(a, b) {
    return a > b ? a : b;
}

function min(a, b) {
    return a < b ? a : b;
}

function sum(...numbers) {
    return numbers.reduce((acc, value) => acc + value);
}

const PI = 3.141592653589793;
const E = 2.718281828459045;

export default {max, min, sum, PI, E};
```

虽然模块客户端，最后也是将被公开的对象指定给名称，然后操作该对象的特性来模块，不过此方式并不建议，因为被公开的是对象值，该对象上的特性并非只读，而且失去了静态分析，被 import 的对象无法进行优化等优点。

export default 本质上是使用 default 作为公开名称，而 default 的值就是 export default 的指定值，因此，也可以使用以下方式来 import：

```
import {default as a} from './mods/foo.js';
```

因此，如果汇入了某模块，想要直接导出该模块的默认公开值，则：

```
export {default} from './modes/math.js';
```

如果撰写了底下的程序：

```
import a from './mods/foo.js';
```

```
export {a as x};
```

那么可以直接改为：

```
export {default as x} from './mods/foo.js';
```

如果撰写了以下程序：

```
import {a} from './mods/foo.js';
export default {a};
```

那么可以改为：

```
export {a as default} from './mods/foo.js';
```

# 10.4　重点复习

# 10.5　课后练习

定义 out 与 bank 两个模块，若网页如下撰写：

```
<!DOCTYPE html>
<html>
<head>
    <meta charset="utf-8">
</head>
<body>
    Account: <div id="out"></div>
    <script type="module">
        import * as out from './out.js';
        import {InsufficientException, Account} from './bank.js';

        out.setOut(document.getElementById('out'));

        let acct = new Account('Justin Lin', '123-4567', 1000);
        try {
            acct.withdraw(500);
            out.println(acct.toString());
            out.println(acct.balance);
        }
        catch(e) {
            if(e instanceof InsufficientException) {
                out.println(`${e.name}: ${e.message}`);
            }
            else {
```

```
            throw e;
        }
    }
    </script>
</body>
</html>
```

浏览器必须呈现如图 10.15 所示的结果。

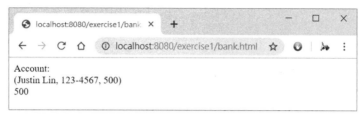

图 10.15 浏览器输出的结果

# DOM、事件与样式 | 第 **11** 章

## 11.1　文件对象模型

在浏览器加载 HTML 文件后，必须解析 HTML 卷标，建立各卷标对应的 DOM(Document Object Model)对象并组成 DOM 树，最后根据 DOM 树结构呈现画面，只要调整 DOM 树，浏览器就会根据 DOM 树结构重绘画面，这是使用 JavaScript 改变 HTML 页面的原理。

### 11.1.1　浏览器对象模型

在浏览器刚开始支持 JavaScript 的年代，存在一组提供有限功能的对象，当时的 Netscape Navigator 与 Internet Explorer 浏览器在这组对象上有些交集，这些交集的部分被留存到现在，主流的浏览器中依旧支持。

这组对象被称为**浏览器对象模型(Browser Object Model)**或非正式地称为 **Level 0 DOM**，因为它在 DOM 标准化前就已存在，而不是真有文件规范着 Level 0 DOM，这组对象当今仍可见其应用，在正式介绍 DOM 之前，有必要先认识这组对象，它们是从全局对象 window 开始，具有以下的特性阶层关系：

```
window|
      |navigator
      |location
      |frames
```

```
|screen
|history
|document
        |forms
        |links
        |anchors
        |images
        |all
        |cookie
```

## 1. window

window 对象代表窗口，为 Window 的实例，也是 JavaScript 在浏览器执行时的全局对象，其中 window 上的 alert、confirm、prompt、setTimeout、clearTimeout、setInterval、clearInterval 等特性，都是以 window 为名称空间的函数。

window 也拥有一些控制窗口的方法，例如 open()、moveTo()、scroll()、scrollTo() 等，使用上都很简单，可以在 Window Object[①]查询这些方法的使用方式。

window.navigator 代表了浏览器，为 Navigator 的实例，可以取得浏览器的信息，通常是为了进行检测浏览器类型才会使用这个对象，不过这个对象取得的信息并非完全可靠，因为有的浏览器提供修改选项，或者有工具可修改这些信息。可以在 Navigator Object[②]查询这个对象上有哪些信息可以取得。

window.location 代表 HTML 页面的 URL，是 Location 的实例，可以取得目前页面的 URL 相关信息，也有 reload() 与 replace()方法，可以重载页面或取代页面。可在 Location Object[③]查询这个对象的相关内容。

window.frames 收集了窗口中拥有的 iframe 对应对象，以类数组的 HTMLCollection 对象组织，索引位置是框架在窗口中出现的顺序，如果框架设定了 id 或 name 属性，也可以使用[]搭配名称来取得框架，每个取得的框架都是 Window 的实例，通过 JavaScript 可以取得 iframe 的内容。例如：

**bom frame.html**

```
<!DOCTYPE html>
<html>
<head>
    <meta charset="utf-8">
</head>
<body>
    <iframe id="same-origin" src="same-origin.html"></iframe>
    <span id="console"></span>
    <script type="module">
        let doc = window.frames['same-origin'].document;
        console.log(doc.body.innerHTML);
```

---

① Window Object：www.w3schools.com/jsref/obj_window.asp.

② Navigator Object：www.w3schools.com/jsref/obj_navigator.asp.

③ Location Object：www.w3schools.com/jsref/obj_location.asp.

```
    </script>
</body>
</html>
```

不过这个方式仅限同源网页。另一方面，现在不少服务器端会实现内容安全策略 (Content-Security-Policy[①])，限制网页被内嵌在 `iframe` 的条件，一旦被限制内嵌，浏览器就不会呈现画面，更别说是通过 JavaScript 来取得内容了。

`window.screen` 对象包括窗口目前所处的屏幕信息，如宽、高、颜色深度等，为 `Screen` 的实例，可以在 Screen Object[②] 中查询各个特性。

`window.history` 包括了浏览器浏览历史，为 `History` 实例，基于安全与隐私，无法直接使用 JavaSCript 直接取得浏览历史，但可以操作 `back()`、`forward()`、`go()` 等方法，指定前进、后退至哪个历史页面，实现上一页、下一页的功能，可查询 History Object[③] 了解细节。

## 2. **document**

`window.document` 为 `Document` 的实例，代表整份 HTML 文件，这个对象上提供一组 `HTMLCollection` 的实例，如 `forms`、`links`、`anchors`、`images` 等，规范上是提供了 `item()` 方法搭配索引来取得元素，或使用 `namedItem()` 方法，搭配 HTML 标签上定义的 `id` 或 `name` 属性来取得元素。

这些群集对象也被实现为类数组，本身可以用 `[]` 搭配索引数字来存取，也可以使用 `[]` 搭配 `id` 或 `name` 来存取，或是搭配点运算符与名称来使用。举例来说，如果有个网页如下：

```html
<!DOCTYPE html>
<html>
<head>
    <meta charset="utf-8">
</head>
<body>

    <form name="login">
        名称: <input type="text" name="user" value="guest"><br>
        密码: <input type="password" name="passwd" value="123456">
        <button type="submit">送出</button>
    </form>

</body>
</html>
```

想要取得文件中 `name` 为 `login` 的窗体，有以下几种方式。

```
document.forms[0]           // 文件中第一个窗体, 索引为 0
```

① Content-Security-Policy: en.wikipedia.org/wiki/Content_Security_Policy.

② Screen Object: www.w3schools.com/jsref/obj_screen.asp.

③ History Object: www.w3schools.com/jsref/obj_history.asp.

```
document.forms['login']
document.forms.login
```

　　`document` 的 `forms`、`links`、`anchors`、`images` 等，都可以用这种方式来取得各自对应的元素。

　　在通过 `document.forms` 取得某个窗体元素后，如果想取得窗体中的子元素，可以使用 `elements` 来取得，一样可以使用索引或 `name` 搭配`[]`来取得，也可以通过点运算符来取得。例如，想取得 `name` 属性为`"user"`的输入文字框，可以如下：

```
document.forms['login'].elements[0]       // 窗体中第一个元素
document.forms['login'].elements['user']
document.forms['login'].elements.user
```

　　如果窗体有 `name` 属性，而窗体中的元素也有 `name` 属性，有个很方便的存取方式。例如，若要取得 `login` 窗体的`"user"`字段元素，可以使用 `document.login.user`，由于 `input`字段有个 `value` 属性，要取得域值的话，可以使用 `document.login.user.value`。HTML卷标属性与对应对象特性间的关系，在 11.1.4 节将详细说明。

　　超链接与锚点都是使用 `a` 标签定义，差别在于超链接使用 `href` 属性，而锚点使用 `name`属性，`document.links` 与 `document.anchors` 分别用来表示超链接与锚点元素；`documents.images` 表示文件中的 `img` 卷标对应的元素。

　　`document.all` 代表文件中全部元素，是早期存取文件中全部元素的方式。例如，若文件中某个元素具有 `name` 属性值为`"element1"`，可以通过 `document.all['element1']`来取得；不过在 DOM 标准化之后，这类写法已经被 `document.getElementsByName()`等方法取代了，这稍后就会看到相关说明。

　　`document.cookie` 允许设定与读取 Cookie。Cookie 的作用最早是用来支持浏览器与服务器端间的会话(Session)，也就是在某段时间内，浏览器与服务器端间的请求、响应可以携带状态信息，`document.cookie` 是 JavaScript 在客户端设定状态的 API，不过使用上不方便，而且容量多半只有 4KB(因浏览器实现而不同)，加上现代前端应用程序保存的状态，多半不用发送至服务器端等原因，有不少设定客户端状态的职责，可以使用 Web Storage或者是 Indexed Database 取代，有关于 Cookie、Web Storage、Indexed Database，会在第 13章介绍。

## 11.1.2　W3C 文件对象模型

　　虽然当初两大浏览器，在浏览器对象模型的支持上有部分交集，但存在着差异性；**文件对象模型(Document Object Model, DOM)**是 W3C 制定，与平台、语法无关的规范，允许程序、指令稿动态存取、更新文件的内容、结构与样式；浏览器厂商实现了 DOM，目的是解决浏览器间对象模型不一致的问题。

　　简单来说，在 DOM 的标准下，文件中的卷标定义，包括文字，都有对应的对象，这些对象以文件定义的结构，形成了一个树状结构。例如：

```html
<html>
    <head>
        <title>Index</title>
    </head>
    <body>
        <h1>Hello!World!</h1>
        <a href="Gossip/index.html">Gossip</a>
    </body>
</html>
```

这份 HTML 文件，会形成以下树状的对象结构：

```
document                          (Document)
    |-html                        (HTMLHtmlElement)
        |-head                    (HTMLHeadElement)
        |    |-title              (HTMLTitleElement)
        |           |-Index       (Text)
        |
        |body                     (HTMLBodyElement)
            |-h1                  (HTMLHeadingElement
            |   |-Hello!World!    (Text)
            |
            |-a                   (HTMLAnchorElement)
              |-Gossip            (Text)
```

在上面列出的结构中，右边括号表示了各对象的类型。**document 是 Document 的实例，代表整份文件，而不是 html 标签节点**，可以使用 document.childNodes[0]取得 html 卷标 DOM 元素，childNodes 表示取得子节点，取回的会是 NodeList 实例，这是个类数组对象，可使用索引值来取得某个子节点。

**document.documentElement 也可用来取得 html 卷标对应的 DOM 元素。如果想取得 body 卷标 DOM 元素，可以通过 document.body 来取得；文字也会形成树状结构中的元素。**

虽然在上面看到的元素形式，有许多都带有 HTML 字眼，但 DOM 并非专属于 HTML 的对象模型，**DOM API 分为两部分，一个是核心 DOM API，一个是 HTML DOM API。**

核心 API 是个独立的规范，可以用任何语言实现操作接口，可操作的对象是基于 XML 的文件，可以在 XML DOM Tutorial[①]找到 DOM 核心 API 的相关资料。**核心 API 文件中所有内容都视为节点**，再根据类型区分出不同的形式，在 XML DOM Tutorial 中显示了各类型间的从属关系，如图 11.1 所示。

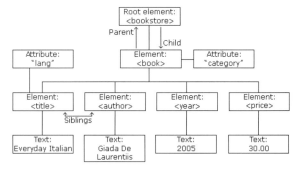

图 11.1　图片来源 XML DOM Tutorial

---

① XML DOM Tutorial：www.w3schools.com/xml/dom_intro.asp.

Element 代表卷标的节点，Attribute 是代表卷标属性的节点，Text 是代表文字的节点。

Document 实例可用的操作，就核心 API 来说，可以在 Document[1]查询；而之前谈到的浏览器对象模型，与文件相关的对象只有 document，其中有部分操作纳入了 DOM 标准，然而有些旧式 API 专属于 HTML 文件，在 Document 看不到这类操作的说明，必须在 The HTML DOM Document Object[2]这个专属 HTML 的 DOM API 文件上才能找到。

**HTML DOM API 是核心 DOM API 的延伸，专门用于操作 HTML**，各种对象对应的形式，通常会有个 HTML 字眼在前头，可以在 JavaScript and HTML DOM Reference[3]找到 HTML DOM API 的相关数据，刚才谈到的 document 上属性 HTML 操作的部分，就是个例子。

类似地，核心 DOM API 的 Element 仅定义 XML 方面的操作，而 HTMLHeadElement 等元素有些专属 HTML 操作的 API，在 Element[4]文件中找不到，必须在 The HTML DOM Element Object[5]等相关类型中寻找。

每个节点都会有 nodeName 与 nodeType 特性，前者可以取得节点名称，后者可以取得节点类型常数，这个常数用来查找对应的类型名称，常数与类型名称的对照可在 HTML DOM nodeType Property[6]文件中找到。

## 11.1.3　访问 HTML 文件

对于出现在 HTML 文件中的信息，绝大多数都可以使用 JavaScript 来取得，根据需求不同，可以有几种访问文件的方式。

### 1. 文件结构

依照核心 DOM API，只要取得了 HTML 文件中某个节点，就可以取得它的父节点、子节点、邻接节点等，相关的特性如下。

- parentNode：取得父节点。
- previousSibling：前邻接节点。
- nextSibling：后邻接节点。
- firstChild：首个子节点。
- lastChild：最后一个子节点。
- childNodes：所有直接子节点。

---

[1] Document：www.w3schools.com/xml/dom_document.asp.
[2] The HTML DOM Document Object：www.w3schools.com/jsref/dom_obj_document.asp.
[3] JavaScript and HTML DOM Reference：www.w3schools.com/jsref/default.asp.
[4] Element：www.w3schools.com/xml/dom_element.asp.
[5] The HTML DOM Element Object：www.w3schools.com/jsref/dom_obj_all.asp.
[6] HTML DOM nodeType Property：www.w3schools.com/jsref/prop_node_nodetype.asp.

举例来说，若以下面的 HTML 文件：

```
<html>
    <head>
        <title>Index</title>
    </head>
    <body>
        <h1>Hello!World!</h1>
        <a href="Gossip/index.html">Gossip</a>
    </body>
</html>
```

想要观察 DOM 对象的特性可以取得哪些结果，最方便的方式，就是使用开发人员工具的 Sources 页签，在除错器右方的 Watch 窗格可以查看名称，如图 11.2 所示。

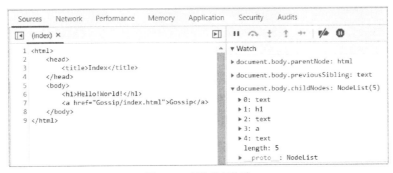

图 11.2  查看节点关系

从图 11.2 可以看到，`document.body.parentNode` 取得了 `html` 标签对应的节点，而 `document.body.previousSibling` 取得了 `text`，嗯？`body` 卷标的前一邻接卷标不是 `head` 吗？不是。`body` 卷标前不是有缩排文字吗？别忘了，文字也会成为节点，从 `document.body.childNodes` 也可以看到，`body` 的子标签对应的节点，当中也有文字节点。

如果只想根据结构取得卷标对应的元素，也就是只取得 `Element` 实例，该怎么做呢？可以使用下面的特性，它们只用来取得元素。

- parentElement：取得父元素。
- previousElementSibling：前邻接元素。
- nextElementSibling：后邻接元素。
- firstElementChild：首个子元素。
- lastElementChild：最后一个子元素。
- children：所有直接子元素。

来看看图 11.3，可以跟图 11.2 相对照看看。

如果程序代码是依赖文件结构存取节点，一旦调整了文件内容，程序代码执行结果往往就会出错，**不建议在大范围 HTML 片段中，采用依赖文件结构的方式**，比较常见的做法是，取得特定元素后，小范围地使用 `parentNode`、`firstChild`、`parentElement`、`firstElementChild` 等特性。

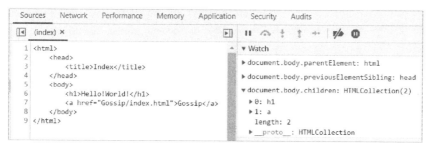

图 11.3　查看元素关系

## 2. id 属性、卷标名称、class 属性

如果节点是 Element 类型，可通过元素的 **getElementsByTagName()**、**getElementById()**、**getElementsByName()**、**getElementsByClassName()** 等方法来取得节点。以取得文件中所有的 p 卷标代表的元素来说，可以如下：

```
let paragraphs = document.getElementsByTagName('p');
```

由于文件中可能不止一个 p 标签，取得的节点也可能不止一个，在浏览器中 getElementsByTagName() 取得的是 HTMLCollection 实例，顺序是子树中的顺序，使用索引取得对应节点。例如 document.getElementsByTagName('p')[0] 取得的元素，就是 DOM 树中首个 p 标签对应的节点。

如果 HTML 卷标定义有 id 属性，可以使用 getElementById() 来取得元素。例如文件中有个设定了 id 属性的 div：

```
<div id="console">Console here</div>
```

可以通过以下程序代码取得 div 对应之元素。

```
let console = document.getElementById('console');
```

id 属性的值在文件中是独一无二的，若文件中出现重复的 id，那 getElementById() 取得的会是子树中第一个符合的元素。

如果 HTML 卷标定义有 name 属性，可以使用 getElementsByName() 来取得元素，由于 name 属性的设定值是可以重复的，因此取得的会是 HTMLCollection。

若 HTML 卷标上定义有 class 属性，可以通过 getElementsByClassName() 来查找，例如若有个 HTML 片段：

```
<div class="article newest">
    <div class="sport">OOOOO</div>
</div>
<div class="article">
    <div class="music">XXXXX</div>
</div>
```

那么可以使用下面片段取得 HTMLCollection，包含全部 class 属性上设定有

"article"的元素。

```
let articles = document.getElementsByClassName('article');
```

通过 getElementsByTagName()、getElementById()、getElementsByClass Name()方法取得目标元素之后，就可以用该元素为出发点，进一步使用 parentNode、firstChild 等特性来访问其他元素，或者是进一步使用 getElementsByTagName()、getElementById()、getElementsByClassName()来取得子树中的元素。例如文件有以下内容：

```
<div id="test">
    <div>Test 1 Here</div>
    <div>Test 2 Here</div>
</div>
```

而以下是可以取得'Test 1 Here'的字符串：

```
let div = document.getElementById('test');
let html = div.getElementsByTagName('div')[0].innerHTML;
```

innerHTML 可以取得卷标内含之 HTML，以字符串类型传回。过去，innerHTML 不是标准特性，但几乎所有浏览器都支持它，**HTML5 正式将 innerHTML 纳入标准**。

### 3. 选择器语法

可以通过 **querySelector()**、**querySelectorAll()** 方法，搭配《CSS 选择器语法》[①] 来选取元素。下面举几个简单的例子，例如：

```
let testDiv = document.getElementById('test');
```

可以使用下面程序达到相同效果：

```
let testDiv = document.querySelector('#test');
```

querySelector()始终传回第一个匹配的元素，因此下面的标签选择，只会传回第一个遇到的 div 元素：

```
let div = document.querySelector('div');
```

若想取得全部的元素，可以使用 querySelectorAll()，也就是下面这个片段：

```
let paragraphs = document.getElementsByTagName('p');
```

可以改成：

```
let paragraphs = document.querySelectorAll('p');
```

---

① 《CSS 选择器语法》：www.w3schools.com/cssref/css_selectors.asp.

querySelectorAll()会传回 NodeList，可通过[]来指定索引取得个别元素；至于依
class 属性设定值来取元素的方式，前面看过的：

```
let articles = document.getElementsByClassName('article');
```

改用 querySelectorAll()的话，可以写成：

```
let articles = document.querySelectorAll('.article');
```

表 11.1 列出了常用的选择器。

表 11.1　常用的选择器

| 选择器 | 说明 |
| --- | --- |
| * | 全部元素 |
| tagName | 全部的 tagName 标签 |
| #specialID | id 属性为 specialID 的卷标 |
| .specialClass | class 属性包含 specialClass 的卷标，例如.red、a.red |
| [attr] | 具有 attr 属性的卷标，例如[name]、img[src] |
| [attr=value] | attr 属性值为 value 的卷标，例如 input[type='text'] |
| [attr^=value] | attr 属性值开头为 value 的标签，例如 a[href^='http://'] |
| [attr$=value] | attr 属性值结尾为 value 的标签，例如 a[href$='com'] |
| [attr*=value] | attr 属性值包含 value 的卷标，例如 a[href$='openhome'] |
| [attr!=value] | attr 属性值不包含 value 的标签，例如 a[href!='openhome'] |
| s1,s2,s3 | 符合 s1、s2、s3 任一选择器，例如#news,input,[href] |
| parent child | parent 的子元素 child，例如 div.news div.gift |
| parent>child | parent 的直接子元素 child，例如 div.news>div.gift |
| pre+next | prev 直接邻接的 next，例如 div.tech+div.sports |
| pre~siblings | parent 的直接子元素 child，例如 div.news~div.ads |

## 11.1.4　卷标属性与 DOM 特性

取得某个节点之后，自然会想知道该节点的一些信息，其中最常的需求，就是取得
HTML 卷标设定的属性值。在进入浏览器之后，**属性(Attribute)** 与**特性(Property)** 这两个名
词就不断交替出现，到目前还没正式解释它们的意义。

其实本书在正式进入浏览器前，讨论 JavaScript 对象时，都特意使用"特性"这个名词。
例如{x:10, y:20}对象，具有 x 与 y 特性，特性值分别为 10 与 20。

**HTML 卷标**可以设定"**属性**"，例如<input name="user" value="guest">，input
标签拥有 name 与 value 属性，属性值分别是"user"与"guest"。

### 1. 属性与特性的对应

浏览器解析 HTML，为卷标建立对应的 DOM 对象，对于 HTML 卷标的属性(无论卷标

上是否撰写)，DOM 对象都有对应的特性，多数情况下，属性名称是什么，特性名称也会是什么，如果卷标上设定某属性，属性值是什么，特性值多半就是什么，例如<input name="user" value="guest">，对应的 DOM 元素上，name 与 value 特性的值分别会是'user'与 'guest'，也就是可以如下分别取得(假设是页面中第一个 input 标签)：

```
let input = document.getElementsByName('user')[0];
let name = input.name;
let value = input.value;
```

或者使用 ES6 以后的解构语法：

```
let input = document.getElementsByName('user')[0];
let {name, value} = input;
```

**若卷标没有设置属性，DOM 对象上的特性会有默认值**，例如，之前的 input 标签并没有设置 type 属性，但 DOM 对象上对应的 type 特性值会是'text'。

多数情况下，属性名称是什么，特性名称也会是什么；然而也有不对应的时候，比如 **JavaScript 中的保留字或关键词必须回避**，class 属性就是一个例子。因为 class 在 JavaScript 中本来是保留字，ES6 以后也确实用来定义类，在 DOM 对象上若要取得卷标上 class 属性对应的值，必须通过 **className** 特性。例如：

```
<img id="logo" src="images/caterpillar.jpg"
     class="logo" title="Caterpillar's Logo"/>
```

若要以 JavaScript 取得 img 的 class 属性值，必须如下撰写。

```
let className = document.getElementById('logo').className;
```

label 卷标的 for 属性也是，因为 for 是 JavaScript 中语法关键词，通过 DOM 对象时必须使用 **htmlFor** 特性来取得。

通过 DOM 对象的特性取得卷标的属性，有时不一定是属性中真正设定的值。例如，img 卷标的 src 属性，就算设定为相对 URL，从对应的 DOM 对象上 src 特性取得的值一律都是绝对 URL。

要以特性方式取得卷标设置的属性，特性名称有大小写之别，通常会是驼峰式命名。例如卷标设置的属性如 cellspacing、colspan、frameborder、maxlength、readonly、rowspan、tabindex、usemap 等，要通过 DOM 特性取得必须是 cellSpacing、colSpan、frameBorder、maxLength、readOnly、rowSpan、tabIndex、useMap 等。

**初学者常犯一个错误，即忽略了文字也是 DOM 节点**，例如，想取得 span 卷标间的文字，却撰写如下：

```
let text = document.querySelector('span').data;
```

这是错的。span 卷标间有文字，而文字也是一个节点，要先 span 标签对应的节点之子节点，再使用 data(定义在 Text)或 nodeValue(定义在 Node)特性来取得字符串。

```
let span = document.querySelector('span');
let text = span.firstChild.data;
```

此时读者也许会想到 innerHTML 特性。顾名思义，它可以取得标签中的 HTML 内容。如果设定 HTML 片段给 innerHTML，标签会被解析、建立对应的 DOM 对象，不过 **script 卷标会被忽略，这是为了避免 XSS 的问题**。

如果卷标间只有文字内容，想要取得文字时，使用 innerHTML 是个省事(偷懒)的方式，例如：

```
let text = document.querySelector('span').innerHTML;
```

另一个可以留意的特性是 textContent。顾名思义，这可以取得卷标中的文字内容，**如果卷标中也有 HTML 卷标，全部的卷标会被过滤，只留下文字的部分**。例如，对于 `<span>This is a <b>test</b>!</span>`这个片段，若取得 span 对应的 DOM 元素后，通过 textContent 会取得'This is a test!'。

相对地，对 textContent 设值，若其中有标签就会被过滤，只留下文字的部分；因此，**如果目的是设定文字而不是 HTML 片段，应该使用 textContent 而不是 innerHTML**。

### 2. **attributes** 特性

**对于卷标有设置的属性，会在 DOM** 对象的 **attributes** 特性中加以记录，attributes 的类型是 NamedNodeMap，也是类数组对象，其中每个元素的类型是 Attr。如图 11.4 所示。

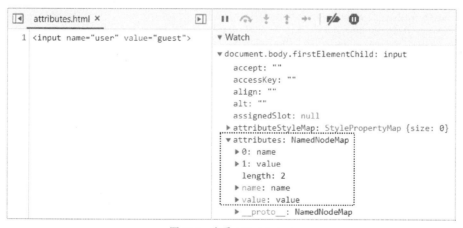

图 11.4　查看 attributes

Attr 实例上的特性值，是标签上真正有设定的属性与值；可以使用 DOM 对象的 **getAttribute()**来取得 attributes 记录的属性值，使用 **setAttribute()**在 attributes 中设定属性(同时也会改变 DOM 对应的特性)，使用 **removeAttribute()** 来移除 attributes 中的属性。

通过 getAttribute()来取得卷标属性有个好处，处理 class 这类属性比较方便。例如有个标签：

```
<div id="console" class="demo">DEMO</div>
```

通过 getAttribute() 可以直接指定 'class'，因为这是个字符串，就不用在意关键词的问题了。

```
let clz = document.getElementById('console').getAttribute('class');
```

label 卷标的 for 属性也类似，通过 getAttribute() 可以直接指定 'for'。

使用 getAttribute() 时指定的字符串内容，不用区分大小写。例如要取得 input 卷标的 readonly 属性，使用 getAttribute('readonly')、getAttribute('readOnly')、getAttribute('Readonly') 等大小写组合都是可以的。

移除属性是指移除 attributes 上对应的特性值，而非移除 DOM 对象上对应的特性值，DOM 对象对应的特性值在使用 removeAttribute() 后，只是回到默认值，而不是直接将特性移除，**没有任何操作可以将 DOM 对应于属性的特性移除。**

如果卷标没有设置属性，attributes 就不会记录，使用 getAttribute() 而 attributes 不存在指定属性时，就会取得 null，这并不表示 DOM 上没有对应的特性，而是该特性值会是默认值。使用 setAttribute() 可以在 attributes 中设定属性，相对应的 DOM 特性值也会改变。

例如，以下的程序片段，只会将 attributes 中的 src 属性移除，不会移除 DOM 元素 src 特性，src 只是回到 '' 的默认值，也就是空字符串。

```
let img = document.getElementsByTagName('img')[0];
img.removeAttribute('src');
```

如果直接改变 DOM 上的特性，attributes 会有对应的变化，反之亦然；不过要小心 **input 元素**，例如 `<input id="user" value="guest">`，可使用以下的程序。

```
document.getElementById('user').value = 'Justin';
// 值是 'Justin'
let user1 = document.getElementById('user').value;
// 值是 'guest'
let user2 = document.getElementById('user').getAttribute('value');
```

你设定了 DOM 元素的 value 特性，然而并未改变 input 卷标的 value 属性，这是因为 **input 卷标的 value 属性值**，其实是对应 **DOM 元素的 defaultValue**，在没有被程序修改的情况下，value 特性值等于 defaultValue；通过程序修改 value，并不影响 defaultValue。

对 input 来说，想要影响 getAttribute('value') 的结果，方式之一是修改 defaultValue 而不是 value，修改 defaultValue 的同时也会修改 value 值；另一个方式是通过 setAttribute()。

```
document.getElementById('user').setAttribute('value', 'Justin');
// 值是 'Justin'
let user1 = document.getElementById('user').value;
// 值是 'Justin'
let user2 = document.getElementById('user').getAttribute('value');
```

> **注意 》》》**　基于安全考虑，input 的 type 为 file 时，defaultValue、value 属性的设置会被忽略，也无法通过程序代码来取得 DOM 的 defaultValue、value 特性，使用程序代码设置 DOM 的 defaultValue、value，或通过 setAttribute()设值会影响 DOM 相对应的特性，但是对浏览器窗体或文件上传行为没有影响，只能由使用者亲自选取文件。

## 11.1.5　修改 DOM 树

浏览器解析完 HTML 后，建立的 DOM 元素会组成树状结构，浏览器呈现的画面，就是根据 DOM 树(以及样式设定)绘制，只要改变 DOM 树，浏览器就会根据改变后的 DOM 树重绘画面，这就是构成动态修改文件的基本原理。

### 1. DOM 与页面

下面来示范一下，动态新增与删除图片。

**dom images.html**

```
<input id="img-src" type="text"><br>
<button id="add">新增图片</button>
<div id="images"></div>

<script type="module">
    function byId(id) {                           ◀━━ ❶ 封装 document.getElementById()
        return document.getElementById(id);
    }

    byId('add').onclick = function() {
        let img = document.createElement('img');   ◀━━ ❷ 建立 DOM 元素
        img.src = byId('img-src').value;
        img.onclick = function() {
            byId('images').removeChild(img);       ◀━━ ❸ 移除指定的子元素
        };

        byId('images').appendChild(img);           ◀━━ ❹附加为子元素
    };
</script>
```

基于范例内容呈现上的简洁与篇幅考虑，除了必要的 HTML 标签之外，以后 html、body 等标签，非必要就不写出来了，如 10.1.1 节介绍过的，就现代浏览器来说，以上的范例内容，相当于放在<body>与</body>之间。

document.getElementById()这类 API 写来有点冗长，这里用比较简短的函数名称封装❶；11.2 节会详细介绍事件处理，这里只要先知道单击鼠标时会引发 click 事件，对

onclick 特性指定函数，在 click 事件发生时就会调用该函数，这里指定的任务是通过 **document.createElement()**指定建立 img 元素❷，取得 input 字段输入值后设为 img 的 src 特性值，被建立的 img 元素可以通过 **appendChild()**方法，附加至 images 成为子元素❹，这时浏览器发现 DOM 树结构变化，就会根据 img.src 下载图片、重绘画面。

若是单击图片，则图片移除的方式是将 img 元素从 DOM 树移除，这可以通过 **removeChild()**来达成❸，DOM 树结构变化，浏览器会重绘画面。

在使用 JavaScript 动态改变 DOM 树时，在浏览器的检视网页原始码中，看不到动态调整后的 HTML(那是一开始加载的静态原始内容)，可以使用开发人员工具，在 Elements 页签中查看 DOM，如图 11.5 所示。

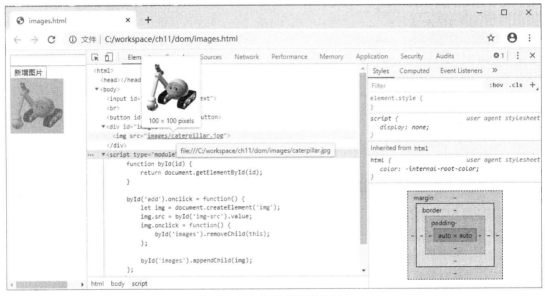

图 11.5　查看动态调整后的 DOM

每个节点都有一个父节点，如果直接取得 DOM 树中既有的节点，并使用 appendChild()将其附加至另一节点，表示节点会从原有的父节点脱离，再附加至另一节点。例如：

**dom jumping.html**

```
容器一:
<div id="container1"><img id="image" src="images/caterpillar.jpg"/></div>
<br>
容器二:
<div id="container2"></div>

<script type="module">
    function byId(id) {
        return document.getElementById(id);
    }

    let image = byId('image');
    let container1 = byId('container1');
    let container2 = byId('container2');
```

```
    image.onclick = function() {
        if(image.parentNode === container1) {
            container2.appendChild(image);
        }
        else {
            container1.appendChild(image);
        }
    };
</script>
```

在这个例子中，单击图片，会将图片来回附加于两个 div 之间，由于节点只有一个父节点，appendChild() 的动作，会使被附加的节点从原父节点脱离。

DOM 节点有个 cloneNode() 方法，可以进行节点复制，默认不进行深层复制，也就是不复制子节点，若要进行深层复制，可以在调用方法时指定 true 作为自变量。例如在下面单击容器一的图片，容器二会不断新增被复制的图片元素。

**dom cloneNode.html**

```
容器一：
<div id="container1"><img id="image" src="images/caterpillar.jpg"/></div>
<br>
容器二：
<div id="container2"></div>

<script type="module">
    function byId(id) {
        return document.getElementById(id);
    }

    let image = byId('image');
    let container1 = byId('container1');
    let container2 = byId('container2');
    image.onclick = function() {
        container2.appendChild(image.cloneNode(true));
    };
</script>
```

**createElement()** 可用来建立卷标对应的元素，若要建立文字节点，必须使用 **createTextNode()**。例如，有个 `<div id="console"></div>`，想在其中附加文字，则：

```
let text = document.createTextNode('your text ....');
document.getElementById('console').appendChild(text);
```

也可以使用 insertBefore()、replaceChild() 等方法来调整 DOM 树节点，各种方法的说明可以参考 JavaScript and HTML DOM Reference[①]。

## 2. 大量节点操作

之前总是说，DOM 树结构发生改变，浏览器会重绘画面，但从这个想法出发，若有大

---

① JavaScript and HTML DOM Reference：www.w3schools.com/jsref/default.asp.

量节点要建立，每次建立就附加至 DOM 树。

```
for(let i = 0; i < 10000; i++) {
    document.body.appendChild(document.createElement('img'));
}
```

不禁令人联想，浏览器会不会重绘画面 10 000 次呢？这个问题的答案要看浏览器实现，现代浏览器会做优化，对这类连续性改变 DOM 树、中间不涉及样式读取的演算，不需要照变更次数重绘。

若觉得这类大量节点建立与附加，有绘制画面上的效能疑虑，或者变更过程涉及样式读取，可能导致重绘发生的话，可以试着在背景准备好节点片段，等片段准备好，再将片段的根节点系结至 DOM 树，看看是否有比较好的绘制效能。

在组织节点片段时，可以使用 document.createDocumentFragment() 建立 DocumentFragment 实例，利用它作为容器在背景建立 DOM 结构，最后再将 DocumentFragment 实例通过 appendChild() 附加至 DOM 树。例如：

```
let frag = document.createDocumentFragment();
for(let i = 0; i < 10000; i++) {
    frag.appendChild(document.createElement('img'));
}
document.body.appendChild(frag);
```

DocumentFragment 实例被指定附加至 DOM 树时，容器内的节点会根据前面组织的方式附加至 DOM 树，也就是说 DocumentFragment 这容器就清空了，若还需要组织别的片段，可以直接重用。

另一种可以尝试的方式是组织 HTML 片段字符串，最后再设定给 innerHTML。例如：

```
let frag = '';
for(let i = 0; i < 10000; i++) {
    frag += '<img>';
}
document.body.innerHTML = frag;
```

哪个方式快？这也很难说，单就 innerHTML 而言，要看浏览器解析 HTML 的速度而定；实际上，效能好不好，必须先厘清想达到什么样的效果，如果单指建立大量节点到画面呈现完成这段时间来说，除了考虑浏览器实现差异之外，建立 DOM 节点或组织字符串的算法等，也会是影响的因素，**效能不能凭空想象，一切都要测量后才知道。**

## 11.1.6  封装 DOM 操作

虽说使用 DOM 原生 API，应该是每个 JavaScript 开发者必备的基础能力，不过 DOM API 在撰写起来冗长且操作不便，每次都从原生 API 构筑应用程序功能，也是件没有效率的方式。调查适用的链接库并加以运用，对开发应用程序来说，是必要的一环。

不过，这里不打算使用现成的链接库，而是对 DOM API 做封装，建立自己的链接库，打造了 XD 模块，最后的结果放在 dom/mods/XD-1.0.0.js。

## 1. 使用 XD 模块

来看看几个运用 XD 模块的范例。以 11.1.5 节的 images.html 为例，如果使用 XD 模块，则：

```
dom images2.html

<input id="img-src" type="text"><br>
<button id="add">新增图片</button>
<div id="images"></div>

<script type="module">
    import {elemsById, create} from './mods/XD-1.0.0.js';

    elemsById('add').get().onclick = function() {
        let img = create('img');          ← ❶ 建立 img
        img.attr('src', elemsById('img-src').val())   ← ❷ 设定 src
            .get()
            .onclick = () => img.remove();   ← ❸ 移除指定的子元素

        elemsById('images').append(img);   ← ❹附加为子元素
    };
</script>
```

XD 模块公开了 create() 函数，建立元素❶；elemsById() 可以指定 id 来选取元素，传回的对象并非原生 DOM，而是用来管理一组原生 DOM 的群集对象，如果被管理的是一组 input 元素，val() 方法可以取得第一个 input 的 value，create() 其实可以指定多个名称，传回的结果也是管理一组原生 DOM 的群集对象，attr() 方法是以卷标观点来设定属性，对应的 DOM 特性也会修改❷；群集对象的 remove() 方法，可以将被管理的原生 DOM 从 DOM 树移除❸，append() 方法可以将被管理的原生 DOM 附加至 DOM 树。

范例中的 get() 方法感觉很突冗，它可以指定索引取得被管理的原生 DOM 对象，若不指定，默认取得索引 0 处的 DOM，在这里还需要调用 get() 方法，是因为还未正式介绍事件处理，才必须取得原生 DOM 来通过 onclick 进行事件注册，介绍过事件处理之后，可以进一步封装，届时就这个范例来说不需要调用 get() 了。

XD 模块还提供了其他的函数，来看几个。

```
dom lib-example1.html

<input id="img-src" type="text"><br>
<span id="console"></span>
<div id="cmd"></div>
<input name="age">
<input name="age">

<script type="module">
    import {elemsById, elemsByTag, elemsByName, elemsBySelector}
```

```
                    from './mods/XD-1.0.0.js';

    // 选择多个元素, 设定它们的 HTML 内容
    elemsById('console', 'cmd').html('<b>Hello, World</b>');

    // 用选择器选择元素, 传回第一个元素的 HTML
    console.log(elemsBySelector('#console').html());

    // 用卷标名称来选择元素, 设定它们的 class 属性为 red, 接着设定 HTML 内容
    elemsByTag('span', 'div')
        .attr('class', 'red')
        .html('<i>Red Color</i>');

    // 用 name 属性选取元素, 设定 value 为 44, 接着逐一显示 value
    elemsByName('age')
        .val('44')
        .each(elem => console.log(elem.value));
</script>
```

XD 模块提供了个工厂方法, 可以用来包裹既有的 DOM(也可以用来建立 DOM 并加以包裹), 以便进行子元素选取, 来包裹 document 对象好了, 如此一来, 就不用像上面那样, 汇入各个函数名称, 只要把包裹 document 后的对象, 看起来像 document 的加强版就可以了。

**dom lib-example2.html**

```
<span id="console"></span>
<div id="cmd"></div>
<input name="age">
<input name="age">

<script type="module">
    import x from './mods/XD-1.0.0.js';

    let doc = x(document);

    // 选择多个元素, 设定它们的 HTML 内容
    doc.elemsById('console', 'cmd').html('<b>Hello, World</b>');

    // 用选择器选择元素, 传回第一个元素的 HTML
    console.log(doc.elemsBySelector('#console').html());

    // 用卷标名称来选择元素, 设定它们的 class 属性为 red, 接着设定 HTML 内容
    doc.elemsByTag('span', 'div')
        .attr('class', 'red')
        .html('<i>Red Color</i>');

    // 用 name 属性选取元素, 设定 value 为 44, 接着逐一显示 value
    doc.elemsByName('age')
        .val('44')
        .each(elem => console.log(elem.value));
</script>
```

## 2. 浅谈 XD 实现

在打造链接库的过程中，需要考虑的事项很多，会历经多次重构，有机会的话，读者可以试着打造看看，这会是个有趣而实用的体验。由于篇幅的限制，重构过程不便于书中呈现，接下来是针对最后的成果，来略述链接库的功能与考虑。如果读者没兴趣看这部分也没关系，略过接下来的内容，不会对后续内容的阅读造成影响。

首先，模块中建立了一些常数，预计用来进行卷标属性与 DOM 特性名称的对应，由于只是个示范，这里的对应清单并不完整，读者可以自行增加必要的名称对应。

```
const PROPS = new Map([
    ['for', 'htmlFor'],
    ['class', 'className'],
    ['readonly', 'readOnly'],
    ['maxlength', 'maxLength'],
    ['cellspacing', 'cellSpacing'],
    ['rowspan', 'rowSpan'],
    ['colspan', 'colSpan'],
    ['tabindex', 'tabIndex'],
    ['usemap', 'useMap'],
    ['frameborder', 'frameBorder']
]);
```

还有一些用于判断元素类型的基础函数，有些特性只有特定元素有，例如 input 元素的 value 特性，在某些场合就会需要这些函数来协助判定元素类型。

```
function isElementNode(elem) {
    return elem.nodeType === Node.ELEMENT_NODE;
}

function isTextNode(elem) {
    return elem.nodeType === Node.TEXT_NODE;
}

function isCommentNode(elem) {
    return elem.nodeType === Node.COMMENT_NODE;
}

function isInputNode(elem) {
    return elem.nodeName === 'INPUT';
}
```

**建立前端链接库时的原则之一是不破坏标准**，虽然修补 JavaScript 对象非常容易，然而**除非是为了兼容于新标准 API**，否则不建议在原生对象或 **DOM 对象**上添加特性，以免开发者无法辨别哪些是原生，哪些来自于链接库。

通常会采取包裹器的形式，开发者将原生对象或 DOM 对象包裹建立、操作包裹器实例，由包裹器操作原生 API 或是实现额外功能。因此，接下来在 XD-1.0.0.js 定义 ElemCollection 类，每个 ElemCollection 实例用来管理一组原生 DOM 对象。下面的代码在各方法前使用了批注来说明其功能。

```
class ElemCollection {
    // 建构时传入原生 DOM 对象的 Array 实例
    constructor(elems) {
        this.elems = elems;
    }

    // 指定索引取得元素
    get(index = 0) {
        return this.elems[index];
    }

    // 包裹器管理的 DOM 对象个数
    size() {
        return this.elems.length;
    }

    // 包裹器中的 DOM 元素列表是否为空
    isEmpty() {
        return this.elems.length === 0;
    }

    // 指定 consume 函数来逐一操作 DOM 元素
    each(consume) {
        this.elems.forEach(consume);
        return this;
    }

    // 如果 value 为 undefined，传回首个 DOM 元素的 innerHTML
    // 否则用 value 设定全部 DOM 元素的 innerHTML
    html(value) {
        let elems = this.elems;
        if(value === undefined) {
            return elems[0] &&
                    isElementNode(elems[0]) ? elems[0].innerHTML : null;
        }
        else {
            elems.filter(isElementNode)
                .forEach(elem => elem.innerHTML = value);
            return this;
        }
    }

    // 如果 value 为 undefined，传回首个 DOM 元素对应的特性
    // 否则用 value 设定全部 DOM 元素的特性
    attr(name, value) {
        let elems = this.elems;
        let propName = PROPS.has(name) ? PROPS.get(name) : name;
        if(value === undefined) {
            return elems[0] &&
                    !isTextNode(elems[0]) &&
                    !isCommentNode(elems[0]) ?
                            elems[0][propName] : undefined;
        }
        else {
            elems.filter(elem => !isTextNode(elem) && !isCommentNode(elem))
                .forEach(elem => elem[propName] = value);
            return this;
```

```
        }
    }

    // 如果 value 为 undefined，传回首个 input 元素的 value
    // 否则用 value 设定全部 input 元素的 value
    val(value) {
        let elems = this.elems;
        // 先只处理 <input> 元素
        if(value === undefined) {
            return elems[0] && isInputNode(elems[0]) ? elems[0].value : null;
        }
        else {
            elems.filter(isInputNode)
                .forEach(elem => elem.value = value);
            return this;
        }
    }

    // 如果只有一个父节点，将指定的 elemsCollection 管理之元素附加至该节点
    // 否则用复制 elemsCollection 管理之元素，再附加至各个父节点
    append(elemsCollection) {
        let parents = this.elems;
        if(parents.length === 1) { // 只有一个父节点
            let parent = parents[0];
            elemsCollection.each(elem => parent.appendChild(elem));
        }
        else if(parents.length > 1){ // 有多个父节点
            parents.forEach(parent => {
                elemsCollection.each(elem => {
                    // 复制子节点
                    var container = document.createElement('div');
                    container.appendChild(elem);
                    container.innerHTML = container.innerHTML;
                    parent.appendChild(container.firstChild);
                });
            });
        }

        return this;
    }

    // 将目前管理中的元素附加至指定的 elemsCollection
    // 如果 elemsCollection 有多父节点，以复制的方式附加
    appendTo(elemsCollection) {
        elemsCollection.append(this);
        return this;
    }

    // 将此包裹管理之元素从 DOM 树移除
    remove() {
        this.elems.forEach(elem => {
            elem.parentNode.removeChild(elem);
        });
        return this;
    }
}
```

接着在选取元素上，基于原生的 `getElementById()`、`getElementsByTagName()`、`getElementsByName()`、`querySelectorAll()` 等 API 来建立包裹器，同时做了一些额外加强，这些函数传回刚才定义的 `ElemCollection` 实例。

```javascript
// 可以同时指定多个 id
function elemsById(...ids) {
    let container = this || document;
    let elems = ids.map(id => container.getElementById(id));
    return new ElemCollection(elems);
}

// 可以同时指定多个标签
function elemsByTag(...tags) {
    let container = this || document;
    let elems = tags.map(tag =>
        Array.from(container.getElementsByTagName(tag)))
                        .reduce((acc, arr) => acc.concat(arr), []);

    return new ElemCollection(elems);
}

// 可以同时指定多个 name 属性
function elemsByName(...names) {
    let container = this || document;
    let elems = names.map(name =>
        Array.from(container.getElementsByName(name)))
                        .reduce((acc, arr) => acc.concat(arr), []);

    return new ElemCollection(elems);
}

// 可以指定多个选择器
function elemsBySelector(...selectors) {
    let container = this || document;
    let elems = selectors.map(selector =>
        Array.from(container.querySelectorAll(selector)))
                        .reduce((acc, arr) => acc.concat(arr), []);

    return new ElemCollection(elems);
}

// 指定一或多个卷标名称，建立 DOM 元素
function create(...tags) {
    return new ElemCollection(tags.map(tag => document.createElement(tag)));
}
```

直接调用这几个函数，`this` 会是 `undefined`，这时就会使用 `document`，如 `getElementById()`、`getElementsByTagName()`、`getElementsByName()`、`querySelectorAll()` 等功能加强版，为了让模块客户端可以使用这些函数，使用 `export` 将它们汇出。

```javascript
export {elemsById, elemsByTag, elemsByName, elemsBySelector, create};
```

这些函数也作为 XD 实例的方法内部实现之用，XD 实例只用来包裹一个原生 DOM 对象，并提供增强版的方法。

```
// 包裹单一 DOM 元素
class XD {
    constructor(elem) {
        this.elem = elem;
    }

    elemsById(...ids) {
        return elemsById.apply(this.elem, ids);
    }

    elemsByTag(...tags) {
        return elemsByTag.apply(this.elem, tags);
    }

    elemsByName(...names) {
        return elemsByName.apply(this.elem, names);
    }

    elemsBySelector(...selectors) {
        return elemsBySelector.apply(this.elem, selectors);
    }

    toElemCollection() {
        return new ElemCollection([this.elem]);
    }
}
```

接着提供默认汇出的工厂函数，可用来建立 XD 实例，如果传入卷标名称，会建立 DOM 元素并以 XD 实例包裹，若传入 DOM 元素就直接使用 XD 实例来包裹。

```
export default function(elem) {
    if(typeof elem === 'string') {
        return new XD(document.createElement(elem));
    }
    return new XD(elem);
}
```

目前来说，不打算公开 ElemCollection、XD 等类，则在愿意让其他开发者可以继承这些类来扩充功能的时候，再来考虑公开这些类。

# 11.2　事件处理

网页应用程序的任务多半借助事件驱动，在用户操作或系统事件发生时候执行任务。浏览器大战时代，浏览器间有个相似性高的事件模型，称为基本事件模型(Basic Event Model)，在 DOM Level 2 时对事件进行标准化。

## 11.2.1　基本事件模型

虽然没有标准化，但基本事件模型在过去跨浏览器时较有一致性(当时的 IE 不支持标准事件模型)，不少开发者都熟悉此模型，也就是在某事件发生时，想调用指定的函数的话，就将函数指定给某特性。例如，想在网页全部资源都加载后做些事情，可以注册 window 的 load 事件，方式是将函数指定 window.onload 特性。

```
window.onload = function() {
    // onload 事件发生时要做的事...
};
```

想在按钮的 click 事件发生时执行任务，可以指定函数给按钮元素的 onclick 特性。例如：

**event click-evt.html**

```
<button id="btn1">按钮一</button><br>
<button id="btn2">按钮二</button><br>
<div></div>

<script type="module">
    function handler() {
        document.querySelector('div').textContent
            = `Who's clicked: ${this.id}`;    ◀── ❶ this 是触发事件的元素
    }
    document.getElementById('btn1').onclick = handler; ◀── ❷ 注册 click 事件
    document.getElementById('btn2').onclick = handler;
</script>
```

在上例中，用 handler 函数注册了两个按钮的 click 事件❷，事件在元素上触发而调用函数时，this 会设定为**当时触发事件的元素**❶。在这个例子中，单击按钮而调用函数时，this 就参考至当时按下的按钮元素，如图 11.6 所示是执行时的显示结果。

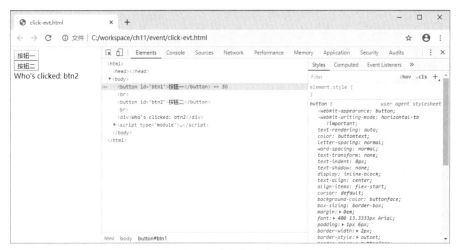

图 11.6　范例执行结果

基本事件模型又称为传统模型(Traditional model)或传统注册模型(Traditional registration model)。过去开发网页程序还有一个常见的做法，是在卷标属性上撰写 JavaScript，指定事件发生时要执行的程序代码，这类做法称为行内模型(Inline model)或行内注册模型(Inline registration model)。例如：

```
event click-evt2.html
```

```html
<script type="text/javascript">
    function handle(elem) {
        document.getElementById('console').textContent
            = `Who's clicked: ${elem.id}`;
    }
</script>

<button id="btn1" onclick="handle(this);">按钮一</button><br>
<button id="btn2" onclick="handle(this);">按钮二</button><br>
<div id="console"></div>
```

在卷标属性上撰写程序代码，尽管只有一小段，也是在画面中侵入程序代码，容易造成页面设计者与 JavaScript 开发者合作上的不便，**现在不鼓励这类的写法**。在上例中，并非直接指定 click 事件的处理器函数，在标签上指定程序代码的做法，会自动建立匿名函数，也就是说，上例相当于：

```javascript
document.getElementById('btn1').onclick = function() {
    handle(this);
};
```

在事件相关属性指定的程序代码，会成为匿名函数的本体内容，这也说明了范例中 this 就是指当时触发事件时的元素。

**提示 >>>**　在 React.js 框架中，元素的事件看似采用了行内模型的做法，例如 `<button onClick={this.handleBtnClick}>按我</button>`，不过这是因为 React.js 的 JSX 语法，本质上可看成是组装 UI 组件的程序代码。

有些事件触发时会有默认动作，例如窗体的 submit 事件默认会发送窗体后换页，超链接 click 事件默认会链接至指定网页。在基本事件模型中，若要取消默认事件动作，可让事件处理器传回 false。例如：

```
event form-validate.html
```

```html
<form name="form1" action="nothing">
    输入数据: <input name="data"> <span></span><br>
    <button type="submit">送出</button>
</form>

<script type="text/javascript">
    document.form1.onsubmit = function() {
        let input = this.data;
        if(input.value.length === 0) {          ← ❶ 检查是否已填值
            input.nextElementSibling.textContent = '请输入数据';
            return false;          ← ❷ 取消默认事件动作
```

```
        }
    };
</script>
```

在上例中，单击按钮会触发窗体的 `submit` 事件，事件处理器中检查字段是否已填值❶，没有的话就显示提示信息，并在事件处理器中传回 `false`，以取消窗体的发送❷，这是窗体验证的基本做法。若是使用行内模型，就会看到以下做法。

**event form-validate2.html**

```html
<script type="text/javascript">
    function validate(form) {
        let input = form.data;
        if(input.value.length === 0) {
            input.nextElementSibling.textContent = '请输入数据';
            return false;
        }
    };
</script>

<form name="form1" onsubmit="return validate(this);" action="nothing">
    输入数据: <input name="data"> <span></span><br>
    <button type="submit">送出</button>
</form>
```

在设定 `onsubmit` 属性时使用 `return`，是为了要将 `validate()` 函数的传回值传回；想在使用者离开页面时，做个简单的确认，若使用行内模型，过去常见这种方式，原理也是相同。

```html
<a href="https://openhome.cc"
    onclick="return confirm('要离开了吗? ');">首页</a>
```

> **提示 ▶▶** HTML5 的 input 卷标，可以设置 required 属性，只有在窗体中 required 字段都填写的情况下才会发送窗体，想验证字段是否填写这类功能，就不用特别撰写 JavaScript 来实现了。

事件不一定要由使用者的操作触发，也可以直接调用方法来触发事件。例如可以调用窗体元素的 `submit()` 方法来发送窗体，或者是在加载页面时，想令第一个输入字段取得焦点，可以调用输入字段元素的 `focus()` 方法。

```javascript
window.onload = function() {
    document.getElementById('user-name').focus();
};
```

## 11.2.2 标准事件模型

基本事件模型的缺点之一，就是事件的对应特性只能设定一个值，若想注册多个事件处理器，那么以下的方式行不通，第二个函数实例会成为 `onload` 特性的值，第一个函数实例就被抛弃了。

```
window.onload = function() {
    // 处理器一
};

window.onload = function() {
    // 处理器二
};
```

若想在基本事件处理中，在事件发生时能调用两个以上的函数，必须通过设计的方式来达到，最简单的方式之一就是：

```
function handler1() {
}

function handler2() {
}

window.onload = function() {
    handler1();
    handler2();
};
```

这类设计方式不好管理。**事件模型在 DOM Level 2 时获得标准化，又称为标准事件模型，允许事件设置多个事件处理器。** 在 Internet Explorer 9 之后，标准事件模型也获得了较好的支持。

> **提示 >>>** Edge、Internet Explorer 9/10/11 都支持标准事件模型，因而本书不打算介绍 Internet Explorer 事件模型，如果真有兴趣看看，可以参考《IE 事件模型》[①]。

在标准事件模型中，使用 **addEventListener()** 方法来注册事件处理器。以下举例来说明以标准事件模型实现 11.2.1 节的 click-evt.html 范例。

**event click-evt3.html**

```
<button id="btn1">按钮一</button><br>
<button id="btn2">按钮二</button><br>
<div></div>

<script type="module">
    function handler(evt) {      ◀—— ❶ 接受 Event 实例
        document.querySelector('div').textContent
            = `Who's clicked: ${evt.currentTarget.id}`;
    }
    document.getElementById('btn1')        ❷ 当时触发事件的元素
            .addEventListener('click', handler, false);   ◀—— ❸ 注册事件处理器
    document.getElementById('btn2')
            .addEventListener('click', handler, false);
</script>
```

addEventListener() 的第一个参数指出要注册的事件❸，不需要 'on' 开头，第二个参

---

① 《IE 事件模型》：openhome.cc/Gossip/JavaScript/InternetExplorerEventModel.html。

数是事件处理器，第三个参数为 false 时，表示这是个事件浮升处理器(稍后会说明)；事件处理器的第一个参数接受 Event 实例，该实例会提供事件的相关信息❶。

提示 ≫≫ 可以在 HTML Event Attributes[①]中查询可用的事件类型。

在基本事件模型中，事件处理器的 this 用来取得触发事件的元素，虽然多数浏览器都会如此实现，在标准事件模型时，多半也会维持这样的实现方式，不过并非标准规范(而且还有使用箭号函数的 this 问题，详见 4.1.2 节)，在标准事件模型中，建议可以从 Event 实例的 **currentTarget** 特性来取得当时触发事件的元素❷。

在 11.2.1 节介绍过，有些事件有默认动作，若要停止默认动作，在标准事件模型下，必须调用 Event 的 **preventDefault()** 方法(从事件处理器中传回 false 没有作用)。下面来改写前面的 form-validate.html 范例。

**event form-validate3.html**

```
<form name="form1" action="nothing">
    输入数据: <input name="data"> <span></span><br>
    <button type="submit">发送</button>
</form>

<script type="module">
    document.querySelector('form')
        .addEventListener('submit', evt => {
            let input = evt.currentTarget.data;
            if(input.value.length === 0) {
                input.nextElementSibling.textContent = '请输入数据';
                evt.preventDefault();
            }
        }, false);
</script>
```

若要移除事件处理器，可以使用 **removeEventListener()**，第一个参数指定事件类型，第二个参数是当初注册的函数实例，第三个参数指出要移除捕捉阶段(true)或浮升阶段(false)的处理器。

## 11.2.3  标准事件传播

在标准事件发生时，Event 实例会收集事件的相关信息，在遵守标准的浏览器上，**Event 实例会作为事件处理器的第一个参数，若要取得操作的目标对象，可以通过 Event 实例的 target 特性**。

那么操作的目标对象是指什么呢？如果在按钮上单击，那么按钮就是操作的目标对象。在 11.2.1 节基本事件模型中介绍过，触发事件时，事件处理器的 this 会设为当时触发事件的元素，11.2.2 节标准事件模型中介绍过，Event 实例的 currentTarget 是当时触发事件

---

① HTML Event Attributes：www.w3schools.com/tags/ref_eventattributes.asp.

的元素。

在标准事件模型中，操作时若发生事件，事件不仅会触发操作的目标元素，还会往目标元素的父阶层传播并触发事件，若父阶层也设定了对应的事件处理器就会调用。这可以用下面的范例来示范。

```
event propagation.html
<body id="bodyId">
    <div id="divId">
        <button id="btnId">按我</button>
    </div>
    <span id="console"></span>

<script type="text/javascript">
    function handler(evt) {
        let currentTarget = evt.currentTarget;
        let target = event.target;

        document.getElementById('console').innerHTML +=
            (
            `<br><b>currentTarget.id:</b> ${currentTarget.id}, ` +
            `<b>target.id:</b> ${target.id}`
            );
    }

    document.getElementById('bodyId')
            .addEventListener('click', handler, false);
    document.getElementById('divId')
            .addEventListener('click', handler, false);
    document.getElementById('btnId')
            .addEventListener('click', handler, false);
</script>
</body>
```

在上例中，按钮包括在 div 中，而 body 是 div 的外层元素，三者都设定了事件处理器。如果试着单击按钮，会看到结果如下：

```
currentTarget.id: btnId, target.id: btnId
currentTarget.id: divId, target.id: btnId
currentTarget.id: bodyId, target.id: btnId
```

不仅按钮的事件处理器被调用，外层 div 与 body 也依序被调用，这样的行为叫作**事件冒泡传播(Event Bubbling)**，事件传播至元素并调用事件处理器时，currentTarget 就设定为该元素，这可以从 currentTarget.id 的显示结果观察到，而由于操作时按下的目标是按钮，所以操作目标元素就是按钮，这可以由 target.id 观察到。

如果想停止冒泡事件传播，必须调用 Event 的 **stopPropagation()** 方法，以上范例若在 handler() 中调用了 evt.stopPropagation()，就只会显示：
`currentTarget.id: btnId, target.id: btnId`。

**许多场合可以通过事件传播，减轻个别元素持有事件处理器的负担**，例如 11.1.5 节的 images.html，每建立新的 img，就设定该 img 的 click 事件处理器，以便在单击图片时自动移除图片。若利用事件冒泡传播，可以只在 div 设定事件处理器，完成相同的结果。例如：

```
event images.html

<input id="img-src" type="text"><br>
<button id="add">新增图片</button>
<div id="images"></div>

<script type="module">
    function byId(id) {
        return document.getElementById(id);
    }

    byId('add').addEventListener('click', () => {
        let img = document.createElement('img');
        img.src = byId('img-src').value;
        byId('images').appendChild(img);
    }, false);

    byId('images').addEventListener('click', evt => {
        evt.currentTarget.removeChild(evt.target);
    }, false);
</script>
```

在上例中，单击图片后会发生 click 事件，当事件传播至 images 元素时也触发了 click 事件。这时调用事件处理器，通过 Event 的 currentTarget 取得目前的元素(也就是 images 元素)，将 click 事件的目标元素移除(也就是被单击的 img 元素)。

标准事件模型中，事件其实会历经两个传播阶段，当事件发生时，会先从 document 传播至操作目标元素，这个阶段称为**捕捉阶段(Capturing phase)**。接着事件再从目标元素传播至 document，这个阶段称为**冒泡阶段(Bubbling phase)**。

addEventListener()方法的第三个参数若为 true，表示事件处理器会作为捕捉阶段处理器，若为 false 就作为冒泡阶段处理器。例如，可改写前面的 propagation.html，同时设定两个阶段的处理器来观察事件。

```
event propagation2.html

<body id="bodyId">
    <div id="divId">
        <button id="btnId">按我</button>
    </div>
    <span id="console"></span>

<script type="text/javascript">
    function handler(evt) {
        let currentTarget = evt.currentTarget;
        let target = event.target;

        document.getElementById('console').innerHTML +=
            (
            `<br><b>currentTarget.id:</b> ${currentTarget.id}, ` +
            `<b>target.id:</b> ${target.id}`
            );
```

```
    }

    document.getElementById('bodyId')
            .addEventListener('click', handler, true);
    document.getElementById('divId')
            .addEventListener('click', handler, true);
    document.getElementById('btnId')
            .addEventListener('click', handler, true);

    document.getElementById('bodyId')
            .addEventListener('click', handler, false);
    document.getElementById('divId')
            .addEventListener('click', handler, false);
    document.getElementById('btnId')
            .addEventListener('click', handler, false);
</script>
</body>
```

如果单击按钮会显示以下的结果，可发现事件先从 body 往 button，再从 button 往 body 传播。

```
currentTarget.id: bodyId, target.id: btnId
currentTarget.id: divId, target.id: btnId
currentTarget.id: btnId, target.id: btnId
currentTarget.id: btnId, target.id: btnId
currentTarget.id: divId, target.id: btnId
currentTarget.id: bodyId, target.id: btnId
```

如果想停止捕捉事件传播，必须调用 Event 的 stopPropagation()方法。

**提示 >>>**　addEventListener()的第三个参数默认值为 false，不过就算是在设定冒泡阶段处理器，许多开发者还是习惯明确地标示 false。

## 11.2.4　封装事件处理

在 11.1.6 节使用了 XD 模块封装了 DOM 处理，既然这里已介绍了事件，就稍微演化一下 XD 模块，令其有自身的事件处理风格，完成后的 XD 模块原始码是 event/mods/XD-1.1.0.js。

来看个简单示范，以 11.2.3 节的 images.html 为例，若使用 XD 模块，可以如下撰写程序。

**event images2.html**

```
<input id="img-src" type="text"><br>
<button id="add">新增图片</button>
<div id="images"></div>

<script type="module">
    import x from './mods/XD-1.1.0.js';

    let doc = x(document);

    doc.elemsById('add').addEvt('click', () => {
        x('img').toElemCollection()
                .attr('src', doc.elemsById('img-src').val())
```

```
                    .appendTo(doc.elemsById('images'));
    });

    doc.elemsById('images').addEvt('click', evt => {
        x(evt.target).toElemCollection()
                    .remove();
    });
</script>
```

这里借助 XD 模块的工厂函数封装了 document，只要取得 ElemCollection 实例(也就是 elemsById() 方法传回的对象类型)，就可以通过 addEvt() 来注册事件，不用像 11.1.6 节的 images2.htm 得取得原生 DOM 那样来进行事件注册了。

在 Internet Explorer 不遵守标准事件处理的年代，封装事件处理是前端链接库的重要任务之一；但那个年代已经过去，封装事件处理相对来说就简单多了，事件的封装是放在 event/mods/Evt.js 模块之中的。

```
// 主要在允许事件处理器以传回 false 的方式停止默认行为
function addEvtOn(elem, evtType, handler, capture = false) {
    elem.addEventListener(evtType, evt => {
        let result = handler.call(evt.currentTarget, evt);
        if(result === false) {
            evt.preventDefault();
        }
        return result;
    }, capture);
}

function removeEvtOn(elem, evtType, handler, capture = false) {
    elem.removeEventListener(evtType, handler, capture);
}

export {addEvtOn, removeEvtOn};
```

capture 默认为 false 是合理的，因为过去 Internet Explorer 事件模型并不支持事件捕捉阶段，许多链接库与应用也未曾考虑过捕捉阶段的做法，当然，就现代浏览器而言，可以试着思考捕捉阶段可能的应用场合。

Evt 模块主要是用来支持 XD 模块，原本的 XD-1.0.0.js 现在变成了 event/modes/XD-1.1.0.js，主要修改是汇入了 Evt.js。例如：

```
import {addEvtOn, removeEvtOn} from './Evt.js';
```

然后在 ElemCollection 类上，新增了 addEvt() 与 removeEvt() 两个方法。

```
class ElemCollection {

    ...

    // 新增事件处理
    addEvt(type, handler, capture = false) {
        this.elems.forEach(elem => addEvtOn(elem, type, handler, capture));
        return this;
```

```
    }

    // 移除事件处理
    removeEvt(type, handler, capture = false) {
        this.elems
            .forEach(elem => removeEvtOn(elem, type, handler, capture));
        return this;
    }
}
```

　　`addEvt()` 与 `removeEvt()` 会将指定的事件处理器，设定给 `ElemCollection` 管理的原生 DOM 元素。

# 11.3　样式处理

　　在前端的领域中，样式处理是个独到领域，理论上应该有专门的 UI 工程师负责；然而现实职场上不是这么美好。在不少主管眼中，前端不就包含样式处理吗？虽说如此，样式处理本身就可以写成一本书了，非本书重点，在这一节主要是提及一些从 JavaScript 开发者的角度出发，如何使用程序代码来控制样式，以及控制这些样式前要知道的一些基础知识。

## 11.3.1　存取样式信息

　　在 HTML 卷标上，可以设定 **style** 属性，以此改变元素的样式。例如：

```
<div style="color: #ffffff; background-color: #ff0000; width: 200px; height: 100px;
padding-left: 50px; padding-top: 50px;">这是一段信息</div>
```

　　但这样设定看起来混乱，不易撰写与阅读，通常不建议使用卷标 `style` 属性来设定样式，而会将其定义在样式表单中。例如：

```
<!DOCTYPE html>
<html>
<head>
    <meta charset="utf-8">
    <meta name="viewport" content="width=device-width">
    <style type="text/css">
        div {
            color: #ffffff;
            background-color: #ff0000;
            width: 200px;
            height: 100px;
            padding-left: 50px;
            padding-top: 50px;
        }
    </style>
</head>
<body>
    <div>这是一段信息</div>
</body>
</html>
```

如果想用 JavaScript 来达到相同的效果，可以在 DOM 元素 **style** 特性上进行设置。例如：

```
style css.html
```

```
<div>这是一段信息</div>

<script type="module">
    let div = document.querySelector('div');
    div.style.color = '#ffffff';
    div.style.backgroundColor = '#ff0000';
    div.style.width = '200px';
    div.style.height = '100px';
    div.style.paddingLeft = '50px';
    div.style.paddingTop = '50px';
</script>
```

style 特性参考了 CSSStyleDeclaration 实例，特性名称通常是没有破折线、采用驼峰式命名。卷标的 **style** 属性对应于元素的 **style** 特性，改变 **style** 特性，就等于卷标的 **style** 属性，这可以在开发人员工具中观察，如图 11.7 所示。

图 11.7　style 属性与特性

卷标的 style 属性与元素的 style 特性会覆盖样式表单的设定；由于卷标的 style 属性与元素的 style 特性是对应的，**如果卷标没有设置 style 属性，通过 DOM 元素的 style 特性，取得的各个样式值是空字符串。**

这也代表了，通过样式表单定义的样式信息，无法从元素的 **style** 特性取得；在撰写程序时，建议将 **style** 特性用于设定样式，而不是取得样式。

**想取得元素的样式信息，建议取得元素的计算样式(Computed style)**，计算样式是指所有样式规则，包括默认样式、样式表单、style 属性与特性都套用至元素后的样式结果。

若是在遵守标准的浏览器，可以使用 window 的 **getComputedStyle()** 函数(与

document.defaultView.getComputedStyle() 是相同函数），取得的样式对象是只读的 CSSStyleDeclaration 实例，可以从对象上的特性或是使用 getPropertyValue() 方法取得样式信息。

　　getComputedStyle() 的第二个自变量可指定虚拟类[①](pseudo-class)，如果不设定，也必须指定 null。例如：

```
window.getComputedStyle(elem, null)[prop];
```

　　下面的范例使用 JavaScript 程序代码取得元素的样式设定。

**style computed.html**

```html
<!DOCTYPE html>
<html>
<head>
    <meta charset="utf-8">
    <style type="text/css">
        div {
            background-color: #ff0000;
            width: 200px;
            height: 100px;
        }
    </style>
</head>
<body>
    <div style="padding-left: 50px; padding-top: 50px;">这是一段信息</div>
    <span></span>
    <script type="module">
        function style(elem, prop, pseudoElt = null) {    ❶ 取得样式用的函数
            return window.getComputedStyle(elem, pseudoElt)[prop];
        }

        let div = document.querySelector('div');
        let divColor = style(div, 'color');               ❷取得默认样式
        let divBkColor = style(div, 'backgroundColor');    ❸取得 CSS 样式表单设定值
        let divPaddingLeft = style(div, 'paddingLeft');    ❹取得 style 属性设定

        document.querySelector('span').innerHTML =
            `color: ${divColor}<br>` +
            `backgroundColor: ${divBkColor}<br>` +
            `paddingLeft: ${divPaddingLeft}`;
    </script>
</body>
</html>
```

　　为了便于取得样式信息，范例中定义了 style() 函数来封装 getComputedStyle() 的操作❶；div 的样式表单与属性都没有设定 color，通过 style() 会取得默认样式❷，backgroundColor 取得的会是样式表单中的 background-color 设定❸，div 的 style 属性有设定 padding-top，这是 style() 取得的结果❹。执行结果能在页面上看到：

---

① 虚拟类: developer.mozilla.org/zh-TW/docs/Web/CSS/Pseudo-classes.

```
color: rgb(0, 0, 0)
backgroundColor: rgb(255, 0, 0)
paddingLeft: 50px
```

### 11.3.2 存取元素宽高

元素宽、高可以通过 `style` 的 `width` 与 `height` 来设定，不过得先认识一下 `width` 与 `height` 是指什么。这必须了解**盒模型(Box model)**，也就是将元素当作盒子来看待时，可以怎么描述这个盒子。

内容(content)是指元素本身内容占据的部分，如一段文字、一张图片或者是其他子元素。每个元素都可以有**边框(Border)**。**内距(Padding)**是指内容与边框的距离。**边距(Margin)**是指与另一元素边框的距离，如图 11.8 所示。

在样式设定时，内容可以设定宽、高，内距可以分别设置上、下、左、右距离，边框可以设定宽度，而边距可以分别设定上、下、左、右距离，如图 11.9 所示。**style** 的 **width** 与 **height** 是用来指定内容的宽、高。

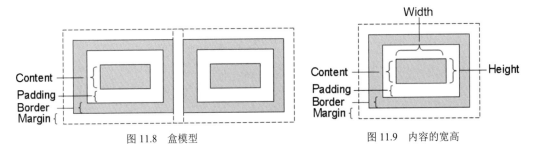

图 11.8  盒模型　　　　　　　　　　图 11.9  内容的宽高

在开发人员工具的 Elements 页签中，右边的 Computed 窗格，可以显示被选取元素的运算样式信息以及盒模型，如图 11.10 所示是以 11.3.1 节的 computed.html 为例。

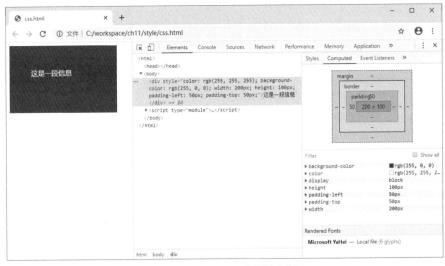

图 11.10  开发者工具中的样式检视

通常人们会想知道元素在文件中占用的总空间相关信息，也就是内容、内距与边框的加总，如图 11.11 所示。这可以通过 **offsetWidth** 与 **offsetHeight** 来取得。

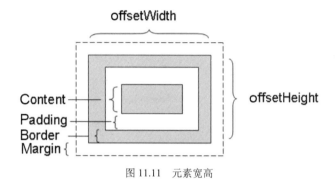

图 11.11　元素宽高

以下面这个范例来说，特意将边框设为黑色，而内距使用背景红色，元素宽高范围正好是视觉上占据的空间。

**style box.html**

```
<!DOCTYPE html>
<html>
<head>
    <meta charset="utf-8">
    <style type="text/css">
      img {
          color: #ffffff;
          background-color: #ff0000;
          border-width: 10px;
          border-color: black;
          border-style: solid;
          width: 100px;
          height: 82px;
          padding: 50px;
          margin: 10px;
      }

      div {
          color: #ffffff;
          background-color: #ff0000;
          border-width: 10px;
          border-color: black;
          border-style: solid;
          text-align: center;
          width: 100px;
          height: 82px;
          padding: 50px;
          margin: 10px;
      }
    </style>
</head>
<body>

<img src="images/caterpillar.jpg">
<div>内容</div>
```

```
<span></span>

<script type="module">
    function style(elem, prop, pseudoElt = null) {
        return window.getComputedStyle(elem, pseudoElt)[prop];
    }

    let img = document.querySelector('div');
    let div = document.querySelector('div');

    let imgSize = [img.offsetWidth, img.offsetHeight];
    let divSize = [div.offsetWidth, div.offsetHeight];

    document.querySelector('span').innerHTML =
        `img: ${imgSize}, div: ${divSize}` ;
</script>
</body>
</html>
```

范例中 `img` 的内容宽、高分别是 100 与 82，至于视觉上的宽高，要加上内距 50px 与边框 10px，占据的总空间是(100+50*2+10*2)×(82+50*2+10*2)，也就是 220×202。范例中也有个内容宽、高、内距与边框相同的 `div` 对照，如图 11.12 所示。

图 11.12　内容宽、高、内距与边框相同的 `div` 对照

**提示 >>>** 在 Internet Explorer 8 或更早期版本中，若没有正确的<!DOCTYPE>设定，会进入怪异模型(Quirks model)，有兴趣的读者可以看看笔者早期写的 JavaScript 文件《存取元素大小》[1]。

## 11.3.3　存取元素位置

样式的 **position** 属性可以设定不同的值，代表元素的定位方式，如果没有设定，大

---
[1] 《存取元素大小》：openhome.cc/Gossip/JavaScript/WidthHeight.html.

多数元素默认是 static，元素依次、流动式地绘制版面上，其他常用的设定值有 relative、absolute 与 fixed。

　　元素的 **top** 特性表示元素上缘，与参考元素上缘的垂直距离，正值为往下，**left** 表示元素左缘与参考元素左缘的水平距离，正值为往右。**bottom** 表示下缘与参考元素的下缘垂直距离，正值为往上，**right** 表示元素右缘与参考元素的右缘水平距离，正值为往左；这些特性都包含边距，而设定后的效果，必须视 position 是哪个而定。例如，设为 static 时，top、left、right、bottom 的设置没有作用。

　　relative 是指元素相对于 static 应有的位置进行偏移，也就是依次、流动式地绘制版面之后，依 top、left 或 bottom、right 设定偏移。例如，元素左上位置，在本来流动式地绘制后 100×50，若设定元素的 position 为 relative，而 top、left 分别为 20、30 的话，元素最后的左上角位置会是 (100+20)×(50+30)=120×80 的位置。

　　position 属性设为 absolute 表示绝对寻址，不过这个绝对并不是以 body 左上角为绝对参考点，而是以最接近的非 static 父元素为绝对寻址参考元素，也就是说，若有个 a 是 relative 定位，其中有个 span 是 absolute 定位，那么 span 设定的 top、left，会是以 a 元素的上缘与左缘来进行绝对寻址。

　　在绝对寻址时，元素可以堆栈，此时可利用 z-index 属性来设定堆栈顺序，数值越大，表示在越上层，z-index 默认是页面中卷标定义的顺序，越后面定义的标签 z-index 越大。

　　下面这个范例运用了 absolute 定位，并设定了 top、left 与 zIndex 特性，可以使用鼠标单击改变 id 为 message1 的 div 的位置，可以单击某个 div 提高它的 zIndex，div 元素的第一个非 static 父元素是 body，因此绝对位置的参考元素都是指 body。

**style absolute.html**

```html
<!DOCTYPE html>
<html>
<head>
    <meta charset="utf-8">
    <style type="text/css">
        #message1 {
            ...略
            position: absolute;
            top: 50px;
            left: 50px;
            z-index: 0;
        }

        #message2 {
            ...略
            position: absolute;
            top: 150px;
            left: 150px;
            z-index: 0;
        }
    </style>
</head>
<body>
```

```
<div id="message1">这是信息一</div>
<div id="message2">这是信息二</div>

<script type="module">
    let message1 = document.getElementById('message1');
    let message2 = document.getElementById('message2');

    document.addEventListener('click', evt => {
        message1.style.left = `${evt.clientX}px`;
        message1.style.top = `${evt.clientY}px`;
    }, false);

    message1.addEventListener('click', evt => {
        message1.style.zIndex = 1;
        message2.style.zIndex = 0;
        evt.stopPropagation();
    }, false);

    message2.addEventListener('click', evt => {
        message2.style.zIndex = 1;
        message1.style.zIndex = 0;
        evt.stopPropagation();
    }, false);
</script>

</body>
</html>
```

若设定了 `top`、`left` 等特性,在开发人员工具的 Elements 页签右边的 Computed 窗格中,也可以观察对应的信息,如图 11.13 所示。

图 11.13　盒模型中可观察到 position

`fixed` 定位是以浏览器视埠(view-port)为参考。例如,想让某元素在卷动后依旧可以在可视画面中的 $100 \times 50$ 的位置,可以将 `position` 设为 `fixed`,此时 `top`、`left` 与 `bottom`、`right` 就是相对于可视画面。

若要使用 JavaScript 来取得元素相对于 `body` 的确实位置,必须认识元素的

**offsetParent** 特性，offsetParent 是元素的父阶层中最接近的已定位(positioned)元素，如果元素本身的 position 被设为 fixed，offsetParent 会是 null。

元素具有 offsetTop、offsetLeft 特性，分别代表元素上缘、下缘与 offsetParent 上缘、下缘的距离，在不考虑滚动条的情况下，想知道元素在版面中的确实位置，可以撰写一个 offset() 函数来计算。

```
function offset(elem) {
    let x = 0;
    let y = 0;
    while(elem) {
        x += elem.offsetLeft;
        y += elem.offsetTop;
        elem = elem.offsetParent;
    }

    return {
        x,
        y,
        toString() {
            return `(${this.x}, ${this.y})`;
        }
    };
}
```

需要元素确实位置的情境，就如搜索框中出现的提示，需要知道搜索框的位置，将传回的关键词建议显示在搜索框下方。以下是个简单示范。

**style search.html**

```
<!DOCTYPE html>
<html>
<head>
    <meta charset="utf-8">
    <style type="text/css">
        #container {
            color: #ffffff;
            background-color: #ff0000;
            height: 50px;
            position: absolute;
        }
    </style>
</head>
<body>

    <div id="container">这是一段信息</div>
    <hr>
    搜寻: <input id="search" type="text">

<script type="module">
    function offset(elem) {
        let x = 0;
        let y = 0;
        while(elem) {
            x += elem.offsetLeft;
```

```
        y += elem.offsetTop;
        elem = elem.offsetParent;
    }

    return {
        x,
        y,
        toString() {
            return `(${this.x}, ${this.y})`;
        }
    };
}

let input = document.getElementById('search');
let search = offset(input);
let container = document.getElementById('container');
container.style.top = `${search.y + input.offsetHeight}px`;
container.style.left = `${search.x}px`;
container.style.width = `${input.offsetWidth}px`;
</script>

</body>
</html>
```

在这个范例中，因为 div 被设为 absoulte 定位，首个非 static 父元素是 body，因此设定的 top、left 就是以 body 为参考元素，在取得 input 字段的位置之后，配合 input 元素的高与宽，也就是 offsetHeight 与 offsetWidth，就可以计算出 div 的 top、left、width 等值，执行的画面如图 11.14 所示。

图 11.14　范例执行结果

<blockquote>
提示 >>> 如果想做搜索框的自动提示清单，运用 HTML5 提供的 datalist 标签会更方便，在第 12 章会看到范例。
</blockquote>

在更复杂的排版下，想取得元素精确位置要考虑的事情会更复杂。例如，样式表单的 overflow 设定可以在元素上建立滚动条，offsetTop、offsetLeft 不会考虑滚动条是否卷动了元素，如果使用了 overflow 设定，必须减去滚动条值。例如：

```
function offset(elem) {
    let x = 0;
    let y = 0;
    for(let e = elem; e; e = e.offsetParent) {
        x += e.offsetLeft;
        y += e.offsetTop;
    }

    // 修正滚动条区域的量
    for(let e = elem.parentNode; e && e != document.body; e = e.parentNode) {
        if(e.scrollLeft) {
            x -= e.scrollLeft;
        }
        if(e.scrollTop) {
            y -= e.scrollTop;
        }
    }

    return {
        x,
        y,
        toString() {
            return `(${this.x}, ${this.y})`;
        }
    };
}
```

## 11.3.4　显示、可见度与透明度

　　网页中经常实现的功能之一，就是隐藏或显示元素，实现的方式视需求而定，单纯地操作 DOM 树基本上也能实现，而本节介绍在不改变 DOM 树结构下，如何使用 style 的 display、visibility 与 opacity 来实现元素的隐藏或显示。

### 1. display

　　**style 的 display 用来设定元素在页面上的排版显示方式**，在设为 none 时，如字面意义，元素就消失了，更具体地说，不列入排版显示，而就画面上看来元素占据的空间也就消失了，如果设定 display 为 block，排版显示时会采用区块方式，如段落与标题。若设定 display 为 inline，排版显示以行内方式，如 span 元素。

　　以下是一个简单的例子。

| style display.html |
| --- |

```
<!DOCTYPE html>
<html>
<head>
    <meta charset="utf-8">
    <style type="text/css">
        div {
            color: #ffffff;
            background-color: #ff0000;
```

```
            border-width: 10px;
            border-color: black;
            border-style: solid;
            width: 100px;
            height: 50px;
            padding: 50px;
        }
    </style>
</head>
<body>

<button>切换显示状态</button>
<hr>
这是一些文字! 这是一些文字! 这是一些文字! 这是一些文字!
<div>信息信息信息</div>
这是其他文字! 这是其他文字! 这是其他文字! 这是其他文字!

<script type="module">
    function style(elem, prop) {
        return window.getComputedStyle(elem, null)[prop];
    }

    let previousDisplays = new WeakMap();  ◀━━ ❶ 记录元素 display 值

    function none(elem) {
        previousDisplays.set(elem, style(elem, 'display'));
        elem.style.display = 'none';  ◀━━ ❷ 设定排版时不显示
    }

    function display(elem) {
        if(previousDisplays.has(elem)) {  ◀━━ ❸ 曾经调用过 none() 函数的情况
            elem.style.display = previousDisplays.get(elem);
            previousDisplays.delete(elem);
        }
        else if(style(elem, 'display') === 'none') {  ◀━━ ❹ 初始画面时就是 none
            // 在 DOM 树上建立元素, 取得 display 默认值后移除
            let node = document.createElement(elem.nodeName);
            document.body.appendChild(node);
            elem.style.display = style(node, 'display');
            document.body.removeChild(node);
        }
    }

    document.querySelector('button').addEventListener('click', () => {
        let message = document.querySelector('div');
        if(style(message, 'display') === 'none') {
            display(message);
        }
        else {
            none(message);
        }
    });
</script>

</body>
</html>
```

在上例中，previousDisplaysp 使用了 WeakMap❶，这是为了避免元素从 DOM 树移除后，记录 display 值的 previousDisplaysp 仍持有元素，而造成内存泄漏问题，而隐藏元素是通过将display设定为none❷，并在previousDisplays记录元素前面的display值，显示元素时，若有记录前面 display 值就恢复为原本的值❸。

在首次加载页面时，元素的 display 就是 none，previousDisplaysp 中不会有对应的值，这时就用元素的 display 默认值❹，例如 div 默认是 block，而 span 默认是 inline，但要逐一判断传入 show() 的元素太麻烦了，这里就用了个技巧，建立相同类型的元素后附加至 DOM 树，display 默认值就会被设置，取得该值后将临时建立的元素从 DOM 树移除。

如图 11.15 所示是范例初始加载的画面，因为 div 默认是 block，因此排版显示时独占了一个区块。

图 11.15　范例执行结果 1

如图 11.16 所示是单击按钮的画面，由于 display 被设为 none，不列入排版显示，后续的文字就取接着前面文字了。

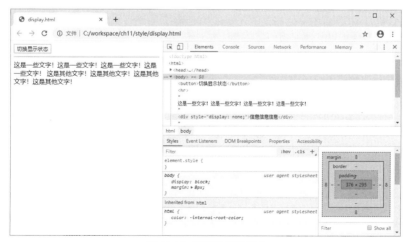

图 11.16　范例执行结果 2

### 2. `visibility`

设定 `style` 的 `visibility` 为 `visible` 或 `hidden`，就是视觉上可见或隐藏，也就是说，`hidden` 时虽然画面上看不见，排版仍会考虑，也就是元素在画面上仍会占有空间。下面来修改上个范例。

**style visibility.html**

```
...同前一范例...略...

<button>切换显示状态</button>
<hr>
这是一些文字! 这是一些文字! 这是一些文字! 这是一些文字!
<div>信息信息信息</div>
这是其他文字! 这是其他文字! 这是其他文字! 这是其他文字!

<script type="module">

    function style(elem, prop) {
        return window.getComputedStyle(elem, null)[prop];
    }

    document.querySelector('button').addEventListener('click', () => {
        let message = document.querySelector('div');
        if(style(message, 'visibility') === 'visible') {
            message.style.visibility = 'hidden';
        }
        else {
            message.style.visibility = 'visible';
        }
    });
</script>

</body>
</html>
```

由于visibility只有两个状态，只要判断元素的visibility，就可以决定该采取隐藏或可见的动作了，来看看div被设为hidden的画面，如图11.17所示，可以跟图11.16比较看看。

图 11.17 范例执行结果 3

## 3. opacity

可影响元素视觉效果的方式，还有元素的不透明度设定，可以设定 **style** 的 **opacity** 来决定，值可以是 **1～0**。为了便于取得与设定不透明度，定义一个 opacity() 函数。例如：

```
function style(elem, prop) {
    return window.getComputedStyle(elem, null)[prop];
}

// value 未指定时，用来取得不透明度，否则就设定不透明度
function opacity(elem, value) {
    if(value === undefined) {
        let opt = style(elem, 'opacity');
        return opt === '' ? 1 : Number(opt);
    } else {
        elem.style.opacity = value;
    }
}
```

元素的不透明度为 0 时，元素当然就完全看不见了，不过，单纯地可见或隐藏，是 visibility 的职责，**opacity** 则常用来实现半透明、淡出、淡入的效果。基于上面的 style() 与 opacity() 函数，可以如下定义 fadeOut()、fadeIn() 函数。

```
// 记录元素前面的不透明度
let previousOpacities = new WeakMap();

// speed 是淡出总时间，step 是动画数
function fadeOut(elem, speed = 5000, steps = 10) {
    previousOpacities.set(elem, opacity(elem));

    let opt = previousOpacities.get(elem); // 取得不透明度
    let timeInterval = speed / steps;      // 每次的淡出间隔
    let valueStep = opt / steps;           // 每次淡出要减去的不透明度

    // 定时减去不透明度
    setTimeout(function next() {
        opt -= valueStep;
        if(opt > 0) {
            opacity(elem, opt);
            setTimeout(next, timeInterval);
        }
        else {
            opacity(elem, 0);
        }
    }, timeInterval);
}

// speed 是淡入总时间，step 是动画数
function fadeIn(elem, speed = 5000, steps = 10) {
    // 取得元素初始的不透明度作为目标值
    let targetValue = previousOpacities.get(elem) || 1;
    previousOpacities.delete(elem);

    let timeInterval = speed / steps;       // 每次的淡入间隔
```

```
    let valueStep = targetValue / steps;  // 每次淡入要增加的不透明度

    let opt = 0;
    // 定时增加不透明度
    setTimeout(function next() {
        opt += valueStep;
        if(opt < targetValue) {
            opacity(elem, opt);
            setTimeout(next, timeInterval);
        }
        else {
            opacity(elem, targetValue);
        }
    }, timeInterval);
}
```

下面的范例，使用以上的函数示范了图片的淡出、淡入，效果如图 11.18 所示。

**style opacity.html**

```
<!DOCTYPE html>
<html>
<head>
    <meta charset="utf-8">
</head>
<body>

    <button id='fadeOut'>淡出</button>
    <button id='fadeIn'>淡入</button><br>
    <img src="images/caterpillar.jpg">

<script type="module">
    ...略

    let image = document.querySelector('img');

    document.getElementById('fadeIn')
            .addEventListener('click',
                () => fadeIn(image, 2000), false);

    document.getElementById('fadeOut')
            .addEventListener('click',
                () => fadeOut(image, 2000), false);
</script>

  </body>
</html>
```

**提示 ≫** IE 的不透明度设定方式，与标准规范不同，有兴趣的读者，可以参考笔者写的旧版《显示、可见度与透明度》[①]。

---

① 《显示、可见度与透明度》：openhome.cc/Gossip/JavaScript/DisplayVisibilityOpacity.html.

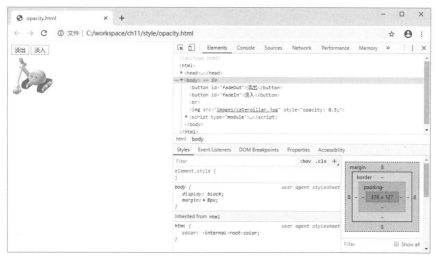

图 11.18　图片的淡出、淡入效果

## 11.3.5　操作 `class` 属性

如果需要改变元素的多个样式，通过程序代码并不方便，比较简便的方式是定义样式表单，并通过选择器为元素套用样式。元素的 `class` 属性可为元素作分组，也是样式表单套用的依据之一，通过操作元素的 **`className`** 特性，是以程序代码来改变样式的常用方式。

卷标的 `class` 属性可以设置多个类名称，多个类之间，必须使用空白区隔，在早期的 DOM API，若想使用程序来确定 `class` 属性是否设置了某名称，必须解析这个以空白作区隔的字符串；若要新增或删除类，必须在字符串中附加或剔除名称。

下面几个函数，可以测试 `class` 中指定的名称是否存在，以及在当中新增、删除名称。

```
// 指定的 clz 名称是否存在
function hasClass(elem, clz) {
    let clzs = elem.className;
    if(!clzs) {
        return false;
    } else if(clzs === clz) {
        return true;
    }
    return clzs.search(`\\b${clz}\\b`) !== -1;
}

// 新增名称
function addClass(elem, clz) {
    if(!hasClass(elem, clz)) {
        if(elem.className) {
            clz = ` ${clz}`;
        }
        elem.className += clz;
    }
}

// 移除名称
```

```
function removeClass(elem, clz) {
    elem.className = elem.className.replace(
        new RegExp(`\\b${clz}\\b\\s*`, 'g'), '');
}
```

HTML5 的 DOM 元素具有 **classList** 特性，是 DOMTokenList 实例，现代浏览器都支持 (IE 是从 10 之后开始支持)，以上函数相对应的方法分别是 contains()、add() 与 remove()，也具有 replace() 可以指定取代名称。例如：

**style class.html**

```
<!DOCTYPE html>
<html>
<head>
    <meta charset="utf-8">
    <style type="text/css">
        .released {
            border-width: 1px;
            border-color: red;
            border-style: dashed;
        }

        .pressed {
            border-width: 5px;
            border-color: black;
            border-style: solid;
        }
    </style>

</head>
<body>

  <img class='released' src="images/caterpillar.jpg">

<script type="module">
    function switchClass(elem, clz1, clz2) {
        let clzList = elem.classList;
        if(clzList.contains(clz1)) {
            clzList.replace(clz1, clz2);
        }
        else if(clzList.contains(clz2)) {
            clzList.replace(clz2, clz1);
        }
    }

    document.querySelector('img').addEventListener('click',
        evt => switchClass(evt.target, 'released', 'pressed'), false);
</script>

</body>
</html>
```

在这个范例中定义了 switchClass() 函数，在单击图片时，会在 released、pressed 两个样式间切换，也就可以套用样式表单中的个别的样式，图片外框也会在虚线与实现之间变换，如图 11.19 所示。

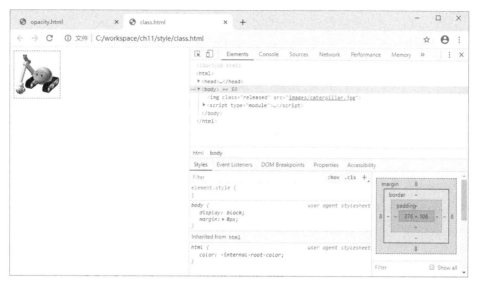

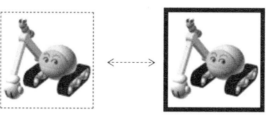

图 11.19　范例切换效果

## 11.3.6　窗口维度相关信息

接下来的内容，其实都可以在 11.1 节中提过的相关文件参考中找到，在这里只是为了方便起见而做个记录。

要取得文件宽、高信息，可以使用的特性有：

- 要取得文件宽、高，可以在 `document.documentElement` 以 `scrollWidth`、`scrollHeight` 取得。

- 要取得 `body` 高，可以使用 `document.body` 的 `scrollWidth`、`scrollHeight` 取得。

要取得屏幕信息，`screen` 可以使用的特性有：

- 要取得屏幕的宽、高，可以使用 `width`、`height` 取得。

- 要取得屏幕可用区域的宽、高，不含工具栏的范围，可在 `availWidth`、`availHeight` 取得。

浏览器宽、高等相关的信息，可以在 `window` 对象上取得。

- 窗口在屏幕中的位置：`screenX`、`screenY`。

- 窗口宽、高：`outerWidth`、`outerHeight`。

- 视端口区域宽、高(不包括选单、工具栏、滚动条)：`innerWidth`、`innerHeight`。

- 水平、垂直滚动条位置：`pageXOffset`、`pageYOffset`。

下面这个范例，结合介绍过的样式设定与维度信息，可仿真独占(Modal)对话框。

**style dimension.html**

```html
<!DOCTYPE html>
<html>
<head>
    <meta charset="utf-8">
    <style type="text/css">
        #message1 {
            text-align: center;
            vertical-align: middle;
            color: #ffffff;
            background-color: #ff0000;
            width: 100px;
            height: 50px;
            position: absolute;
            top: 0px;
            left: 0px;
        }
    </style>
</head>
<body>

    这些是一些文字<br>这些是一些文字<br>这些是一些文字<br>
    <button>其他组件</button>
    <div id="message1">
        看点广告吧! <br><br>
        <button id="confirm">确定</button>
    </div>

<script type="module">

    ...之前谈过的 style() 与 opacity() 函数定义...略...

    // 维度相关信息
    class Dimension {
        static screen() {
            return {
                width: screen.width,
                height: screen.height
            };
        }

        static screenAvail() {
            return {
                width: screen.availWidth,
                height: screen.availHeight
            };
        }

        static browser() {
            return {
                width: window.outerWidth,
                height: window.outerHeight
```

```
        };
    }

    static html() {
        return {
            width: window.documentElement.scrollWidth,
            height: window.documentElement.scrollHeight
        };
    }

    static body() {
        return {
            width: window.body.scrollWidth,
            height: window.body.scrollHeight
        };
    }

    static viewport() {
        return {
            width: window.innerWidth,
            height: window.innerHeight
        };
    }
}

// 坐标相关信息
class Coordinate {
    static browser() {
        return {
            x: window.screenX,
            y: window.screenY
        };
    }

    static scroll() {
        return {
            x: window.pageXOffset,
            y: window.pageYOffset
        };
    }
}

// 遮盖整个文件用的 div
let message1 = document.getElementById('message1');
opacity(message1, 0.5);

// 设定 div 符合文件区域
let {width, height} = Dimension.viewport();
message1.style.width = `${width}px`;
message1.style.paddingTop = `${height / 2}px`;
message1.style.height = `${height / 2}px`;

document.getElementById('confirm').addEventListener('click', () => {
    message1.style.width = '0px';
    message1.style.height = '0px';
    message1.style.paddingTop = '0px';
    message1.style.display = 'none';
```

```
        }, false);

</script>

</body>
</html>
```

如图 11.20 所示是画面被遮盖的效果，单击 "确定" 按钮后才能操作文件。

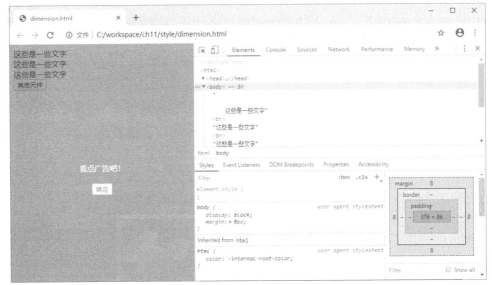

图 11.20　范例执行效果 4

## 11.3.7　封装样式处理

　　样式处理也许是浏览器中最复杂的部分，将细节封装是个不错的想法，这里以 11.2.4 节的成果为基础演化了 XD 模块，令其可以进行样式相关操作，完成后的 XD 模块原始码是 style/mods/XD-1.2.0.js。

　　现在先来看看，基于目前的链接库封装，可以如何简化前面看过的范例，首先是 11.3.1 节中 css.html 的改写，通过 css()方法，可以看起来就像是样式表单设定：

**style css2.html**

```
<div>这是一段信息</div>

<script type="module">
    import {elemsByTag} from './mods/XD-1.2.0.js';
    elemsByTag('div').css({
                color : '#ffffff',
                backgroundColor : '#ff0000',
                width : '300px',
                height : '200px',
                paddingLeft : '250px',
                paddingTop : '150px'
            });
```

```
</script>
```

11.3.1 节的 computed.html，可以简化为下面范例，通过 `computedStyle()` 方法可以直接指定特性名称，来取得对应的样式值。

**style computed2.html**

```
<!DOCTYPE html>
<html>
<head>
    ...略
</head>
<body>
    <div style="padding-left: 50px; padding-top: 50px;">这是一段信息</div>
    <span></span>
    <script type="module">
        import {elemsByTag} from './mods/XD-1.2.0.js';

        let div = elemsByTag('div');
        let divColor = div.computedStyle('color');
        let divBkColor = div.computedStyle('backgroundColor');
        let divPaddingLeft = div.computedStyle('paddingLeft');

        elemsByTag('span').html(
            `color: ${divColor}<br>` +
            `backgroundColor: ${divBkColor}<br>` +
            `paddingLeft: ${divPaddingLeft}`
        );
    </script>
</body>
</html>
```

11.3.3 节的 search.html，可以简化为下面的范例，直接调用 `offset()` 方法来取得元素的位置信息。

**style search2.html**

```
<!DOCTYPE html>
<html>
<head>
    ...略
</head>
<body>

    <div id="container">这是一段信息</div>
    <hr>
    搜寻: <input id="search" type="text">

<script type="module">
    import x from './mods/XD-1.2.0.js';

    let doc = x(document);

    let input = doc.elemsById('search');
    let offsetWidth = input.attr('offsetWidth');
    let offsetHeight = input.attr('offsetHeight');
```

```
    let search = input.offset();

    doc.elemsById('container')
        .css({
            left  : `${search.x}px`,
            top   : `${search.y + offsetHeight}px`,
            width : `${offsetWidth}px`
        });
</script>

</body>
</html>
```

11.3.4 节的 opacity.html，可以简化为下面的范例，直接通过 fadeOut()、fadeIn()来作淡出、淡入。

**style opacity2.html**

```
<!DOCTYPE html>
<html>
<head>
    <meta charset="utf-8">
</head>
<body>

    <button id='fadeOut'>淡出</button>
    <button id='fadeIn'>淡入</button><br>
    <img src="images/caterpillar.jpg">

<script type="module">
    import {elemsById, elemsByTag} from './mods/XD-1.2.0.js';

    let image = elemsByTag('img');
    elemsById('fadeOut').addEvt('click', evt => {
        image.fadeOut();
    });

    elemsById('fadeIn').addEvt('click', evt => {
        image.fadeIn();
    });
</script>

  </body>
</html>
```

11.3.5 节的 class.html，可以简化为下面的范例，直接通过 switchClass()来作切换类名称。

**style class2.html**

```
<!DOCTYPE html>
<html>
<head>
    ...略
</head>
<body>
```

```
<img class='released' src="images/caterpillar.jpg">

<script type="module">
    import {elemsByTag} from './mods/XD-1.2.0.js';

    let logo = elemsByTag('img');
    logo.addEvt('click', evt => {
        logo.switchClass('released', 'pressed');
    });
</script>

</body>
</html>
```

来看看 Style.js 的实现概要。`css()` 函数可以使用对象来设定样式。

```
// 可通过对象以 key : value(CSS)形式来设定样式
function css(elem, props) {
    Object.keys(props)
            .forEach(name => elem.style[name] = props[name]);
}
```

Style 模块中也包含了前面看过的 `offset()`、`display()`、`none()`、`fadeOut()`、`fadeIn()` 等函数，不过稍微改写了一下，差异不大，读者可以自行阅读 Style.js 中的内容，在 class 属性的操作方面，基于 `classList` 做了点封装。

```
// 是否有指定类
function hasClass(elem, clz) {
    return elem.classList.contains(clz);
}
```

```
// 新增类
function addClass(elem, clz) {
    elem.classList.add(clz);
}
```

```
// 移除类
function removeClass(elem, clz) {
    elem.classList.remove(clz);
}
```

另外，将之前的 `switchClass()`，以及 11.3.6 节的 `Dimension`、`Coordinate` 也放入 Style 模块中，而模块导出的名称有以下这些：

```
export {css, offset, none, display, fadeOut, fadeIn};
export {hasClass, addClass, removeClass, switchClass};
export {Dimension, Coordinate};
```

虽然独立地使用 Style 模块也可以，不过这里还是将之整合入 XD 模块，完成的成果放在 mods/XD-1.2.0.js 中，并汇入相关名称。

```
import {css, offset, none, display, fadeOut, fadeIn,
        hasClass, addClass, removeClass, switchClass} from './Style.js';
```

利用这些汇入的名称，在 `ElemCollection` 添增了一些方法：

```
class ElemCollection {

    ...

    // 如果 value 为 undefined, 取得元素 style 特性上对应的样式
    // 否则在元素的 style 上设定特性
    style(name, value) {
        let elems = this.elems;
        let propName = PROPS.has(name) ? PROPS.get(name) : name;

        if(value === undefined) {
            return elems[0] ? elems[0].style[propName] : null;
        } else {
            elems.filter(
                    elem => !isTextNode(elems[0]) &&
                            !isCommentNode(elems[0])
                )
                .forEach(elem => elem.style[propName] = value);
            return this;
        }
    }

    // 取得计算样式, 不写在 style() 方法中的理由在于
    // 从计算样式与 style() 方法传回值是否为 undefined
    // 可以知道样式是来自样式表单或者是 style 设定
    // 明确化来源是其目的
    computedStyle(name, pseudoClz = null) {
        let elems = this.elems;
        let propName = PROPS.has(name) ? PROPS.get(name) : name;
        return elems[0] && !isTextNode(elems[0]) &&
                !isCommentNode(elems[0]) ?
                    window.getComputedStyle(elems[0], pseudoClz)[propName]
                    : null;
    }

    // 可通过对象以 key : value(CSS)形式来设定样式
    css(props) {
        let standardized =
         Object.keys(props)
              .reduce((acc, name) => {
                acc[PROPS.has(name) ? PROPS.get(name) : name] = props[name];
                return acc;
              }, {});

        this.elems.forEach(elem => css(elem, standardized));
        return this;
    }

    // 取得元素确实位置
    offset() {
        let elems = this.elems;
        return elems[0] ? offset(elems[0]) : null;
    }
```

```
    // 隐藏元素
    none(pesudoClz = null) {
        this.elems.forEach(elem => hide(elem, pesudoClz));
        return this;
    }

    // 显示元素
    display(pesudoClz = null) {
        this.elems.forEach(elem => show(elem, pesudoClz));
        return this;
    }

    // 淡出
    fadeOut(speed = 5000, steps = 10, pseudoClz = null) {
        this.elems.forEach(elem => fadeOut(elem, speed, steps, pseudoClz));
        return this;
    }

    // 淡入
    fadeIn(speed = 5000, steps = 10, pseudoClz = null) {
        this.elems.forEach(elem => fadeIn(elem, speed, steps, pseudoClz));
        return this;
    }

    // 第一个元素是否有指定类
    hasClass(clz) {
        let elems = this.elems;
        return elems[0] ? hasClass(elems[0], clz) : null;
    }

    // 加入类
    addClass(clz) {
        this.elems.forEach(elem => addClass(elem, clz));
        return this;
    }

    // 移除类
    removeClass() {
        this.elems.forEach(elem => removeClass(elem, clz));
        return this;
    }

    // 切换类
    switchClass(clz1, clz2) {
        this.elems.forEach(elem => toggleClass(elem, clz1, clz2));
        return this;
    }
}
```

XD-1.2.0.js 实际上是作为一个门户(Facade)，对于 Style.js 中的 Dimension 与 Coordinate 直接汇出就可以了：

```
export {Dimension, Coordinate} from './Style.js';
```

XD-1.2.0.js 作为一个门户，必须考虑到 ElemCollection 是否担负了太多职责？可否在上面添增一些方便的方法，而使得 ElemCollection 成为无所不能的超级或上帝类(God class)？

这是个必须考虑的问题，就目前来说，为了简化范例才这么做，应该让 `ElemCollection` 只处理一些基础事务。`none()`、`display()`、`fadeOut()`、`fadeIn()` 这些方法是基础事务吗？虽然目前都放在 `ElemCollection`，写程序时可以结合方法链串很方便，但它们应该并不是基础事务，而属于特效之类。

比较好的做法是，基于 XD-1.2.0.js 建构一个 `Effect` 模块来专门处理特效，将 Style.js 中 `none()`、`display()`、`fadeOut()`、`fadeIn()` 等函数放到 `Effect` 模块中，而 `ElemCollection` 上的 `none()`、`display()`、`fadeOut()`、`fadeIn()` 方法，在 `Effect` 模块中设计对象或是相关函数来处理，在必须用到特效时，可以从 `ElemCollection` 建构出特效对象，将特效的职责分离出来。有兴趣的读者，就自行尝试实现。

# 11.4　重点复习

# 11.5　课后练习

1. 虽然在浏览器中基于安全，`input` 的 `type` 为 `file` 时，程序设定的 `value`、`defaultValue` 会被忽略，但还是有办法建立 Clear 按钮，单击后用户可以清除选取的文件，请试着将之实现。

2. 请设计一个下拉菜单，选择不同的分类时，会出现不同的选项，如图 11.21 所示。

图 11.21　下拉菜单示范

# 网络通信方案 | 第 **12** 章

- 探索 XMLHttpRequest
- 封装 XMLHttpRequest
- 使用 Fetch API
- 认识 Server-Sent Events 与 WebSocket

## 12.1　**XMLHttpRequest**

令 JavaScript 成为前端开发重要角色的要素之一是 Ajax，这个名词出自于 Ajax: A New Approach to Web Applications[①]，文中表示 Ajax 全名为 Asynchronous JavaScript + XML，也就是非同步 JavaScript 结合 XML 的概念，XML 是用来交换结构化数据的格式(XML 并非当时唯一可用的格式)。

在 Ajax 兴起之前，传统窗体提交、超链接点击，浏览器是以同步方式传送请求、等待服务器响应数据，然后进行换页动作，在数据提交期间，用户只能等待，在数据响应之后，就算实际上只需更新某区块，使用者也会得到整个 HTML 页面。

若可以把请求改为异步，发出请求后，浏览器不用等候服务器响应，用户可在页面中进行其他操作，在浏览器收到响应后，回头调用指定的函数进行处理，例如利用 DOM 操作更新页面某个区块，这就打开了各种可能的互动模式，也就是 Ajax 概念兴起至今前端经历过的景象。

### 12.1.1　初探 **XMLHttpRequest** 实例

就现今而言，浏览器上有多种方案可以发起异步请求，**XMLHttpRequest** 是其中之一，

---

① Ajax: A New Approach to Web Applications：bit.ly/1TkDnBG

尽管年份上相对来说古老许多，但其可以控制较多的细节，并非过时的方案，XMLHttpRequest 实例常用的方法如下。

- open(method, url, [asynch, username, password]) 打开对服务器的联机；method 用来指定 HTTP 请求方法；url 为服务器地址，如果是 GET 请求的话，可附加请求查询字符串；asynch 为异步设定，默认是 true，表示使用异步方式，username、password 视服务器有无要求验证而设置。

- setRequestHeader(header, value)
  设定请求标头，在执行 open() 之后调用。

- send(content)
  对服务器传送请求，open() 的 method 指定为 'GET' 时，content 可设为 null，表示请求本体无数据，指定 'POST' 时，content 可放在请求本体发送(例如字符串、XML、JSON 格式等)。

- abort()
  用来中断请求。

- getAllResponseHeaders()
  传回一个字符串，包含全部的响应标头。

- getResponseHeader(header)
  指定回应标头名称，传回对应的值。

open() 方法的第三个参数通常保留默认值 true，若想以同步方式发出请求，可以设为 false。若想知道目前请求对象状态，可以在调用 open() 方法之前，对 readystatechange 事件设置处理器函数。只要有状态变化，就会调用处理器。

通常会在 **readystatechange** 事件的处理器函数中，检测 XMLHttpRequest 对象的状态，状态可借助 **readyState** 特性取得，特性值可通过 XMLHttpRequest 常数名称取得。

- XMLHttpRequest.UNSENT
  XMLHttpRequest 对象已创建。

- XMLHttpRequest.OPENED
  已成功调用 open() 方法，在这个状态下，可以使用 setRequestHeader()，而后调用 send() 方法。

- XMLHttpRequest.HEADERS_RECEIVED
  在调用过 send() 方法且接收到回应标头的状态。

- XMLHttpRequest.LOADING
  正在接收回应本体。

- XMLHttpRequest.DONE
  服务器响应结束，可能是数据传输完成，或者是传送过程因发生错误而中断(例如检测到无限重导)。

　　偶尔也会针对 XMLHttpRequest.LOADING 来进行处理，例如接收到一个持续响应的数据串流，如仿真服务器推播的时候；但在多数情况下，只会对 readyState 为 XMLHttpRequest.DONE 时进行处理，XMLHttpRequest 对象的 status 表示 HTTP 响应状态代码。例如：

```
let request = new XMLHttpRequest();
request.onreadystatechange = function(evt) {
    let xhr = evt.target;
    if(xhr.readyState === XMLHttpRequest.DONE && xhr.status === 200) {
        // 对成功响应作处理
    }
};
request.open('GET', 'data.txt');
request.send(null);
```

　　readystatechange 事件处理器的第一个参数会接收 Event 实例，其 **target** 特性会是 XMLHttpRequest 实例，可以使用 statusText 取得响应状态代码代表的文字信息，而 XMLHttpRequest 的 responseText 可取得服务器的响应文字，服务器响应时若没有指明字符集(例如 Content-Type: text/html; charset=UTF-8 之类)，**responseText 默认会使用 UTF-8**。

　　**如果响应是 XML，服务器必须指定响应标头 Content-Type 为 text/xml**，这时可以使用 XMLHttpRequest 的 **responseXML** 取得解析后的 XML DOM 对象。

　　下面是异步取得数据的完整流程示范，请求的纯文本文件包括中文，保存为 UTF-8 格式。

**xhr XMLHttpRequest.txt**
```
<table style="text-align: left; width: 100%;"
       border="1" cellpadding="2" cellspacing="2">
<tbody>
    <tr>
        <td style="vertical-align: top;">标题一</td>
        <td style="vertical-align: top;">标题二</td>
        <td style="vertical-align: top;">标题三</td>
        <td style="vertical-align: top;">标题四</td>
    </tr>
    <tr>
        <td style="vertical-align: top;">资料 1</td>
        <td style="vertical-align: top;">资料 3</td>
        <td style="vertical-align: top;">资料 5</td>
        <td style="vertical-align: top;">资料 7</td>
    </tr>
    <tr>
        <td style="vertical-align: top;">资料 2</td>
        <td style="vertical-align: top;">资料 4</td>
        <td style="vertical-align: top;">资料 6</td>
        <td style="vertical-align: top;">资料 8</td>
    </tr>
</tbody>
```

可以看出这是个 HTML 片段，而下面的范例在单击按钮后，会建立 XMLHttpRequest 实例发出请求，在取得纯文本的响应后，通过 DOM 元素的 innerHTML 来解析 HTML 片段，最后显示出表格作为画面响应(别忘了启动 HTTP 服务器，可参考 10.1.4 节内容)。

**xhr XMLHttpRequest.html**

```
<button>取得表格</button>
<div></div>

<script type="module">
    document
        .querySelector('button')
        .addEventListener('click', () => {
            let request = new XMLHttpRequest();

            request.onreadystatechange = function(evt) {
                let xhr = evt.target;
                if(xhr.readyState === XMLHttpRequest.DONE) {
                    if(xhr.status === 200) {
                        document.querySelector('div')
                                .innerHTML = xhr.responseText;
                    }
                }
            };

            request.open('GET', 'XMLHttpRequest.txt');
            request.send(null);
        });
</script>
```

在 XMLHttpRequest 的规范中，都是用传统事件模型的方式描述事件(不少前端的 API 规范也是如此)，但为了与 DOM 标准事件模型一致，现代浏览器在实现 XMLHttpRequest 时，也会实现 addEventListener()、removeEventListener()方法。

为了与标准一致，本章范例基本上遵循规范中的描述方式，稍后会谈到如何对 XMLHttpRequest 的操作进行封装，届时也会实现类似 DOM 标准事件模型的注册方式。

说到 XMLHttpRequest 规范，早期 XMLHttpRequest 并非标准接口，就历史上来说，异步对象的概念始于 Microsoft 为 Exchange Server 建立的 Outlook Web Access，后来被定义为 IXMLHTTPRequest 接口，并在 MSXML 链接库的第二版中实现，1995 年的 Internet Explorer 5.0 搭载了该链接库，可通过 ActiveXObject，指定'XMLHTTP'建立实例来存取。

**提示 >>>** 本书不涉及 ActiveXObject 指定'XMLHTTP'来建立异步请求，有兴趣的读者，可以参考笔者写的旧版文件《建立异步对象》[①]。

Mozilla 后来在 Gecko 样版引擎仿造了类似的接口 nsIXMLHttpRequest，行为上类似 IXMLHTTPRequest 接口，而后 Mozilla 建立了 XMLHttpRequest 对象，在 2002 年 Gecko 1.0

---

① 《建立异步对象》：openhome.cc/Gossip/JavaScript/XMLHttpRequest.html.

中获得了完整实现，在 Internet Explorer 之外的其他主流浏览器上，XMLHttpRequest 成了产业标准，Internet Explorer 从 2006 年的 7.0 之后，也开始支持 XMLHttpRequest。

Ajax 的概念风行之后，W3C 在 2006 年开始着手进行 XMLHttpRequest 的标准化，目标是在当时的实现中，取得可互通的最小集合。

然而，由于 HTML5 概念的成形，W3C 考虑进化 XMLHttpRequest，在 2008 年发布了曾经被称为 XMLHttpRequest 2 或 XMLHttpRequest Level 2 的草案，其中包含了 XMLHttpRequest 的一些扩充功能，如支持 load、loadstart、progress、abort、error、timeout、loadend 事件、CORS、FormData 上传文件等。

XMLHttpRequest 在进行标准化的同时，又推动着 XMLHttpRequest Level 2，令人容易混淆。在 2011 年时，XMLHttpRequest Level 2 草案被纳入了原本的 XMLHttpRequest 规范中，成为 XMLHttpRequest Level 1 规范的内容，而曾经的 XMLHttpRequest Level 2 草案就被废弃了，现行的 XMLHttpRequest 规范，可以在 XMLHttpRequest[①]找到。

例如，就之前的 XMLHttpRequest.html 范例来说，可以使用 load 事件改写。

**xhr XMLHttpRequest2.html**

```
<button>取得表格</button>
<div></div>

<script type="module">

    document
        .querySelector('button')
        .addEventListener('click', () => {
            let request = new XMLHttpRequest();

            request.onload = function(evt) {
                let xhr = evt.target;
                if(xhr.status === 200) {
                    document.querySelector('div')
                        .innerHTML = xhr.responseText;
                }
            };

            request.open('GET', 'XMLHttpRequest.txt');
            request.send(null);
        });
</script>
```

也就是说，load 事件就是在 XMLHttpRequest 实例的 readyState 为 XMLHttpRequest.DONE 时触发，实际上 XMLHttpRequest.DONE 等常数，也是 XMLHttpRequest 标准化后才予以定义。

---

① XMLHttpRequest：xhr.spec.whatwg.org/.

> 提示 »» 无疑，使用 XMLHttpRequest，或者 12.2 节要介绍的 Fetch API 等进行网络请求，必须对 HTTP 有基础认识，本书附录 A 中包含了 HTTP 的一些基本介绍。

XMLHttpRequest 标准化后支持跨域请求，至于是否能取得响应，要看服务器是否支持 CORS，这在 10.1.7 节介绍过；对于操作 XMLHttpRequest 来说，非同源的请求不用做任何额外动作，一切都由浏览器来处理。

> 提示 »» 在标准化前，XMLHttpRequest 无法发出非同源请求，跨域请求的需求，是通过 JSONP 的技法来达成，现在并不建议使用这种技法，不过有兴趣的话，可以看看笔者写的旧文件《使用 JSONP 跨域请求》[①]。

## 12.1.2 使用 **GET** 请求

HTTP 定义 GET 应用于安全(Safe)操作，服务器处理 GET 请求时，必须避免非预期的结果。就规范而言，GET 与 HEAD(与 GET 同为取得信息，不过仅取得响应标头)对使用者来说是"取得"信息，不应用来"修改"与用户相关的信息，如进行转账之类的动作。

HTTP 的规范中，GET 也应用于**等幂(Idempotent)**操作，也就是在提供相同的请求信息下，单一请求产生的结果，与请求多次的结果必须是相同的。

如果使用传统窗体发送 GET 请求，GET 的请求参数会出现在网址列；但在使用 XMLHttpRequest 时，GET 的请求参数并不会出现在网址列，在这种情况下，使用者无法将请求参数当作书签网址列的一部分。

### 1. 发送请求参数

想使用 XMLHttpRequest 通过 GET 发送请求参数，只要在 open() 的 url 附加请求参数字符串，而 send() 的自变量设为 null 即可(因为没有请求本体内容)。例如：

**xhr books.html**

```
图书: <br>
<select>
    <option>-- 选择分类 --</option>
    <option value="theory">理论基础</option>
    <option value="language">程序语言</option>
    <option value="web">网页技术</option>
</select><br><br>
采购: <div></div>

<script type="module">
    document
        .querySelector('select')
        .addEventListener('change', evt => {    ←── ❶ 注册 change 事件
            let request = new XMLHttpRequest();
```

---

① 《使用 JSONP 跨域请求》：openhome.cc/Gossip/JavaScript/JSONP.html.

```
request.onload = function(evt) {
    let xhr = evt.target;
    if(xhr.status === 200) {
        document.querySelector('div')
                .innerHTML = xhr.responseText;
    }
};
```
❷ 组成请求参数
```
let time = Date.now();
let url = `books?category=${evt.target.value}&time=${time}`;
request.open('GET', url);
request.send(null);

    }, false);
</script>
```

这个例子是下拉菜单，第二个菜单的选项是根据第一个菜单的选项而定，网页中没有写死第二个菜单的选项，第一个菜单发生 change 事件时❶，取得选项的 value 来组成请求参数❷，其中包含了时间戳，目的是令每次的 URL 不同，以避免浏览器从快取中直接取得结果。

在使用 XMLHttpRequest、Fetch API 等进行网络请求时，**服务器采用哪种技术，基本上与前端无关，重点会摆在服务器期待收到哪种请求，浏览器又会收到什么响应**，这时开发人员工具的 Network 页签就很重要了，例如在菜单中选择之后可以看到如图 12.1 所示。

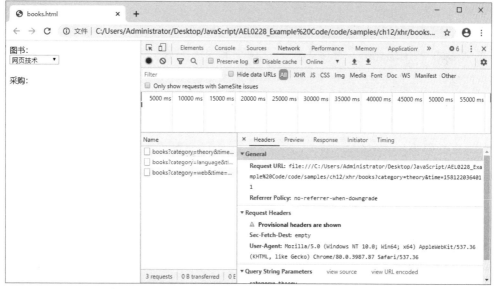

图 12.1　开发人员工具的 Network 页签

可以看到请求与响应的标头相关细节，若想看看服务器响应的文字内容，可以切换至 Response，如图 12.2 所示。

由于在这个范例中，服务器响应的文字内容，实际上是个 HTML 片段，设定给 div 的 innerHTML 的结果，就显示新菜单，如图 12.3 所示。

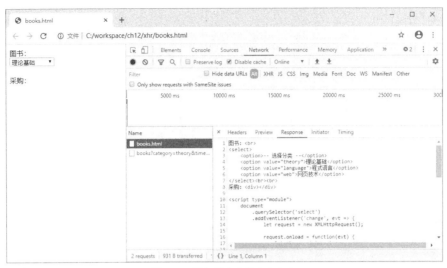

图 12.2　服务器响应的文字内容

图 12.3　范例执行结果

在 Ajax 的应用场合中，直接传回 HTML 片段并不是好方式，因为服务器限制了客户端的页面设计。这个范例只是用来示范 GET 的请求发送，之后会看到若传回 XML 或 JSON 等中性的数据格式，客户端有自行决定页面设计方式的弹性。

## 2. 编码请求参数

在发送请求时，因为/、?、@、空白等字符，在 URL 中是保留字符，RFC 3986[①]规范了保留字符，若要在 URL 表达这些保留字或其他非的 ASCII 的字符，必须使用%hexhex 编码形式，又称百分比编码(**Percent-Encoding**)。

例如请求参数 `url=https://openhome.cc`，必须处理为 `url=https%3A%2F%2Fopenhome.cc`，其中%3A%2F%2F 分别就是://这 3 个字符编码处理后的结果。

在 JavaScript 中，可以使用 `encodeURIComponent()` 为字符编码，编码后的结果是遵循 RFC 3986 的规范。但在 **RFC 3986** 之前，**HTTP** 也规范了 GET 与 POST 在发送请求参数时的编码，基本上与 **RFC 3986** 相同，不过空格符是编码为+而不是 **RFC 3986** 规范的 %20。

如果是浏览器发送窗体的默认行为，浏览器依网页采用的编码来做HTTP规范的编

---

① RFC 3986：tools.ietf.org/html/rfc3986.

码，空格符编码为+，然而通过XMLHttpRequest发送请求参数时，若使用
encodeURIComponent()编码，事后必须将%20取代为+，以符合**HTTP**的规范。例如：

```
function params(paraObj) {
    return Object
              .keys(paraObj)
              .map(name => {
                  let paraName = encodeURIComponent(name);
                  let paraValue = encodeURIComponent(paraObj[name]);
                  return `${paraName}=${paraValue}`.replace(/%20/g, '+');
              })
              .join('&');
}
```

这个params()函数接受对象，特性名称会作为请求参数名称，特性值为请求参数值，在分别使用encodeURIComponent()编码以后，再进一步通过规则表示式，将%20取代为+了。

在字符串处理方面，2.2.1节介绍过，JavaScript内部实现上使用UTF-16码元作为字符串的元素，不过encodeURIComponent()的传回值，是将字符串处理为UTF-8编码后，再进行百分比编码，因此encodeURIComponent()的结果在发送给服务器后，服务器必须以UTF-8来处理接收到的字符串。

下面这个范例是GET的另一个示范，在新增书签时，若URL已重复(服务器既有的书签记录是https://caterpillar.onlyfun.net 与 https://openhome.cc)会提示信息，则：

**Lab** **xhr bookmarks.html**

```
新增书签: <br>
网址: <input name="url" type="text">
<span style="color:red"></span><br>
名称: <input name="name" type="text">

<script type="module">
    // 组合与编码请求参数
    function params(paraObj) {
        ...同前...略...
    }

    function get(url, loadHandler) {            ◀——❶ 封装 GET 请求细节
        let request = new XMLHttpRequest();
        request.onload = function() {
            if(request.status === 200) {
                ok(request);
            }
        };
        request.open('GET', url);
        request.send(null);
    }

    document
        .getElementsByName('url')[0]
        .addEventListener('blur', evt => {       ◀——❷ 在字段失焦时执行处理器
            let query = params({                 ◀——❸ 建立查询字符串
                url: evt.target.value,
```

```
            time: Date.now()
        });
        get(`bookmarks?${query}`, xhr => {   ←——❹ 发出 GET 请求
            document.querySelector('span').innerHTML =
                xhr.responseText === 'true' ? 'URL 已存在' : '';
        });
    }, false);
</script>
```

XMLHttpRequest 是低级 API，在发出同类型请求时很容易出现重复的流程，适当地予以封装是不错的想法，这里示范了一种封装方式，将 GET 请求的细节封装为 get() 函数❶，为了要实时地检查输入的 URL，可以在字段失焦的 blur 事件发生时❷，建立查询字符串❸并发出 GET 请求❹，服务器若响应'true'字符串，表示书签已存在，这时显示对应的提示信息。

如图 12.4 所示是执行的示范，可以看到开发人员工具的 Network 页签中，也可以检查发出的查询字符串。

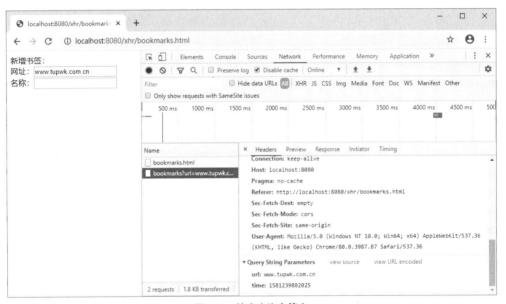

图 12.4　检查查询字符串

范例中的 get() 函数是一种封装风格，如果在 get() 取得结果之后，想再使用 get() 发出请求，就可能产生回调地狱的问题；另一种封装风格是运用 Promise，在稍后会看到实现的方式。

## 12.1.3　使用 POST 请求

HTTP 定义 POST 用于非等幂操作，若请求有副作用，多次 POST 请求的结果可以不同，POST 为非安全操作，常用来改变服务器状态，运用的场景是新增数据库的内容、上传文件等。

若要用 XMLHttpRequest 发送 POST，可以在调用 open() 方法时，将第一个参数设为 'POST'，之后使用 **setRequestHeader()** 设定内容类型，这是因为 POST 发送的数据不一定是 key=value 形式，必须告知服务器数据类型为何，服务器才能处理收到的数据，接着在调用 send() 时，将发送的数据作为自变量传入，这是因为 POST 的资料会放在请求本体。

例如，若发送窗体类型数据，必须设置请求标头 **Content-Type** 为 **application/x-www-form-urlencoded**，以下是个示范。

```
let url = 'somewhere';
let queryString = 'a=10&b=20';
let xhr = new XMLHttpRequest();
xhr.open('POST', url);
xmlHttp.setRequestHeader(
    'Content-Type',
    'application/x-www-form-urlencoded'
);
xhr.send(queryString);
```

放在 POST 本体中的数据，也有可能是其他格式，例如 XML 或 JSON 等，必须设定不同的 Content-Type 标头，这在稍后会介绍到。

在 12.1.2 节介绍过，XMLHttpRequest 是低级 API，12.1.1 节中也说过，可以封装 XMLHttpRequest，实现类似 DOM 标准事件的注册方式，为了方便之后的范例撰写，这里就来进行初步的封装。

```
function params(paraObj) {
    之前 12.1.2 节介绍过的 params 实现...略...
}

class XHR {
    constructor() {
        let xhr = new XMLHttpRequest();

        // 支持的事件类型
        let evtTypes = ['loadstart', 'progress', 'abort',
                        'error', 'load', 'time', 'loadend'];

        // 管理事件处理器的一组 Set
        let handlers = evtTypes.reduce((handlers, evtType) => {
            handlers[evtType] = new Set();
            return handlers;
        }, {});

        evtTypes.forEach(evtType => {
            xhr[`on${evtType}`] = function(evt) {
                // 逐一调用已注册的处理器
                handlers[evtType].forEach(
                    handler => handler.call(xhr, evt));
            };
        });

        this.xhr = xhr;
```

```
        this.handlers = handlers;
    }

    // 注册事件处理器
    addEvt(evtType, handler) {
        this.handlers[evtType].add(handler);
        return this;
    }

    // 移除事件处理器
    removeEvt(evtType, handler) {
        this.handlers[evtType].delete(handler);
        return this;
    }

    // 封装 XMLHttpRequest 的 open() 方法
    // 如果指定了第三个参数，会自动进行 URL 编码
    open(method, url, query,
        async = true, username = null, password = null) {
        let openUrl = query ? `${url}?${params(query)}` : url;
        this.xhr.open(method, openUrl, async, username, password);
        return this;
    }

    // 封装 XMLHttpRequest 的 setRequestHeader() 方法
    addHeaders(headers) {
        Object
        .keys(headers)
        .forEach(name => this.xhr.setRequestHeader(name, headers[name]));
        return this;
    }

    // 封装 XMLHttpRequest 的 send() 方法
    send(body = null) {
        this.xhr.send(body);
        return this;
    }
}
```

这个XHR类，就像XMLHttpRequest的加强版，但没有完全隐藏XMLHttpRequest操作流程，主要是为了能在操作时可以运用方法链，实现出流畅风格。

来看看12.1.2节的bookmarks.html，若改用POST并使用这个XHR的话，如下撰写：

 **xhr bookmarks2.html**

```
新增书签: <br>
网址: <input name="url" type="text">
<span style="color:red"></span><br>
名称: <input name="name" type="text">

<script type="module">
    function params(paraObj) {
        ...略
    }
```

```
class XHR {
    ...略
}

document
    .getElementsByName('url')[0]
    .addEventListener('blur', evt => {
        let query = params({
            url: evt.target.value
        });

        new XHR()
            .addEvt('load', evt => {
                let xhr = evt.target;
                if(xhr.status === 200) {
                    document.querySelector('span').innerHTML =
                        xhr.responseText === 'true' ? 'URL 已存在' : '';
                }
            })
            .open('POST', 'bookmarks')
            .addHeaders({
                'Content-Type': 'application/x-www-form-urlencoded'
            })
            .send(query);
    }, false);
</script>
```

能不能像 12.1.2 节，也为 POST 实现个 post() 函数呢？可以。稍后来看看怎么实现，届时会结合 Promise，封装 XMLHttpRequest 的回调风格。

## 12.1.4 上传文件

在 XMLHttpRequest 标准化之前，要以 XMLHttpRequest 来上传文件，各家浏览器各出奇招，在 XMLHttpRequest 标准化之后可以结合 **FormData** 进行文件上传。

FormData 可以用来收集窗体信息，如果有个 form 代表窗体的 DOM 对象，可以直接作为 FormData 创建之用。

```
let formData = new FormData(form);
```

或者是在创建 FormData 实例之后，自行设定窗体属性：

```
let formData = new FormData();
formData.append('username', 'Justin');
formData.append('password', '123456');
```

使用 XMLHttpRequest 进行 POST，调用 send() 方法时，可以将 FormData 实例当成自变量传入，这时请求标头 **Content-Type** 会自动设为 **multipart/form-data**，若只是使用 FormData 作为窗体串行化时的简便 API，服务器必须能处理 multipart/ form-data 内容，而不是单纯通过请求参数的 API 来取得相关请求参数。

如果窗体中有 type 为"file"的 input 卷标，当窗体 DOM 对象被当成 FormData 创建

时的自变量，FormData 实例可以用来进行文件上传；如果是使用 FormData 的 append()
方法，可以加入 type 为"file"的 input 标签选取的文件。例如只选取一个文件的情况，
可以如下撰写：

```
let photo = document.getElementById('photo');
let formData = new FormData();
formData.append('photo', photo.files[0]);
```

以下范例是简单的文件上传。

**xhr upload.html**

```
<form action="upload" method="post" enctype="multipart/form-data">
    照片: <input type="file" name="photo"/><br>
    <button>上传</button>
</form>
<span></span>

<script type="module">
    function params(paraObj) {
        ...同前...略...
    }

    class XHR {
        ...同前...略...
    }

    document
        .querySelector('button')
        .addEventListener('click', evt => {
            evt.preventDefault();

            new XHR().addEvt('load', evt => {
                if(evt.target.status === 200) {
                    document.querySelector('span')
                            .innerHTML = '文件上传成功';
                }
            })
            .open('POST', 'upload')
            .send(new FormData(document.querySelector('form')));
        }, false);
</script>
```

**注意 >>>** 通过这个范例上传文件成功的话，会以上传文件的档名来保存文件，这只是为了便于查看上传
是否成功；就安全考虑来说，并不建议这么做，开放文件上传本身就有许多安全上的风险，就
后端实现而言，应该阅读一下 Unrestricted File Upload[1] 进一步了解文件上传时有哪些安全考虑。

如果想实现文件上传进度的显示，并不是使用 XMLHttpRequest 的 progress 事件，而
是通过 **XMLHttpRequestUpload** 的 progress 事件，前者是有关于 HTTP 响应的进度，后

---

[1] Unrestricted File Upload：www.owasp.org/index.php/Unrestricted_File_Upload.

者才是关于文件上传的进度，每个 XMLHttpRequest 实例会关联一个
XMLHttpRequestUpload 实例，可通过 XMLHttpRequest 实例的 upload 特性取得，想实现
上传进度，可以如下撰写：

```
xhr.upload.onprogress = function(evt) {
    console.log(evt.lengthComputable); // 可否取得长度信息
    console.log(evt.loaded);           // 已处理的长度
    console.log(evt.total);            // 总长度
};
```

在 标 准 规 范 中 ， XMLHttpRequest 与 XMLHttpRequestUpload 都 继 承 了
XMLHttpRequestEventTarget 界面，XMLHttpRequestEventTarget 规范了 loadstart、
progress、abort、error、load、timeout、loadend 等事件，而 XMLHttpRequestUpload
单纯继承 XMLHttpRequestEventTarget，什么也没新增，XMLHttpRequest 在继承之后，
增加了 readystatechange 事件，以及 open()、send() 等方法。

这里就基于类似的继承架构，对 XMLHttpRequestUpload、XMLHttpRequest 进行封装，
并建立为 Ajax 模块。

**xhr mods/Ajax.js**

```
function params(paraObj) {
    return Object
            .keys(paraObj)
            .map(name => {
                let paraName = encodeURIComponent(name);
                let paraValue = encodeURIComponent(paraObj[name]);
                return `${paraName}=${paraValue}`.replace(/%20/g, '+');
            })
            .join('&');
}

class XHREventTarget {
    constructor(xhr) {
        let evtTypes = ['loadstart', 'progress', 'abort',
                        'error', 'load', 'time', 'loadend'];

        let handlers = evtTypes.reduce((handlers, evtType) => {
            handlers[evtType] = new Set();
            return handlers;
        }, {});

        evtTypes.forEach(evtType => {
            xhr[`on${evtType}`] = function(evt) {
                handlers[evtType].forEach(
                    handler => handler.call(xhr, evt));
            };
        });

        this.xhr = xhr;
        this.handlers = handlers;
    }
```

```javascript
    addEvt(evtType, handler) {
        this.handlers[evtType].add(handler);
        return this;
    }

    removeEvt(evtType, handler) {
        this.handlers[evtType].delete(handler);
        return this;
    }
}

class XHRUpload extends XHREventTarget {
    constructor(xhr) {
        super(xhr);
    }
}

class XHR extends XHREventTarget {
    constructor() {
        super(new XMLHttpRequest());

        let xhr = this.xhr;
        let handlers = this.handlers;
        handlers['readystatechange'] = new Set();

        xhr.onreadystatechange = function(evt) {
            handlers['readystatechange']
                .forEach(handler => handler.call(xhr, evt));
        };
    }

    open(method, url, query,
         async = true, username = null, password = null) {
        let openUrl = query ? `${url}?${params(query)}` : url;
        this.xhr.open(method, openUrl, async, username, password);
        return this;
    }

    addHeaders(headers) {
        Object.keys(headers)
            .forEach(
                name => this.xhr.setRequestHeader(name, headers[name]));
        return this;
    }

    send(body = null) {
        this.xhr.send(body);
        return this;
    }

    uploadXHR() {
        if(this.upload === undefined) {
            this.upload = new XHRUpload(this.xhr.upload);
        }
        return this.upload;
    }
```

```
    // 封装 responseType 特性, 12.1.5 说明
    responseType(type) {
        if(type === undefined) {
            return this.xhr.responseType;
        }
        this.xhr.responseType = type;
        return this;
    }

    // 封装 response 特性, 12.1.5 说明
    response() {
        return this.xhr.response;
    }
}

export{params, XHR};
```

在这个范例中，XHREventTarget 封装了 loadstart、progress、abort、error、load、timeout、loadend 等事件，而 XHRUpload 单纯继承 XHREventTarget，什么也没新增，XHR 在继承之后，封装了 readystatechange 事件，以及 open()、send() 等方法，若要取得 XHRUpload 实例，是通过 uploadXHR() 方法。

　　下面的范例，运用了 Ajax 模块来进行文件上传，并使用 HTML5 的 progress 标签来实现上传进度列。

 **xhr upload2.html**

```
<form action="upload" method="post" enctype="multipart/form-data">
    照片: <input type="file" name="photo"/><br>
    <button>上传</button>
</form>
<progress value="0" max="100"></progress> <span></span>

<script type="module">
    import {XHR} from './mods/Ajax.js';

    function uploadProcess(xhr) {
        let progress = document.querySelector("progress");
        xhr.uploadXHR().addEvt('progress', evt => {
            if(evt.lengthComputable) {
                progress.value = evt.loaded / evt.total * 100;
            }
        })
        .addEvt('loadend', evt => {
            progress.value = 100;
        });
    }

    document
        .querySelector('button')
        .addEventListener('click', evt => {
            evt.preventDefault();

            let xhr = new XHR();
```

```
            uploadProcess(xhr);

            xhr.addEvt('load', evt => {
                if(evt.target.status === 200) {
                    document.querySelector('span')
                            .innerHTML = '文件上传成功';
                }
            })
            .open('POST', 'upload')
            .send(new FormData(document.querySelector('form')));
        }, false);
</script>
```

这个范例与之前的 upload.html 类似，主要差异在 uploadProcess() 函数处理了进度列
的显示，文件上传结束，会引发 loadend 事件，这时将 progress 的 value 设为 progress
的 max 就可以了。

## 12.1.5　responseXML、response

Ajax 全名为 Asynchronous JavaScript + XML，其中有 XML 字样的原因，或许是因为当
年要表示结构化数据，XML 仍是主要的格式。在 XMLHttpRequest 标准化前，确实有个
responseXML 特性，可以在解析响应的 XML 后建立 DOM 对象。就现今来说，响应的类型
多样化，在 XMLHttpRequest 标准化后，可通过 **responseType** 来设定响应的类型，并从
**response** 取得回应。

### 1. responseXML

如果要用 XMLHttpRequest 交换具有复杂阶层的数据，XML 是选择之一(但如今已不
是最好的选择)。若要传送 XML，只需将数据组织为 XML 格式的字符串，open() 时使用
'POST'，并设定请求标头 **Content-Type** 为 **text/xml**，使用 send() 方法时将 XML 字符串
作为自变量。以下是一个简单的示范。

```
function toXML(data) {
    let xml = Object.keys(data)
                    .map(name => `<${name}>${data[name]}</${name}>`)
                    .join('');
    return `<data>${xml}</data>`;
}

let data = {
    x : 10,
    y : 20,
    z : 30
};

let request = new XMLHttpRequest();
// handleStateChange 参考至函数
request.onreadystatechange = handleStateChange;
request.open('POST', url);
request.setRequestHeader('Content-Type', 'text/xml');
request.send(toXML(data));
```

上面这个例子，服务器收到的 XML 字符串如下(加上了排版)：

```
<data>
    <x>10</x>
    <y>20</y>
    <z>30</z>
</data>
```

如果服务器传回 XML 字符串，可以使用 `XMLHttpRequest` 的 `respnseXML` 解析后的 DOM 对象。例如在 12.1.2 节的 books.html 范例中，将传回的 HTML 字符串设为 `div` 的 `innerHTML`，服务器写死了客户端的 HTML 外观，但可以改传回 XML，由客户端取出数据，自行决定外观处理。

例如，若服务器传回的 XML 格式如下：

```
<?xml version="1.0" encoding="UTF-8"?>
<select>
    <option value="algorithm">常见演算</option>
    <option value="graphic">计算机图学</option>
    <option value="pattern">设计模式</option>
</select>
```

下面这个范例，通过 `responseXML` 取得 DOM 对象，然后走访各个节点，在取得选项相关信息后，建立菜单并附加至 HTML 的 DOM 树。为了便于与 12.1.2 节的 books.html 范例对照，此处暂不使用 XD、Ajax 模块。

**xhr books2.html**

```
图书: <br>
<select>
    <option>-- 选择分类 --</option>
    <option value="theory">理论基础</option>
    <option value="language">程序语言</option>
    <option value="web">网页技术</option>
</select><br><br>
采购: <div></div>

<script type="module">
    function createSelect(xml) {
        let select = document.createElement('select');
        let options = xml.getElementsByTagName('option');
        Array.from(options)
            .map(option => {
                return new Option(
                    option.textContent,
                    option.getAttribute('value')
                );
            })
            .forEach(option => select.add(option));
        return select;
    }

    document
```

```
            .querySelector('select')
            .addEventListener('change', evt => {
                let request = new XMLHttpRequest();

                request.onload = function(evt) {
                    let xhr = evt.target;
                    if(xhr.status === 200) {
                        let div = document.querySelector('div');
                        // 移除既有的菜单
                        if(div.firstChild) {
                            div.removeChild(div.firstChild);
                        }
                        div.appendChild(
                            createSelect(xhr.responseXML)
                        );
                    }
                };

                let time = Date.now();
                let url = `books2?category=${evt.target.value}&time=${time}`;
                request.open('GET', url);
                request.send(null);

            }, false);
</script>
```

## 2. response

在 XMLHttpRequest 标准化前，仅提供 responseText 与 responseXML 特性，若想接收其他格式，例如 JSON，要以 responseText 取得纯文件数据，然后使用 JSON API 解析为 JavaScript 对象，若要取得二进制数据，必须在执行 XMLHttpRequest 实例的 overrideMimeType() 方法时指定 'text/plain; charset=x-user-defined'，取得 responseText 之后，要通过字符串的 charCodeAt() 取得字符，并处理为二进制数值，十分不方便。

在 XMLHttpRequest 标准化后，增加了 responseType 特性，可以用来决定 response 的响应型态，responseType 可设定的数值有'arraybuffer'、'blob'、'document'、'json' 与'text'，默认值为空字符串，通过 response 特性取得的对应型态，分别是 ArrayBuffer、Blob、Document(XML 解析后的结果)、JSON 响应解析后的对象与字符串。

以刚才的 books2.html 为例，可以将 change 事件的处理器中的程序片段进行如下修改，效果相同。

```
...
let request = new XMLHttpRequest();
request.responseType = 'document';
request.onload = function(evt) {
    let xhr = evt.target;
    if(xhr.status === 200) {
        let div = document.querySelector('div');
        if(div.firstChild) {
```

```
            div.removeChild(div.firstChild);
        }
        div.appendChild(
            createSelect(xhr.response)
        );
    }
};
...
```

以接收 JSON 为例,若想实现输入字段的关键词提示,关键词列表以 JSON 格式传回:

```
{"keywords":["justin","java","javascript"]}
```

可以使用下面的范例(其中搭配了 HTML5 的 datalist 标签)来实现。

**xhr suggest.html**

```
<hr>
搜索: <input list="word">
<datalist id="word"></datalist>

<script type="module">
    import x from './mods/XD-1.2.0.js';
    import {XHR} from './mods/Ajax.js';

    let doc = x(document);
    let input = doc.elemsByTag('input');

    input.addEvt('keyup', evt => {
        let keyword = input.val();
         // 没有输入值, 直接结束
        if(keyword === '') {
            return;
        }

        new XHR()
          .responseType('json') // 回应是 JSON
          .addEvt('load', evt => {
              let xhr = evt.target;
              if(xhr.status === 200) {
                  // response 会是 JSON 解析后的对象
                  let response = xhr.response;
                  doc.elemsById('word')
                     .html(
                         response.keywords
                           .map(keyword => `<option value="${keyword}">`)
                           .join('')
                     );
              }
          })
          .open('GET', 'suggest', {keyword})
          .send();
    });
</script>
```

为了简化范例的撰写,这里使用了 11.3.7 节的 XD-1.2.0.js,并利用了 12.1.4 节的 Ajax

模块，XHR 实例的 `responseType()` 方法封装了 `XMLHttpRequest` 的 `responseType`，若指定字符串作为自变量，可以设定响应类型，这么一来，就可以从 `response` 特性取得解析后的 JavaScript 对象。

如图 12.5 所示是范例的执行结果(服务器可搜索的关键词有 c 与 j 开头的字符串)。

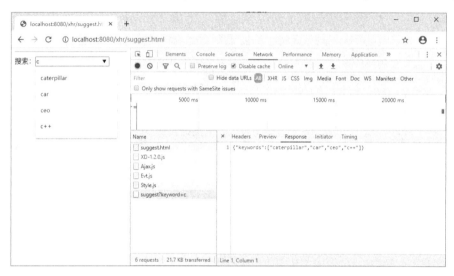

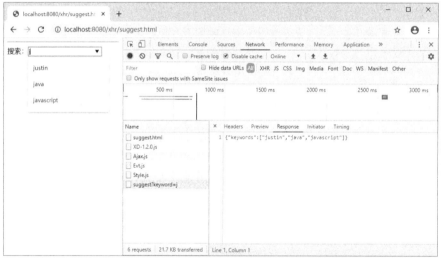

图 12.5　关键词提示

若想以 POST 传送 JSON 给服务器，可以运用 JSON API 来建立 JSON 字符串，放在 `XMLHttpRequest` 的 `send()` 作为自变量，请求标头 `Content-Type` 建议设为 **application/json**。

## 12.1.6　封装 **XMLHttpRequest** 操作

实际上，在 12.1.4 节就对 `XMLHttpRequest` 的相关操作做了些封装，也就是 Ajax 模块中的程序代码。由于经常使用 `XMLHttpRequest` 做些简单的 `GET` 或 `POST`，为了方便，可以在 Ajax.js 中定义 `get()`、`post()` 函数。

```
// 方便的 get 函数，用于 GET 请求
function get(url,
        {headers = {}, query = {}, responseType = '', handlers = {}}) {
    return ajax({
        method : 'GET',
        url,
        headers,
        query,
        responseType,
        handlers
    });
}

// 方便的 post 函数，用于 POST 请求
function post(url,
        {headers = {}, body = null, responseType = '', handlers = {}}) {
    let bodyContent = body;
    if(headers['Content-Type'] === 'application/x-www-form-urlencoded' &&
                    typeof body !== 'string') {
        bodyContent = params(body);
    }

    return ajax({
        method : 'POST',
        url,
        headers,
        body : bodyContent,
        responseType,
        handlers
    });
}
```

从以上的 `get()`、`post()` 可以看到，封装的重点之一，是可以使用对象来组织请求的相关选项，这样便于针对标头、事件处理器等个别设置，实际上，这两个函数有相似的操作流程，它们被封装在 `ajax()` 函数：

```
// 对 XHR 请求相似流程的封装
function ajax({method, url, headers = {}, query = {},
              body = null, responseType = '', handlers = {}}) {
    let xhr = new XHR();
    xhr.responseType(responseType);

    // 注册事件处理器
    Object.keys(handlers).forEach(handler => {
        xhr.addEvt(handler.slice(2), handlers[handler]);
    });

    // 函数也支持 Promise 风格
    let promise = new Promise((resolve, reject) => {
        xhr.addEvt('load', resolve);
        xhr.addEvt('error', reject);
    });
```

```
    xhr.open(method, url, query)
        .addHeaders(headers)
        .send(body);

    return promise;
}
```

除了封装相似流程之外，这个函数的另一重点是传回了 Promise，而之前的 get()、
post() 都传回 ajax() 的结果，也就是说，这 3 个函数可以使用回调函数风格，或者是
Promise 来进行异步处理。最后 Ajax 的汇出名称为：

```
export{params, XHR, XHRUpload, ajax, get, post};
```

来看看 12.1.5 节的 books2.html，如果使用 XD 与 Ajax 模块撰写，可以有什么样的简化。
下面的范例在 get() 函数的操作上采取回调风格。

**xhr booksAjax1.html**

```
图书: <br>
<select id="category">
    <option>-- 选择分类 --</option>
    <option value="theory">理论基础</option>
    <option value="language">程序语言</option>
    <option value="web">网页技术</option>
</select><br><br>
采购: <div></div>

<script type="module">
    import {elemsById, elemsByTag} from './mods/XD-1.2.0.js';
    import {get} from './mods/Ajax.js';

    function createSelect(xml) {
        let options = xml.getElementsByTagName('option');
        let optionHTML =
            Array.from(options)
                .map(option => {
                    let text = option.textContent;
                    let value = option.getAttribute('value');
                    return `<option value='${value}'>${text}</option>`;
                })
                .join('');
        return `<select>${optionHTML}</select>'`;
    }

    elemsById('category')
        .addEvt('change', evt => {
            let query= {
                category: evt.target.value,
                time:  Date.now()
            };

            let handlers = {
                onload(evt) {
                    let xhr = evt.target;
                    if(xhr.status === 200) {
```

```
                    elemsByTag('div').html(
                        createSelect(xhr.responseXML)
                    );
                }
            }
        };

        get('books2', {
            query,
            handlers
        });
    });
</script>
```

在使用 `get()`函数前，可以使用对象来组织请求的相关选项，这有别于直接操作 `XMLHttpRequest`(或者是 XHR)时，请求的相关选项设置会在程序代码中交错的混乱。

对于只想处理最后响应结果的情况，可以进一步运用传回的 `Promise` 对象。例如：

**xhr booksAjax2.html**

```
...略

<script type="module">
    ...略

    elemsById('category')
        .addEvt('change', async evt => {
            let query= {
                category: evt.target.value,
                time:  Date.now()
            };

            let loadEvt = await get('books2', {query});
            let xhr = loadEvt.target;
            if(xhr.status === 200) {
                elemsByTag('div').html(createSelect(xhr.responseXML));
            }
        });
</script>
```

因为传回的是 `Promise` 对象，可以搭配 `await`，让异步流程在撰写与阅读上，如同步风格。

类似地，对于 12.1.3 节的 bookmarks2.html，如果使用 XD 与 `Ajax` 模块撰写，程序代码如下。

**xhr bookmarks3.html**

```
新增书签: <br>
网址: <input name="url" type="text">
<span style="color:red"></span><br>
名称: <input name="name" type="text">

<script type="module">
```

```
import {elemsByName, elemsByTag} from './mods/XD-1.2.0.js';
import {params, post} from './mods/Ajax.js';

elemsByName('url')
    .addEvt('blur', evt => {
        let headers = {
            'Content-Type': 'application/x-www-form-urlencoded'
        };
        let body = {
            url: elemsByName('url').val()
        };
        let handlers = {
            onload(evt) {
                let xhr = evt.target;
                if(xhr.status === 200) {
                    elemsByTag('span').html(
                      xhr.responseText === 'true' ? 'URL 已存在' : ''
                    );
                }
            }
        };

        post('bookmarks', {
            headers,
            body,
            handlers
        });
    });
</script>
```

若是想运用 post() 传回的 Promise 搭配 await 来撰写的话，则如下：

**xhr bookmarks4.html**

...略

```
<script type="module">
    elemsByName('url')
        .addEvt('blur', async evt => {
            let headers = {
                'Content-Type': 'application/x-www-form-urlencoded'
            };
            let body = {
                url: elemsByName('url').val()
            };

            let loadEvt = await post('bookmarks', {headers, body});
            let xhr = loadEvt.target;
            if(xhr.status === 200) {
                elemsByTag('span').html(
                    xhr.responseText === 'true' ? 'URL 已存在' : ''
                );
            }
        });
</script>
```

在必要时，也可以使用 Ajax 模块导出的 ajax() 函数，进行具体选项的控制；另外，

Ajax 模块也导出了一个工厂函数。

```
export default function(method, url, options) {
    if(method === undefined) {
        return new XHR();
    }

    return ajax({
        method,
        url,
        ...options
    });
};
```

通过这个工厂函数，可以直接建立 XHR 实例，或者通过内部的 ajax() 函数来发出请求，例如 12.1.4 节的 upload.html，可以改写如下。

xhr upload3.html

```
<form action="upload" method="post" enctype="multipart/form-data">
    照片: <input type="file" name="photo"/><br>
    <button>上传</button>
</form>
<span></span>

<script type="module">
    import {elemsByTag} from './mods/XD-1.2.0.js';
    import http from './mods/Ajax.js';

    elemsByTag('button')
        .addEvt('click', async evt => {
            evt.preventDefault();

            let loadEvt = await http('POST', 'upload', {
                body: new FormData(elemsByTag('form').get())
            });

            let xhr = loadEvt.target;
            if(xhr.status === 200) {
                elemsByTag('span').html('文件上传成功');
            }
        });
</script>
```

# 12.2　Fetch、Server–Sent Events、WebSocket

由于对网络通信的需求不同，XMLHttpRequest 不能解决全部的问题，前端这些年来，在网络请求上也提出了各式方案，如 Fetch API、Server-Sent Events，以及基于 HTTP 升级的 WebSockets 协议，这一节来认识一下这些方案，可以用来解决哪些问题。

## 12.2.1  Fetch API

XMLHttpRequest 是个低级 API,有许多设计不足之处,例如事件注册、请求标头设置、联机启动、数据传送、请求本体设置、响应状态判断、响应内容的取得等,完全都集中在 XMLHttpRequest 身上,因此对 XMLHttpRequest 封装是必要的,12.1.6 节就曾经试着从设计上简化、分离职责。

HTML5 的 Fetch API[①]就像是集合了过去 XMLHttpRequest 使用上,一些良好经验的实现,可以简单地发出请求,也适当地分离了职责,可使用选项对象来进行相关设定,运用了 Promise 来避免回调地狱的问题等。

### 1. 使用 **fetch()** 函数

若要使用 Fetch API 发出请求,最简单的方式,就是直接通过 **fetch()** 函数,如果只指定网址,默认会发出 GET 请求,**fetch()** 的传回值是 **Promise**,任务达成的结果是个 Response[②]对象。例如 12.1.1 节的 XMLHttpRequest2.html,若改用 fetch() 的话是下面这样的。

**fetch table.html**

```
<button>取得表格</button>
<div></div>

<script type="module">
    document
        .querySelector('button')
        .addEventListener('click', async () => {
            let resp = await fetch('XMLHttpRequest.txt');
            let text = await resp.text();
            document.querySelector('div').innerHTML = text;
        });
</script>
```

**Response** 对象的 **text()** 方法是传回 **Promise**,任务达成值是个字符串,**json()**、**arrayBuffer()** 等方法也是传回 **Promise**,任务达成值是 **JSON** 格式解析后的对象、**ArrayBuffer** 实例。

如果想取得响应的标头,可以通过 Response 实例的 headers 特性,这是个 Headers[③]实例,可以通过 get() 等方法来取得相关标头信息;status 可以取得响应状态代码,statusText 可以取得响应状态文字,ok 是个布尔值,true 表示响应成功(状态代码 200~299)。

若需要进一步设定请求信息,可以使用一个初始对象作为 fetch() 的第二个自变量,

---

① Fetch:fetch.spec.whatwg.org.

② Response:developer.mozilla.org/zh-CN/docs/Web/API/Response.

③ Headers:developer.mozilla.org/zh-CN/docs/Web/API/Headers.

例如，来改写一下 12.1.2 节的 bookmarks.html。

　fetch bookmarks.html

```
新增书签: <br>
网址: <input name="url" type="text">
<span style="color:red"></span><br>
名称: <input name="name" type="text">

<script type="module">
    function params(paraObj) {
        ...略
    }

    document
        .getElementsByName('url')[0]
        .addEventListener('blur', async evt => {
            let query = params({
                url: evt.target.value
            });

            let resp = await fetch('bookmarks', {
                method: 'POST',
                headers: {
                    'Content-Type': 'application/x-www-form-urlencoded'
                },
                body: query
            });
            let text = await resp.text();

            document.querySelector('span').innerHTML =
                    text === 'true' ? 'URL 已存在' : '';
        }, false);
</script>
```

初始对象常用的设置选项包含了 `method`、`headers`、`body`、`mode`、`credentials` 等。`method` 用来指定 HTTP 方法；`headers` 可以是 JavaScript 对象或 `Headers` 实例，使用后者可以有 `get()`、`append()`、`set()` 等方法，便于组织标头信息；`body` 可以是字符串、`FormData`、`Blob` 实例等，**在 `method` 为 `'GET'` 或 `'HEAD'` 时不能指定 `body`。**

**`fetch()` 支持跨站请求**，`mode` 的默认值是 `'cors'`，表示允许跨域请求，设为 `'no-cors'` 时会发出跨域请求，但无法读取响应，在设为 `'same-origin'` 时只能在同源时发出请求。

**`fetch()` 默认不接受或发送 Cookie**，需要使用 Cookies 必须设定 `credentials`，设定的值为 `'omit'`(默认)、`'include'`、`'same-origin'`，`'include'` 时会发送凭证，`'same-origin'` 只有在同源时才发送凭证。

## 2. Request 对象

`fetch()` 函数的第一个自变量，是用来指定请求的资源信息，除了指定网址并搭配第二个自变量(初始对象)来发出请求，也可以将请求的资源信息组织为 `Request` 实例。例如：

```
fetch('bookmarks', {
    method: 'POST',
    headers: {
        'Content-Type': 'application/x-www-form-urlencoded'
    },
    body: query
});
```

也可以撰写为：

```
let request = new Request('bookmarks', {
    method: 'POST',
    headers: new Headers({
        'Content-Type' : 'application/x-www-form-urlencoded'
    }),
    body: query
});

fetch(request);
```

如果经常需要请求某个资源，就可以将相关信息组织为 Request 实例并重用，类似地，如果某些请求标头经常使用，也可以组织为 Headers 实例来重用。

### 3. XMLHttpRequest 与 fetch()

Fetch API 使用上直觉而简单，曾有不少开发者高唱着 Fetch API 会取代 XMLHttpRequest，不过这并不是事实，两者可以解决的需求虽然有重迭，大部分情况下使用 Fetch API 确实也方便许多，不过 XMLHttpRequest 可以控制较多的细节，如 XMLHttpRequest 有丰富的事件类型、必要时可以设为同步请求、中断请求等。

另一方面，fetch() 传回值是个 Promise，而 Promise 主要有 3 个状态，只能通过 resolve()、reject() 从未定(Pending)状态转移至达成(Fulfilled)或否决(Rejected)状态，Promise 实例本身也只有 then()、catch() 等方法，**在不施加额外的技法或设计时，fetch() 也就无法提供超时、进度处理等功能。**

虽然一些需求使用 fetch() 来实现，会比使用 XMLHttpRequest 方便、快速许多，然而它并不是 XMLHttpRequest 的封装，**fetch() 本身只是个低级 API，**必要时也可以被封装。例如，读者可以试着在 12.1.6 节的 Ajax 模块中的 ajax() 函数中搭配 fetch()，简单的请求由 fetch() 来达成，复杂的需求由 XMLHttpRequest 实现，将一切隐藏在 ajax() 函数之中。

## 12.2.2    Server-Sent Events

Web 应用程序的通信是基于 HTTP，无论是 **XMLHttpRequest** 还是 **Fetch API，**都是基于 **HTTP** 请求响应模型，没有请求，服务器就不能发送信息给客户端，为了基于 XMLHttpRequest、Fetch API 仿真服务器推送，也就是在服务器状态更新之时，可以通知客户端，最基本的方式是轮询(Polling)，客户端周期性地发送请求，服务器收到请求就响应状态，这种方式的好处是服务器不用特别的支持，但在服务器真正状态更新之前，发送的请求只是徒然耗费网络流量。

另一种方式是长轮询(Long polling)，客户端周期性地发送请求，服务器接收请求后会先保留，在状态有更新时才予以回应，也就是客户端可能发第五次请求，服务器才有了状态更新，而使用第一个请求的联机进行响应，这就省去了不必要的响应，但服务器必须保持长时间联机，最好是有异步服务器技术的支持，服务器必须保留多余的联机也会造成效能问题。

如果客户端在发出请求后，服务器保持不断线，在每次状态更新时都利用同一联机响应，也就是说响应是个不中断的数据流，服务器不用保留多余的联机，而客户端在服务器持续响应的数据中，若能识别并取出数据，就可以省去周期性地发出请求的负担。

HTML5 规范了 Server-Sent Events[①]，主要由两个部分组成，一个是客户端与服务器之间的协议，另一个是 EventSource 接口，**除了 Edge 与 Internet Explorer 之外，现代浏览器都支持 EventSource 接口**。

## 1. 信息协议

协议的基本部分，服务器在不中断的联机中要响应时，必须包含 Content-Type: text/event-stream 标头，而响应消息内容时，必须是 UTF-8 编码文字，格式为 field: value\n。field 的部分可以是 data、event、id、retry，若省略 field，表示是个批注，若没有进一步的信息要发送，服务器可以为了保持不断线而发送批注，一个完整的信息单元要使用\n\n 结束。

若纯粹使用 data 发送信息,服务器发送的范例如下,总共发送了一个批注与 3 个信息, 其中第二个信息包含了换行字符。

```
: test stream

data: This is the first message.

data: This is the second message, it
data: has two lines.

data: This is the third message.
```

客户端收到信息后，默认会触发的事件为 **message**，从客户端的事件实例的 data 特性可以取得信息；若发生错误(如联机上出了问题)会触发 error 事件，也可以发出 data 来触发 message 事件，以空行为依据。例如下面会触发两次 message 事件(括号是笔者加上的，表示该行是个空行)。

---

① Server-Sent Events:www.w3.org/TR/eventsource/.

```
data
(空行)
data
data
(空行)
```

信息中若包含 id: number，服务器要送出响应标头 Last-Event-ID 与对应值 number，若只发送 id，表示清除 Last-Event-ID。

```
data: first event
id: 1

data:second event
id

data:  third event
```

客户端可以借助事件实例的 lastEventId 取得，若客户端 lastEventId 不是空字符串，断线重连时也会包含 Last-Event-ID 请求标头，服务器可以拿来作为是否重新发送数据的依据。

服务器可以使用 event 来指定要触发哪个事件。例如，下面范例分别触发 add、remove 事件。

```
event: add
data: 73857293

event: remove
data: 2153
```

Server-Sent Events 的客户端支持断线重连，retry 用来指定重新发出联机的时间。

## 2. EventSource

在支持 Server-Sent Events 浏览器上，可以使用 **EventSource** 实例来发出请求，EventSource 实例建立后就会发出请求，并自动处理 Server-Sent Events 的相关细节。例如：

```
let eventSource = new EventSource('url');
```

**EventSource 支持跨域请求，但在跨域时默认不发送 Cookie**，若要发送，可以使用第二个自变量，在选项对象中指定 withCredentials 为 true：

```
let eventSource = new EventSource('url', {withCredentials: true});
```

EventSource 实例的 readyState 可以取得联机状态，可能的值有 EventSource.CONNECTING(正在联机)、EventSource.OPEN(联机已建立)与 EventSource.CLOSED(联机关闭)，调用 EventSource 实例的 close()方法，才会进入第三个状态，若是断线重连，readyState 可能是前两者之一。

EventSource 实例在建立联机后，会触发 open 事件，收到信息后，默认会触发的事件为 message，从事件实例的 data 特性可以取得信息；若发生错误(如联机上出了问题)则触发 error 事件，若服务器使用 event 指定事件，就会在 EventSource 实例触发对应的事件。

　　来看个简单的范例，联机后服务器会每秒发出一个随机数字，浏览器收到信息后，取得随机数字并显示在页面上。

sse number.html

```
实时数据：<span>0</span>

<script type="module">
    new EventSource("number")
      .addEventListener('message', evt => {
          document.querySelector('span').innerHTML =   evt.data
      }, false);
</script>
```

EventSource 实例的事件在触发时，事件处理器的第一个参数可以收到 MessageEvent 实例，并从 data 特性取得消息正文。

　　如果使用开发人员工具的话，可以在 Network 页签中观察收到的信息，如图 12.6 所示。

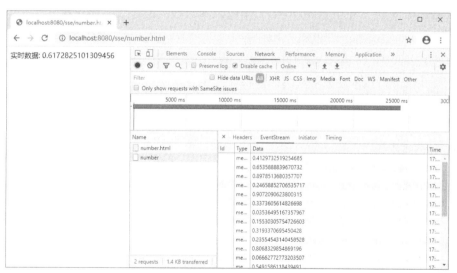

图 12.6　Server-Sent Events 范例

## 12.2.3　简介 WebSocket

　　无论是 XMLHttpRequest、Fetch API 或是 Server-Sent Events，都是基于 HTTP，脱离不了请求响应模型，客户端、服务器间无法各自独立地双向沟通；为了解决这个问题，WebSocket[①]于 2011 年标准化，在联机建立之后，**客户端与服务器可以双向互动**，就算客户端没有请求，服务器也可以主动发送信息，能脱离请求响应模型的原因在于，**WebSocket**

① RFC 6455：tools.ietf.org/html/rfc6455.

并非基于 **HTTP**，是基于 **TCP** 的协定。

但是，WebSocket 在建立联机时确实仍基于 HTTP，更精确地说，是基于协议升级机制[①]，协议识别符号是 `ws`、`wss`(相对于 `http`、`https`)，建立联机最初是通过 HTTP 发送 `Connection: Upgrade` 以及 `Upgrade: websocket` 标头，以及一些特定于 WebSocket 的扩充标头，若服务器支持 WebSocket，也会响应 `Connection`、`Upgrade` 以及相对的 WebSocket 扩充标头。

在经过协议升级机制、联机建立之后，客户端和服务器之间可以进行双向的数据传送，这是通过端口 80 或 443 完成的，也就是这之后就与 HTTP 无关了。

对前端来说，主要关心的是 **W3C** 规范的 **The WebSocket API**[②]，现代浏览器有支持，采用基于事件的模型，API 在使用上并不困难；如果不考虑 **IE** 与 **Edge**，对于仅需要单向接受服务器信息的应用程序来说，使用 **Server-Sent Events** 就足够了；如果客户端与服务器需要双向互动，而不单只是服务器推送信息，例如网络游戏，才适合使用 **WebSocket**。

如果要使用 JavaScript 建立 WebSocket 联机，可以使用 `WebSocket` 实例，例如：

```
let ws = new WebSocket('ws://host:port/resource');
```

`WebSocket` 实例上有个 `readyState` 特性，可以取得联机状态的常数值，可能的值有 `WebSocket.CONNECTING`(正在联机)、`WebSocket.OPEN`(联机成功)、`WebSocket.CLOSING`(正在关闭联机)、`WebSocket.CLOSED`(联机已关闭)，可以使用 `send()` 方法对联机的另一方发送信息，使用 `close()` 方法来主动关闭联机。

`WebSocket` 实例支持的事件有 `open`、`message`、`error` 与 `close`，事件处理器的第一个参数接受 `MessageEvent` 实例，可以从 `data` 特性取得消息正文。

下面是个简单的范例，在联机 WebSocket 服务器后，服务器会每 5 秒发出随机数字，这仿真了服务器主动发送信息的情境，前端收到信息后会显示在页面上，如果在页面输入字段输入文字并按 Enter 键，信息会发给服务器，服务器加上 echo 字样后，发回给前端显示。

**ws echo.html**

```
信息: <input>
<div></div>

<script type="module">
    let div = document.querySelector('div');
    let ws = new WebSocket('ws://localhost:8080/ws/foo');
    ws.onmessage = function(evt) {
        div.innerHTML += `${evt.data}<br>`;
    };

    document.querySelector('input')
```

```
        .addEventListener('keydown', evt => {
            if(evt.keyCode == 13) {
                ws.send(evt.target.value);
                evt.target.value = '';
            }
        }, false);
</script>
```

如图 12.7 所示是个范例，开发人员工具的 Network 页签也可以查看 WebSocket 的信息往来：

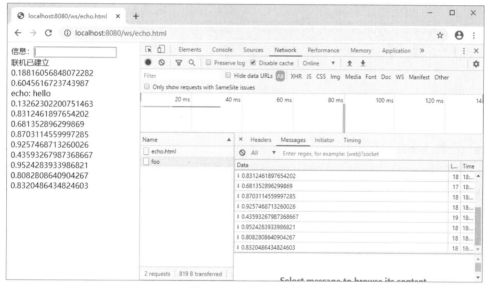

图 12.7　WebSocket 范例

# 12.3　重点复习

# 12.4　课后练习

1. 请使用 Fetch API 来实现 12.1.4 节的 upload.html。
2. 请使用 Ajax 模块的 post() 函数，实现 12.1.4 节的 upload2.html。
3. 请使用 Fetch API 来实现 12.1.5 节的 books2.html。

浏览器保存方案 | 第**13**章

## 学习目标

- 认识 Cookie
- 使用 Web Storage
- 操作 Indexed Database

## 13.1　Cookie

　　HTTP 是无状态协议，但应用程序有状态。为了在无状态协议上支持状态管理，早期 Netscape 提出了 Cookie 方案，并在 RFC 2109 标准化，现在最新的规范为 RFC 6265[①]，Cookie 是在浏览器保存信息的一种方式，在 Cookie 有效期间内，对服务器端发出请求时，同一来源的 Cookie 会主动发送给服务器端。

### 13.1.1　认识 Cookie

　　HTTP 是无状态协议，服务器端不会"记得"两次请求之间的关系，但有些功能必须由多次请求来完成。例如会员登录后的功能操作，必须有种会话(Session)机制，可以基于 HTTP 无状态协议上管理状态，这并不矛盾，基本方式就是服务器端在响应时，将下次请求时想得知的信息先响应给浏览器，浏览器在后续请求时发送给应用程序，服务器端就可以"得知"多次请求的相关数据。

#### 1. Cookie 原理

　　Cookie 是服务器端要求浏览器保存信息的方案，服务器端在响应时附上 `Set-Cookie`

---

① RFC 6265：tools.ietf.org/html/rfc6265.

标头，浏览器收到标头与数值后，会在管理的空间中将信息保存在文件，这个文件就称为 Cookie。Cookie 可以通过 **Expires** 属性设置存活期限，在关闭浏览器后，再度打开浏览器，请求服务器端时若 Cookie 仍在有效期限中，浏览器会使用 **Cookie** 标头，自动将同一来源的 Cookie 发给服务器端，如图 13.1 所示。

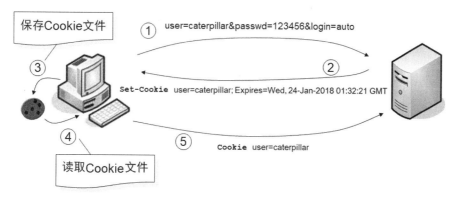

图 13.1　使用 Cookie

没有设置 Expires 属性的 Cookie，称为 Session Cookie，在关闭浏览器后失效，服务器端想删除浏览器上的 Cookie，方式是在 Expires 指定一个过往的时间，例如 Thu, 01 Jan 1970 00:00:00 GMT，直接令 Cookie 过期，浏览器就会删除 Cookie。

若有多个 Cookie 要设置，会使用多个 Set-Cookie 标头，在后续的请求中，使用请求标头 Cookie 发送同一来源网站的 Cookie，若有多个 Cookie 必须发送，会以分号串接，例如 Cookie: k1=v1; k2=v2 的形式。

由于等号、分号等是 HTTP 的保留字符，就如同请求参数，若 Cookie 要保存的键值数据，包含这类符号，或者是中文等字符，**必须进行百分比编码**，再通过 Set-Cookie 或 Cookie 发送。

浏览器基本上预期能为每个网站保存 20 个 Cookie，总共可保存约 300 个 Cookie，而每个 Cookie 的大小约 4KB(主要是由于 HTTP 标头长度限制)，这些数字实际上依浏览器而有所不同，因此 **Cookie 可保存的信息量非常有限**。

## 2. Cookie 安全

Domain 属性可用来指定，Cookie 可以送往哪些网域，在没有指定的情况下，默认为来源网域，而且不包含子域；如果设定了 Domain 属性，就会包含设定网域之子域。Path 属性用来指定 Cookie 可以送往网域下哪些目录(包含子目录)，在没有设置的情况下，默认是来源目录。相同 Domain 与 Path 的数据会存为一个文件。

在 11.1.1 节介绍过，浏览器中的 JavaScript，可以借助 document.cookie 来读取 Cookie，由于 JavaScript 的风行，经常发生运用 JavaScript 窃取 Cookie 重要信息的攻击，为此，RFC 6265 规范服务器端设置 Cookie 时，可以附加 **HttpOnly** 属性，令 Cookie 仅可用于 HTTP

传输，不能被 JavaScript 读取。

RFC 6265 也规范了服务器端设置 Cookie 时，可以附加 **Secure** 属性，要求客户端只能在安全联机(例如 HTTPS 加密)发送 Cookie。

---

**提示 >>>** 如果想知道 Cookie 更多的属性设置，可以查察看 MDN 的 HTTP cookies[①]。

---

## 13.1.2 `document.cookie`

Cookie原本是为了管理会话期间的状态而生，状态的设置与发送是基于HTTP标头，在JavaScript未兴起的年代，主要是由后端设置Cookie。既然浏览器可以保存Cookie，运行于客户端的JavaScript，若想在浏览器上直接保存状态，直接将数据保存为Cookie不就得了？

这也是 `document.cookie` 的作用之一，**客户端要设置 Cookie 与 Set-Cookie 标头无关，只要对 `document.cookie` 设定`'k1=v1'`形式的字符串，就会直接在浏览器保存 Cookie**，若对相同来源的服务器端发出请求，`document.cookie` 设置的Cookie也会发送给服务器端。例如：

**cookie simple.html**

```html
<a href="simple.html">请求测试</a>

<script type="module">
    document.cookie = 'user=caterpillar';
</script>
```

浏览这个简单的网页，就会在浏览器上保存 Cookie，利用开发人员工具的 Application 页签，查看设置的 Cookie，如图 13.2 所示。

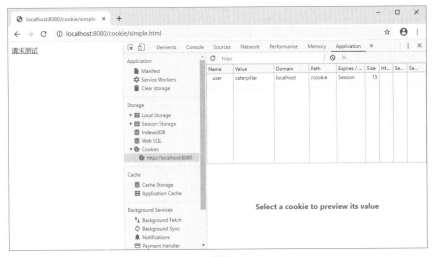

图 13.2　检视 Cookie

---

① HTTP cookies：mzl.la/2ZYwzCo.

在单击"请求测试"链接后，可以在 Network 页签，看到请求标头中包含 Cookie，如图 13.3 所示。

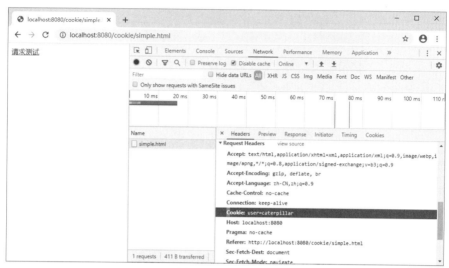

图 13.3　发送 Cookie

若要通过 `document.cookie` 设置 Cookie 属性，格式与 `Set-Cookie` 时的要求相同，必要时也可以覆写服务器端设置的 Cookie 属性；不过，原本就是为了避免被 JavaScript 读取的 `HttpOnly` 属性，不能通过 `document.cookie` 设置；想删除某个 Cookie，也是在设定 `document.cookie` 时指定一个过往的时间。

**`document.cookie` 每设定一次就会产生一个 Cookie，但如果对 `document.cookie` 取值，并非取得最后设定的 Cookie，而是个 `'k1=v1;k2=v2'` 格式的字符串，其中包含了全部有效的 Cookie(不包含服务器端设置了 `HttpOnly` 属性的 Cookie)，然而字符串中不会有被设置的属性。**

`document.cookie` 是浏览器上原生操作 Cookie 的唯一管道，使用起来并不方便，也得考虑 URL 保留字符的问题，最好的方式是将细节封装起来。例如：

```
cookie mods/cookie.js
```

```javascript
// 设定 Cookie，使用毫秒数设定 expires
// 可设定 path、domain、secure 属性
function set(key, value, attrs = {}) {
    let {expires, path, domain, secure} = attrs;
    let kv = `${encodeURIComponent(key)}=${encodeURIComponent(value)}`;
    let expi = typeof expires !== 'undefined' ?
            `; expires=${new Date(expires).toUTCString()}` : '';
    let dn = domain ? `; domain=${domain}` : '';
    let pth = path ? `; path=${path}` : '';
    let sec = secure ? '; secure' : '';
    document.cookie = kv + expi + dn + pth + sec;
}

function keyRE(key) {
```

```
        return encodeURIComponent(key).replace(/[-.+*]/g, "\\$&");
}

// 指定键取得 Cookie 对应的值
function get(key) {
    let value = document.cookie.replace(
        new RegExp(
            `(?:(?:^|.*;)\\s*${keyRE(key)}\\s*\\=\\s*([^;]*).*$)|^.*$`),
        '$1'
    );
    return decodeURIComponent(value) || null;
}

// 是否有指定的 Cookie
function has(key) {
    let re = new RegExp(`(?:^|;\\s*)${keyRE(key)}\\s*\\=`);
    return re.test(document.cookie);
}

// 移除指定的 Cookie
function remove(key, path, domain) {
    set(key, '', {
        path,
        domain,
        expires: 0
    })
}

// 取得全部 Cookie 名称清单
function keys() {
    return document.cookie
    .replace(/((?:^|\s*;)[^\=]+)(?=;|$)|^\s*|\s*(?:\=[^;]*)?(?:\1|$)/g, '')
    .split(/\s*(?:\=[^;]*)?;\s*/)
    .map(decodeURIComponent);
}

 // 取得全部 Cookie 值清单
function values() {
    return keys().map(get);
}

 // 取得全部 Cookie 清单
function all() {
    return keys().map(key => {
        let value = get(key);
        return {key, value};
    });
}

export{set, get, has, remove, keys, values, all};
```

下面是个简单的使用示范。

 cookie cookie-mod.html

```
<script type="module">
    import * as cookie from './mods/cookie.js'
```

```
cookie.set('user1', 'justin', {
    expires: Date.now() + 7 * 86400000
});

cookie.set('user2', 'monica', {
    expires: Date.now() + 7 * 86400000
});

console.log(cookie.has('user1'));
console.log(cookie.get('user1'));
console.log(cookie.keys());
console.log(cookie.values());
console.log(cookie.all());

cookie.remove('user1');
cookie.remove('user2');
</script>
```

在开发人员工具的控制台中，可以看到如图 13.4 所示的执行结果。

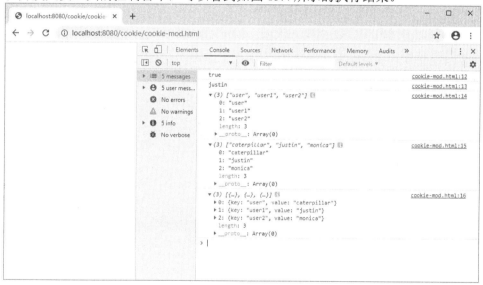

图 13.4　cookie 模块范例

## 13.2　Web Storage

在早期的 Web 应用程序中，Cookie 是唯一可在客户端保存状态的通用方案；然而 Cookie 的容量不大，另一个问题是，就算保存的状态只会在客户端使用，每次请求都会附上 Cookie，若网页中引用的资源很多(如图片、CSS、.js 文件等)，重复发送 Cookie 就会耗掉可观的流量。

HTML5 规范了 Web Storage[①]，可以通过 sessionStorage 或 localStorage 在客户端

---

① Web Storage：www.w3.org/TR/webstorage/.

保存信息，容量约 5MB(因浏览器而异)，Web Storage 与 HTTP 没有关系，纯粹是用来保存客户端的状态，对于不用在请求中发送给服务器端的状态，可以使用 Web Storage 保存。

## 13.2.1 使用 Storage

Web Storage 在 API 上，主要规范了 **Storage**、**sessionStorage**、**localStorage** 接口，以及 **storage** 事件，这里先介绍前三者。

Storage 接口定义了 key()、getItem()、setItem()、removeItem()、clear()方法，以及 length 特性，支持 Web Storage 的浏览器，window 会提供 sessionStorage、localStorage 特性，参考至 Storage 实例。

**localStorage** 为同源的页面提供一个 Storage 实例，也就是同源的页面共享一个保存空间，保存的数据可以长期保存，关闭浏览器后资料不会消失，localStorage 不提供过期时间的机制，不需要的数据必须自行删除。

sessionStorage 名称中有 session 字样，不过与 HTTP 会话的状态管理没有关系，而是指每个顶层浏览环境(Top-level browsing context)各自的状态，就浏览器具体而言，可以视为**每个顶层页面各拥有一个 Storage** 实例，各自用来保存顶层页面的状态，也就是说，如果使用多个分页请求同一来源的资源，每个分页各自会拥有一个 Storage 实例，各拥有一块保存空间，分页间不能共享数据，在分页关闭后，资料就会消失。

如果顶层页面中包含 **iframe**，而 **iframe** 中的页面与顶层页面为同源，那么 **sessionStorage** 取得的就是同一个 **Storage** 实例。

在数据的存取上，通过 Storage 实例的 setItem()，键与值只能是字符串，以下是通过 localStorage 示范的简单存取。

storage localStorage.html

```
<script type="module">
    function setItem(storage, key, value) {
        storage.setItem(key, value);
    }

    function hasItem(storage, key) {
        return storage.getItem(key) !== null;
    }

    function getItem(storage, key) {
        return storage.getItem(key);
    }

    function keys(storage) {
        let keys = [];
        for(let i = 0; i < storage.length; i++) {
            keys.push(storage.key(i));
        }
        return keys;
    }
```

```
function values(storage) {
    return keys(storage)
            .map(key => localStorage.getItem(key));
}

function all(storage) {
    return keys(storage)
            .map(key => {
                return {key, value: storage.getItem(key)};
            });
}

setItem(localStorage, 'user1', 'justin');
setItem(localStorage, 'user2', 'monica');

console.log(hasItem(localStorage, 'user1'));
console.log(getItem(localStorage, 'user1'));
console.log(keys(localStorage));
console.log(values(localStorage));
console.log(all(localStorage));
</script>
```

Storage 是低级 API，因此对 localStorage(以及 sessionStorage)进行封装，以符合应用程序需求是必要的。这个范例是个简单封装，需要说明的是 Storage 的 key()方法，它接受索引值，传回 Storage 中对应索引处的键名称。

**Web Storage** 规范中指出，Storage 中保存的数据索引顺序因浏览器实现而不同，不过必须与对象的特性顺序一致(也就是说，通过 Storage 实例的特性存取方式，例如 localStorage['user'] = 'justin'的方式也是可行的)；因此，跨浏览器时索引顺序是不可靠的，但在只取得全部键名称时，范例实现 keys()函数就可以了。

这个范例除了可以在控制台中观察到结果之外，也可以在开发人员工具中，查看 Storage 中保存的数据，如图 13.5 所示。

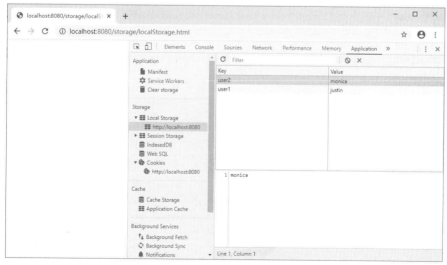

图 13.5  查看 Storage 保存的信息

## 13.2.2 storage 事件

**Web Storage API** 规范了文件的 **window** 实例要支持 **storage** 事件，若有 Storage 实例因为执行了 setItem()、removeItem() 与 clear() 方法，导致 Storage 实例保存的内容"不同"，"其他共享 Storage 实例的文件"，window 实例就会触发 storage 事件。

触发的条件要看清楚，如果 setItem() 时并没有改变内容，只是又设定相同值，并不会触发事件；另一方面，触发的是其他共享 Storage 实例的文件，执行 setItem()、removeItem() 与 clear() 方法的当前文件，不会触发 storage 事件。

### 1. localStorage

来看看 localStorage 的情况，由于同源的页面共享同一个 Storage 实例，如果有多个分页浏览同源的页面，在其中一个分页改变 localStorage 的内容，其他文件就会触发 storage 事件。

应用的场合之一就是，使用者以多个分页浏览 Web 应用程序，若在其中一个分页修改了用户数据，另一个用到 localStorage 中用户数据来显示画面的分页，就可以借助 storage 事件进行画面的更新。下面的范例是个简单示范。

storage localStorageEvent.html

```
名称: <input name="username">
生日: <input name="birthday" type="date">

<script type="module">
    window.addEventListener('storage', evt => {
        document
          .querySelector(`input[name='${evt.key}']`).value = evt.newValue;
    }, false);

    let usernameInput = document.querySelector("input[name='username']");
    let birthdayInput = document.querySelector("input[name='birthday']");

    usernameInput.addEventListener('blur', evt => {
        localStorage.setItem('username', evt.target.value);
    }, false);

    birthdayInput.addEventListener('blur', evt => {
        localStorage.setItem('birthday', evt.target.value);
    }, false);

    let username = localStorage.getItem('username');
    let birthday = localStorage.getItem('birthday');
    if(username) {
        usernameInput.value = username;
    }
    if(birthday) {
        birthdayInput.value = birthday;
    }
</script>
```

读者可以使用两个分页来浏览同一个页面，改变其中一个分页的字段内容，另一个分页就会触发 storage 事件，借助收到的 StorageEvent 实例，可以取得 key、oldValue、newValue、url 等信息来更新画面，切换至另一个分页时，看到的就会是反映 localStorage 资料的内容。

### 2. sessionStorage

由于 sessionStorage 是以每个顶层浏览环境(Top-level browsing context)为单位，各自拥有 Storage 实例，分页间不能共享数据，因此对 sessionStorage 来说，分页间不会触发 storage 事件。

前面介绍过，如果顶层页面中包含 iframe，而 iframe 中的页面与顶层页面为同源，那么 sessionStorage 取得的就是同一个 Storage 实例，也就是说，如果在 iframe 中通过 sessionStorage 改变保存状态，顶层页面就会触发 storage 事件，反之亦然。

下面的范例中，顶层页面中含有同源的 iframe，在顶层页面中改变域值，iframe 中的显示结果也会变化。

---

storage sessionStorageEvent1.html

```
名称: <input name="username">
生日: <input name="birthday" type="date">
<hr>

<iframe src="sessionStorageEvent2.html"></iframe>

<script type="module">
    let usernameInput = document.querySelector("input[name='username']");
    let birthdayInput = document.querySelector("input[name='birthday']");

    usernameInput.addEventListener('blur', evt => {
        sessionStorage.setItem('username', evt.target.value);
    }, false);

    birthdayInput.addEventListener('blur', evt => {
        sessionStorage.setItem('birthday', evt.target.value);
    }, false);

    let username = sessionStorage.getItem('username');
    let birthday = sessionStorage.getItem('birthday');
    if(username) {
        usernameInput.value = username;
    }
    if(birthday) {
        birthdayInput.value = birthday;
    }
</script>
```

---

这是因为在 iframe 的页面中，注册了 storage 事件，在事件触发时会取得数据来修改显示内容。

```
storage sessionStorageEvent2.html
```
```
哈啰! <span name="username"></span><br>
生日: <span name="birthday""></span>

<script type="module">
    window.addEventListener('storage', evt => {
        document.querySelector(
            `span[name='${evt.key}']`).textContent = evt.newValue;
    }, false);

    let usernameSpan = document.querySelector("span[name='username']");
    let birthdaySpan = document.querySelector("span[name='birthday']");

    let username = sessionStorage.getItem('username');
    let birthday = sessionStorage.getItem('birthday');
    if(username) {
        usernameSpan.textContent = username;
    }
    if(birthday) {
        birthdaySpan.textContent = birthday;
    }
</script>
```

# 13.3 Indexed Database

Web Storage 是个低级 API，基于字符串键值保存，若要保存复杂的结构，就必须自行实现，例如想保存对象必须实现对象与字符串之间的转换，或进一步封装、仿真数据库的功能。

若需要的是数据库的功能，W3C 在 2015 年 1 月发布了 Indexed Database API，作为浏览器实现本地数据库的规范，但对象并非关系数据库，也没有 SQL 语句的支持，而 NoSQL 数据库，目前来说，主流的浏览器多有支持(IE11 部分支持[①])，2018 年 1 月更进一步发布了 Indexed Database API 2.0[②]。

## 13.3.1 数据库与对象库

Indexed Database 规范的对象并非关系数据库，概念名词与关系数据库并不相同，相关 API 是基于异步，可保存的数据类型不限于字符串，也可保存 `ArrayBuffer` 等二进制数据实例。

### 1. 建立、打开数据库

**Indexed Database 基于同源策略，只能存取相同来源的数据库**，想要建立、打开数据

---

① IndexedDB：caniuse.com/#feat=indexeddb.

② Indexed Database API 2.0：www.w3.org/TR/IndexedDB/.

库，可以通过 **indexedDB** 的 **open()** 方法来达成。例如：

```
let openRequest = indexedDB.open('demo', 1);
```

indexedDB 是 IDBFactory 实例，提供了 open() 方法，每个数据库以名称作区别，若 open() 时数据库还不存在，就会新建数据库，第二个自变量是可选的版本号码，必须是整数，若没有指定，默认会是 1。indexedDB 还提供 deleteDatabase() 方法，用来指定名称删除数据库。

open() 方法传回 IDBOpenDBRequest 实例，代表对数据库的打开请求(而不是代表数据库)，打开成功会触发 success 事件，发生错误会触发 error 事件，两个事件都继承自 IDBRequest，通过事件实例的 target 可以取得 IDBOpenDBRequest 实例。例如：

```
let db;
openRequest.onsuccess = function(evt) {
    db = evt.target.result;
    console.log(db.name, db.version);
};
```

如果成功打开数据库，IDBOpenDBRequest 实例的 **result** 可取得 **IDBDatabase** 实例，代表打开的数据库，可以从该实例的 name、version 等特性，取得数据库名称、版本号等信息；如果打开数据库失败(触发 error 事件时)，那么 IDBOpenDBRequest 的 result 会是 undefined。

IDBOpenDBRequest 有个 readyState 特性，值是'pending'或'done'，想存取 result 特性的话，建议在事件处理器中进行，因为这时 readyState 会是'done'，如果在 readyState 为'pending'时存取 result 会抛出错误。

如果 open() 时数据库已存在，但是指定的版本号码与既有的版本号不同，就会触发 **upgradeneeded** 事件，在此事件处理器中可以修改数据库结构；如果是第一次建立数据库，由于版本号从无到有，也会触发 upgradeneeded 事件。

## 2. 建立对象库

由于第一次建立数据库，也会触发 upgradeneeded 事件，首次建立对象库(Object store) 也 是 运 用 此 事 件， 对 象 库 用 来 保 存 对 象， 可 以 通 过 IDBDatabase 实 例 的 **createObjectStore()** 来建立，想删除对象库的话可以使用 deleteObjectStore()。

如果想知道数据库中目前有哪些对象库，可以通过 objectStoreNames 来得知。例如：

indexedDB objectStore.html

```
<script type="module">
    let openRequest = indexedDB.open('demo', 1);
    openRequest.onupgradeneeded = function(evt) {
        let db = evt.target.result;
        if(!db.objectStoreNames.contains('messages')) {
            let objectStore = db.createObjectStore(
                'messages', {
```

```
                keyPath: 'id',
                autoIncrement: true
            }
        );
        objectStore.createIndex('byTime',
            'time', {unique: false}
        );
        objectStore.createIndex('byBlabla',
            'blabla', {unique: false}
        );
    }
    };
</script>
```

使用 createObjectStore() 建立对象库时要指定名称，该方法传回 IDBObjectStore 实例，同时指定的选项中，**keyPath** 与 **autoIncrement** 都没有指定的话，仓库中保存的数据可以是任何类型，然而必须自行为每笔数据提供不同的键；只设定 autoIncrement 的话，保存的数据可以是任何类型，键会使用自动递增整数的键产生器；有设定 keyPath 的话，保存的数据只能是对象，而且必须有与 keyPath 设定值相同的特性名称；keyPath 与 autoIncrement 都设定的话，保存的数据只能是对象，若保存时对象没有与 keyPath 设定值相同的特性名称，会使用自动递增的整数。

键是用来查找对象库中数据的依据；然而，**如果保存的数据是对象，可以为对象的特性名称建立索引(Index)，之后可以根据索引来查找数据**，想要建立索引的话，是利用 IDBObjectStore 实例的 **createIndex()** 方法，第一个参数是索引名称，第二个参数是对象特性名称，第三个用来设定索引的选项，unique 用来表示值是否可以重复。

在开发人员工具中，可以检视打开的数据库与对象库，如图 13.6 所示。

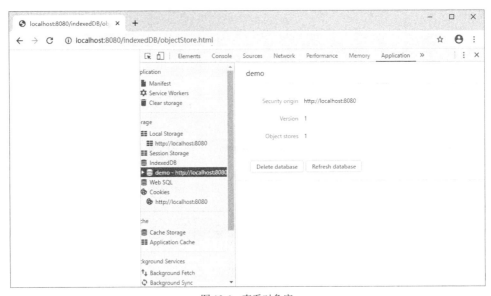

图 13.6　查看对象库

## 13.3.2　在交易中存取数据

使用 **Indexed Database** 若要存取数据库，都必须在交易**(Transaction)**中进行，打开交易是通过 **IDBDatabase** 实例的 `transaction()` 方法，调用方法时要指定对象库名称或名称列表(指定空数组的话，会引发 `InvalidAccessError`)，存取模式`'readonly'`(默认)或`'readwrite'`，`transaction()` 方法会传回 `IDBTransaction` 实例。

### 1. 新增、修改、删除

由于 `transaction()` 方法可以指定对象库名称列表，若要新增对象，必须指定在哪个仓库保存数据，这是使用 **objectStore()** 方法指定，该方法传回 `IDBObjectStore` 实例，该实例有 **add()**、**put()**、**delete()** 等方法，可以对数据库进行对象的新增、更新、删除等。下面是新增数据的范例。

```
function addMessage(db, message) {
    db.transaction(['messages'], 'readwrite')
      .objectStore('messages')
      .add({
          time: Date.now(),
          blabla: message
      });
}
```

`add()`、`put()`、`delete()` 等方法传回 `IDBRequest` 实例，操作成功会触发 `success` 事件，失败触发 `error` 事件。

如果想要更新数据，流程类似，只不过将 `add()` 改为 `put()`，并需指定要更新对象之键。例如：

```
function updateMessage(db, id, message) {
    db.transaction(['messages'], 'readwrite')
      .objectStore('messages')
      .put({
          id,
          time: Date.now(),
          blabla: message
      });
}
```

若要删除数据，使用 `delete()` 方法并指定键。例如：

```
function deleteMessage(db, id) {
    db.transaction(['messages'], 'readwrite')
      .objectStore('messages')
      .delete(id);
}
```

## 2. 取得资料

如果要根据键来查询数据，是通过 **get()** 方法指定键，传回值会是 `IDBRequest` 实例，可以通过 `success` 事件处理器来取得结果。例如：

```
function messageById(db, id) {
    return new Promise(resolve => {
        db.transaction(['messages'])
          .objectStore('messages')
          .get(id)
          .onsuccess = function(evt) {
              resolve(evt.target.result);
          };
    });
}
```

在 `messageById()` 函数中，`evt.target` 就是 `IDBRequest` 实例，`result` 特性是查询结果，如果指定的键不存在，`result` 是 `undefined`。

如果想要取得全部的资料，可以通过 **openCursor()** 方法，传回值是 `IDBRequest` 实例，可以通过 `success` 事件处理器来取得结果。例如：

```
function allMessages(db) {
    let messages = [];
    return new Promise(resolve => {
        db.transaction(['messages'])
          .objectStore('messages')
          .openCursor()
          .onsuccess = function(evt) {
              let cursor = evt.target.result;
              if(cursor) {
                  messages.push(cursor.value);
                  cursor.continue();
              }
              else {
                  resolve(messages);
              }
          };
    });
}
```

在这个函数中，`result` 是 `IDBCursor` 实例，若不为 `null`，表示查询到资料，可以从 `value` 取得资料，若要继续查询下一笔，必须调用 `continue()` 方法。

## 3. 索引查询

在 13.3.1 节谈过，如果保存的数据是对象，可以为对象的特性名称建立索引，之后可以根据索引来查找数据，如果想取得一笔数据，流程与之前的 `messageById()` 类似，不过多了个 **index()** 方法来指定索引名称，而 `get()` 时可以指定查询的值：

```
function messageByIndex(db, index, query) {
    return new Promise(resolve => {
        db.transaction(['messages'])
```

```
        .objectStore('messages')
        .index(index)
        .get(query)
        .onsuccess = function(evt) {
            resolve(evt.target.result);
        };
    });
}
```

如果查询的结果有多笔,那么流程与之前的 allMessages() 类似,不过多了个 index()
方法来指定索引名称, 而 openCursor() 时可以指定查询的值。

```
function allMessagesByIndex(db, index, query) {
    let messages = [];
    return new Promise(resolve => {
        db.transaction(['messages'])
          .objectStore('messages')
          .index(index)
          .openCursor(query)
          .onsuccess = function(evt) {
              let cursor = evt.target.result;
              if(cursor) {
                  messages.push(cursor.value);
                  cursor.continue();
              }
              else {
                  resolve(messages);
              }
          };
    });
}
```

## 13.3.3  封装数据库操作

操作 Indexed Database API 时会涉及诸多细节, 将这些细节封装起来是个不错的想法。
例如, 可以将前面介绍过的函数封装在 message-board 模块。

indexedDB mods/message-board.js

...前面谈过的 addMessage()、deleteMessage() 等函数...略...

```
class MessageBoard {
    constructor(db) {
        this.db = db;
    }

    add(message) {
        addMessage(this.db, message);
    }

    messageById(id) {
        return messageById(this.db, id);
    }

    allMessages() {
```

```
            return allMessages(this.db);
        }

        messagesByTime(time) {
            return messagesByIndex(this.db, 'byTime', time);
        }

        messagesByBlaBla(blabla) {
            return messagesByIndex(this.db, 'byBlaBla', blabla);
        }

        update(id, message) {
            updateMessage(this.db, id, message);
        }

        delete(id) {
            deleteMessage(this.db, id);
        }
    }

export default function(dbName) {
    let openRequest = indexedDB.open(dbName, 1);
    openRequest.onupgradeneeded = function(evt) {
        let db = evt.target.result;
        if(!db.objectStoreNames.contains('messages')) {
            let objectStore = db.createObjectStore(
                'messages', {
                    keyPath: 'id',
                    autoIncrement: true
                }
            );
            objectStore.createIndex('byTime',
                'time', {unique: false}
            );
            objectStore.createIndex('byBlabla',
                'blabla', {unique: false}
            );
        }
    };
    return new Promise(resolve => {
        openRequest.onsuccess = async function(evt) {
            resolve(new MessageBoard(evt.target.result));
        };
    });
};
```

这个模块导出了一个工厂函数，用户可以指定数据库名称，打开数据库成功的话，Promise 的达成值会是 MessageBoard 实例，可以借助操作该实例来进行各种操作。例如，来个信息留言板。

**indexedDB messageBoard.html**

```
留言: <input size="40">
<hr>
<div name="container"></div>
```

```
<script type="module">
    import messageBoard from './mods/message-board.js';

    (async function() {
        let board = await messageBoard('messageBoard');

        async function clickHandler(evt) {
            let currentTarget = evt.currentTarget;
            let id = Number(currentTarget.id);
            let message = currentTarget.firstElementChild.value;
            switch(evt.target.name) {
                case 'update':
                    board.update(id, message);
                    showMessages(await board.allMessages());
                    break;
                case 'delete':
                    board.delete(id);
                    showMessages(await board.allMessages());
                    break;
            }
        }

        showMessages(await board.allMessages());

        function showMessages(messages) {
            document.querySelector('div[name]').innerHTML =
                messages.map(message => {
                    let date = new Date(message.time)
                                    .toString().split(/GMT/)[0];
                    return `<div id="${message.id}">` +
                        `<input size="40" value="${message.blabla}"> ` +
                        `<button name="update">更新</button> ` +
                        `<button name="delete">删除</button> ` +
                        `<span>${date}</span>` +
                        '</div>';
                }).join('');

            document.querySelectorAll('div[id]')
                    .forEach(div => {
                        div.addEventListener('click', clickHandler, false);
                    });
        }

        document.querySelector('input')
                .addEventListener('keydown', async evt => {
                    if(evt.keyCode == 13 && evt.target.value !== '') {
                        board.add(evt.target.value);
                        evt.target.value = '';
                        showMessages(await board.allMessages());
                    }
                }, false);
    })();
</script>
```

在打开此网页后，可以在输入字段上输入信息并按 Enter 键，也可以进行信息的更新、删除等操作，如图 13.7 所示。

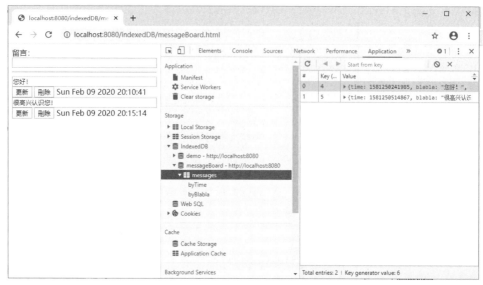

图 13.7　信息留言板

# 13.4　重点复习

# 13.5　课后练习

使用 Web Storage 来实现 13.3.3 节的 messageBoard.html。

# HTTP 简介 | 附录A

HTTP 是一种通信协议，为架构于 TCP/IP 之上的应用层协议。通信协议基本上就是两台计算机间对谈沟通的方式。本附录主要介绍了 HTTP 的基础知识和请求方法，主要结构如下所示。

## A.1 关于 HTTP

1. 基于请求/响应模型
2. 无状态协议

## A.2 请求方法

1. GET 请求
2. POST 请求
3. 敏感信息
4. 书签设置考虑
5. 浏览器缓存
6. 安全与等幂

详细内容可扫描下方二维码阅读：